北大社普通高等教育"十三五"数字化建设规划教材
大学数学基础教材

高等数学

（经管类）

（下）

主　编　林伟初　郭安学

内 容 简 介

　　本书共有10章,分上、下册.上册内容包括函数、极限与连续、导数与微分、微分中值定理与导数的应用、不定积分、定积分;下册内容包括多元函数微分学、二重积分、无穷级数、微分方程与差分方程初步等.上册书后附有常用初等数学知识、几种常用的曲线和积分表;下册书后附有数学实验与数学模型简介,上、下册书后均附有习题参考答案.

　　本书的主要特点是:突出应用与实用,保证知识的科学性、系统性与严密性,坚持直观、深入浅出;以实例为主线,贯穿于概念的引入、例题的配置与习题的选择上,淡化纯数学的抽象,注重实际;特别根据应用型高等学校学生思想活跃等特点,举例富有时代性和吸引力,通俗易懂,注重培养学生解决实际问题的技能;注意知识的拓广,针对不同院校课程设置的情况,可根据教材内容取舍,便于教师使用.

　　本书可作为应用型高等学校本科经济与管理等非数学专业的高等数学或微积分课程的教材使用,也可作为部分专科的同类课程教材使用.

本书配套云资源使用说明

本书配有网络云资源,资源类型包括:知识框图、微课视频、动画视频、名家简介和历年考研真题.

一、资源说明

1. 知识框图:对每章知识点以框图形式做系统总结,让学生提前了解本章内容的层次结构,方便学生学完本章内容后做自我测评,加深学生对本章内容的理解.

2. 微课视频:针对重要知识点,本教材教学团队进行系统讲解,视频短小精练,方便学生学习,提高效率.

3. 动画视频:针对重要知识点、抽象内容,提供演示动画,便于学生理解和掌握,提高学习兴趣.

4. 名家简介:提供相关科学家的简介,从而提高学生对数学的认识,以及学习数学的兴趣.

5. 历年考研真题:提供一些历年考研真题,对学有余力的学生提供考研帮助.

二、使用方法

1. 打开微信的"扫一扫"功能,扫描关注公众号(公众号二维码见封底);
2. 点击公众号页面内的"激活课程";
3. 刮开激活码涂层,扫描激活云资源(激活码见封底);
4. 激活成功后,扫描书中的二维码,即可直接访问对应的云资源.

注:1. 每本书的激活码都是唯一的,不能重复激活使用.
    2. 非正版图书无法使用本书配套云资源.

总 序

　　数学是人一生中学得最多的一门功课.中小学里就已开设了很多数学课程,涉及算术、平面几何、三角、代数、立体几何、解析几何等众多科目,看起来洋洋大观,琳琅满目,但均属于初等数学的范畴,实际上只能用来解决一些相当简单的问题,面对现实世界中一些复杂的情况则往往无能为力.正因为如此,在大学学习阶段,专攻数学专业的学生不必说了,就是对于广大非数学专业的大学生,也都必须选学一些数学基础课程,花相当多的时间和精力学习高等数学,这就对非数学专业的大学数学基础教材提出了迫切的需求.

　　这些年来,各种大学数学基础教材已经林林总总地出版了许多,但平心而论,除少数精品以外,大多均偏于雷同,难以使人满意.而学习数学这门学科,关键又在于理解与熟练,同一种类型的教材只需精读一本好的就足够了.这样,精选并推出一些优秀的大学数学基础教材,就理所当然地成为编辑出版这一丛书的宗旨.

　　大学数学基础课程的名目并不多,所涵盖的内容又大体相似,但教材的编写不仅仅是材料的堆积和梳理,更体现编写者的教学思想和理念.同一门课程,应该鼓励有不同风格的教材来诠释和体现;针对不同程度的教学对象,也应该有不同层次的教材来使用和适应.特别是,大学非数学专业是一个相当广泛的概念,对分属工程类、财经管理类、医药类、农林类、社科类甚至文史类的众多大学生,不分青红皂白、一刀切地采用统一的数学教材进行教学,很难密切联系有关专业的实际,很难充分针对有关专业的迫切需要和特殊要求,是不值得提倡的.相反,通过教材编写者和相应专业工作者的密切结合和协作,针对该专业的特点编写出来的教材,才能特色鲜明、有血有肉,才能深受欢迎,并产生重要而深远的影响.这是专业类大学数学基础教材所应有的定位和标准,也是大家的迫切期望,但却是当前明显的短板,因而使我们对这套丛书可以大有作为有了足够的信心和依据.

　　说得更远一些,我们一些教师往往把数学看成一堆定义、公式、定理及证明的堆积,千方百计地要把这些知识灌输到学生头脑中去,却忘记了有关数学最根本的三件事.一是数学知识的来龙去脉——从哪儿来,又可以到哪儿去.割断数学与生动活泼的现实世界的血肉联系,学生就不会有学习数学持续的积极性.二是数学的精神实质和思想方法.只讲知识,不讲精神;只讲技巧,不讲思想,学生就不可能学到数学的精髓,不能对数学有真正的领悟.三是数学的人文内涵.数学在人类认识世界和改造世界的过程中起着关键的、不可代替的作用,是人类文明的坚实基础和重要支柱.不自觉地接受数学文化的熏陶,是不可能真正走近数学、了解数学、领悟数学并热爱数学的. 在数学教学中抓住了上面这三点,就抓住了数学的灵魂,学生对数学的学习就一定会更有成效. 但客观地说,现有的大学数学基础教材,能够真正体现这三方面要求的,恐怕为数不多. 这一现实为大学数学基础教材的编写提供了广阔的发展空间,很多探索有待进行,很多经验有待总结,可以说是任重而道远. 从这个意义上说,由北京大学出版社推出的这套大学数学丛书实际上已经为一批有特色、高品质的大学数学基础教材的面世,搭建了一个很好的平台,特别值得称道,也相信一定会得到各方面广泛而大力的支持.

特为之序.

李大潜

2015 年 1 月 28 日

前言

党的二十大报告首次将教育、科技、人才工作专门作为一个独立章节进行系统阐述和部署,明确指出:"教育、科技、人才是全面建设社会主义现代化国家的基础性、战略性支撑."这让广大教师深受鼓舞,更要勇担"为党育人,为国育才"的重任,迎来一个大有可为的新时代.

目前应用型高等学校所用教材大多直接选自传统普通高校教材,无法直接有效地满足实际教学需要.根据当前应用型高等学校经济与管理类专业学生的人才培养目标和所开设的高等数学或微积分等课程的实际情况,为了适应国家的教育教学改革,符合应用型大学的教学要求,更好地培养经济、管理等应用型人才,提高学生的实际工作能力与综合素质,以保证理论基础、注重应用、彰显特色为基本原则,参照国家有关教育部门所规定教学内容的广度和深度,在我们多年从事高等教育特别是应用型高等学校教育教学实践的基础上,为专业服务和以应用为目的,编写本教材.

本教材在保证知识的科学性、系统性和严密性的基础上,具有如下特点:

(1) 坚持直观理解与严密性的结合,深入浅出.

(2) 以实例为主线,贯穿于概念的引入、例题的配置与习题的选择上,淡化纯数学的抽象,注重实际内容及解决各种具体问题,特别根据应用型高等学校学生思想活跃等特点,举例富有时代性和吸引力,突出实用,通俗易懂.

(3) 注意趣味性,在多数章节中,从开头提出生动活泼、耐人寻味的实例作为引子,通过内容的学习,让学生茅塞顿开,饶有兴趣,使学生在学习知识的同时切实感到所学知识的作用,获得利用所学知识解决各种实际问题的技能.

(4) 注意知识的拓广,介绍相关的数学实验和数学模型,引进常用的数学软件,使学生感受用现代计算机技术求解复杂问题并不费时费力,还可以将复杂的、抽象的知识直观化,增强其"做数学"的意识和能力.通过了解相关的数学模型,培养学生的综合素质,促进学生参与数学建模等活动.

(5) 为便于教师使用和学生的自主学习需要,每章后面的小结,可帮助读者对每章知识内容的梳理和重点内容的把握.在此,建议读者学完每章内容之后,能根据自己学习情况自行小结,培养自身的总结归纳能力.对部分内容和例题、习题重新调整,以适应不同教学要求.

(6) 为使学生深造打好基础,在复习题的选取上,分为 A,B 两级,A 级以基本、够用为度,B 级和考研的要求接轨.

(7) 便于不同学校不同学时的教师使用.本教材分为上、下两册,对应 8 至 12 学分的课程设置.在学时分配上,本教材的讲授以每周 4 至 6 学时共两学期的教学为参考.上册以一元微积分为主,考虑到学生的实际基础情况,在上册后面附有预备知识等,供教师复习选用或学生查阅.下册着重介绍二元函数的微积分、无穷级数、微分方程及其在经济与管理等领域的应用.为提高学生素质,满足学生参加数学建模活动,在下册最后简单介绍了数学实验和数学建模.

（8）加入数学文化的元素．在每章之前加入数学家、科学家、政治家等名人的语录，以激发学生对数学的学习兴趣，了解数学的作用．

本教材可作为应用型高等学校本科经济与管理等非数学专业的高等数学或微积分课程的教材使用，也可作为部分专科的同类课程教材使用．

本教材由林伟初、郭安学主编，特别要感谢高卓、任宏锋、陈武福、何秋锦、吴小腊、熊颖等老师和徐才学教授、袁明华教授，他们用很多时间和精力进行了讨论和研究，使编写工作得以顺利完成．苏文华、赵子平构思并设计了全书在线课程教学资源的结构与配置，吴浪、邓之豪编辑了教学资源内容，并编写了相关动画文字材料，余燕、沈辉参与了动画制作及教学资源的信息化实现，袁晓辉、范军怀审查了全书配套在线课程的教学资源，苏文春、苏娟提供了版式和装帧设计方案．在此一并致谢．书中疏漏与错误之处在所难免，真心希望广大教师和学生不吝赐正并多提宝贵建议．

编　者

目 录

第 7 章　多元函数微分学 …………………………………………………………… 1

§7.1　空间解析几何基础 ……………………………………………………………… 2
　　7.1.1　空间直角坐标系(2)　7.1.2　空间曲面及其方程(3)　习题 7-1(7)

§7.2　多元函数的概念 ………………………………………………………………… 8
　　7.2.1　平面区域(8)　7.2.2　多元函数的基本概念(9)　7.2.3　二元函数的极限(11)
　　7.2.4　二元函数的连续性(13)　习题 7-2(15)

§7.3　偏导数及其在经济学中的应用 ………………………………………………… 16
　　7.3.1　偏导数的定义与计算(16)　7.3.2　偏导数的几何意义(18)
　　7.3.3　偏导数存在与函数连续性的关系(19)　7.3.4　高阶偏导数(20)
　　7.3.5　偏导数在经济学中的应用(21)　习题 7-3(24)

§7.4　全微分及其应用 ………………………………………………………………… 25
　　7.4.1　全微分的定义(25)　7.4.2　可微与连续、偏导数存在之间的关系(26)
　　7.4.3　全微分的计算(27)　7.4.4　全微分在近似计算中的应用(28)　习题 7-4(29)

§7.5　多元复合函数与隐函数的微分法 ……………………………………………… 30
　　7.5.1　多元复合函数微分法(30)　7.5.2　全微分形式不变性(34)
　　*7.5.3　隐函数微分法(35)　习题 7-5(39)

§7.6　多元函数的极值及其应用 ……………………………………………………… 39
　　7.6.1　二元函数的极值(40)　7.6.2　二元函数的最大值与最小值(42)
　　7.6.3　条件极值　拉格朗日乘数法(43)　习题 7-6(46)

本章小结 …………………………………………………………………………………… 47
复习题 7 …………………………………………………………………………………… 50

第 8 章　二重积分 ……………………………………………………………………… 52

§8.1　二重积分的概念与性质 ………………………………………………………… 53
　　8.1.1　二重积分的概念(53)　8.1.2　二重积分的性质(55)　习题 8-1(56)

§8.2　直角坐标系中二重积分的计算 ………………………………………………… 56
　　习题 8-2(60)

§8.3　极坐标系中二重积分的计算 …………………………………………………… 61
　　习题 8-3(63)

§8.4　无界区域上简单反常二重积分的计算 ………………………………………… 64
　　习题 8-4(65)

本章小结 …………………………………………………………………………………… 65

复习题 8 ·· 67

第 9 章　无穷级数 ··· 69
§9.1　常数项级数的概念和性质 ·· 70
9.1.1　常数项级数的概念(70)　9.1.2　常数项级数的性质(72)
9.1.3　级数收敛的必要条件(74)　习题 9-1(75)
§9.2　正项级数及其审敛法 ·· 76
习题 9-2(81)
§9.3　任意项级数 ··· 82
9.3.1　交错级数及其审敛法(82)　9.3.2　绝对收敛与条件收敛(83)　习题 9-3(85)
§9.4　幂级数 ··· 85
9.4.1　函数项级数(85)　9.4.2　幂级数及其敛散性(87)　9.4.3　幂级数的运算(90)
习题 9-4(91)
§9.5　函数展开为幂级数 ·· 92
9.5.1　泰勒级数(92)　9.5.2　函数展开为幂级数(94)　习题 9-5(97)
§9.6　级数的应用 ··· 97
9.6.1　巧智的农夫分牛问题(97)　9.6.2　近似计算(99)
9.6.3　经济学上的应用(101)　习题 9-6(102)

本章小结 ··· 103
复习题 9 ··· 105

第 10 章　微分方程与差分方程初步 ·· 107
§10.1　微分方程的基本概念 ··· 108
10.1.1　典型实例(108)　10.1.2　基本概念(109)　习题 10-1(111)
§10.2　一阶微分方程的分离变量法 ··· 111
10.2.1　可分离变量的微分方程(111)　10.2.2　齐次方程(115)
*10.2.3　可化为齐次方程的方程(117)　习题 10-2(119)
§10.3　一阶线性微分方程 ·· 119
10.3.1　一阶线性微分方程及其解法(119)　10.3.2　伯努利方程及其解法(123)
习题 10-3(124)
§10.4　可降阶的高阶微分方程 ··· 125
10.4.1　类型Ⅰ　$y^{(n)}=f(x)$(125)　10.4.2　类型Ⅱ（不显含 y 的方程）　$y''=f(x,y')$(125)
10.4.3　类型Ⅲ（不显含 x 的方程）　$y''=f(y,y')$(126)　习题 10-4(128)
§10.5　二阶常系数线性微分方程 ··· 128
10.5.1　二阶常系数齐次线性微分方程解的结构(128)
10.5.2　二阶常系数齐次线性微分方程的通解求法(129)
10.5.3　二阶常系数非齐次线性微分方程解的结构(132)
10.5.4　3 种特殊形式的非齐次方程的解(133)
习题 10-5(136)
§10.6　差分方程的基本概念 ··· 136

  10.6.1 差分的概念与性质(136) 10.6.2 差分方程的概念(139) 习题 10-6(140)

 §10.7 一阶常系数线性差分方程及其应用 ·· 141

  10.7.1 一阶常系数齐次线性差分方程的通解(141)

  10.7.2 一阶常系数非齐次线性差分方程的通解(142)

  10.7.3 差分方程在经济学中的应用(145) 习题 10-7(149)

 本章小结 ·· 149

 复习题 10 ··· 152

附录Ⅰ **参考答案** ·· 154

附录Ⅱ **数学实验与数学模型简介** ··· 163

历年考研真题 ··· 181

> 一门科学,只有当它成功地运用数学时,才能达到真正完善的地步.
> —— 马克思(Marx,马克思主义创始人)

第 7 章 多元函数微分学

在上册中,涉及的函数都只有一个自变量,这种函数称为一元函数.但在社会、经济、科技等研究领域中,经常需要研究多个变量之间的关系,这在数学上,就表现为一个变量与另外多个变量的相互依赖关系.因而,需要研究多元函数的概念及其微分与积分问题.

一元函数微积分建立在平面解析几何的基础上,要过渡到二元函数,会出现新的实质性问题.因此,本章先介绍空间解析几何,然后进一步讨论以二元函数为主要对象的多元函数微分学.

课程思政案例

知识框图

§7.1 空间解析几何基础

空间解析几何是用代数的方法研究空间几何图形,本节将介绍空间直角坐标系、空间两点间的距离、空间曲面及其方程等基本概念,这些内容对多元函数的微分学和积分学将起到重要的作用.

7.1.1 空间直角坐标系

1. 基本概念

在空间取定一点 O,过 O 作 3 条具有长度单位且两两相互垂直的数轴:x 轴(横轴)、y 轴(纵轴)、z 轴(竖轴),统称为<u>坐标轴</u>. 规定 3 条坐标轴的正向构成<u>右手系</u>,如图 7-1 所示,由此构成一个<u>空间直角坐标系</u>,称为 $Oxyz$ 直角坐标系,点 O 称为该坐标系的<u>原点</u>.

任意两条坐标轴均可确定一个平面,称为<u>坐标平面</u>,由 x 轴和 y 轴确定的平面称为 xOy 面. 类似地,有 yOz 面和 zOx 面. 3 个坐标平面把空间分成 8 个部分,每一部分称为一个<u>卦限</u>. 8 个卦限分别用罗马数字 Ⅰ,Ⅱ,Ⅲ,Ⅳ,Ⅴ,Ⅵ,Ⅶ,Ⅷ 表示,分别表示第 1 至第 8 卦限. 位于 xOy 面的上方,含有 3 个正半轴的卦限是 Ⅰ 卦限,在 xOy 面的上方,按逆时针方向排列着的是 Ⅱ,Ⅲ,Ⅳ 卦限. 与之对应地,在 xOy 面下方的四个卦限依次是 Ⅴ,Ⅵ,Ⅶ,Ⅷ 卦限,如图 7-2 所示.

任给空间中的一点 M,过 M 作 3 个平面分别垂直于 x 轴、y 轴和 z 轴并与 x 轴、y 轴和 z 轴的交点依次为 P,Q,R,如图 7-3 所示. 这 3 个点在各坐标轴的坐标依次为 x,y,z,于是,点 M 唯一确定了一个有序三元数组 (x,y,z). 反之,任给一个有序三元数组 (x,y,z),在 x 轴、y 轴和 z 轴上分别取点 P,Q,R,使其坐标为 x,y,z,然后过点 P,Q,R 分别作 x 轴、y 轴和 z 轴的垂直平面,这 3 个平面的交点 M 就是由有序数组 (x,y,z) 唯一确定的点. 因此,空间的点 M 与有序三元数组 (x,y,z) 之间建立了一一对应的关系. 称 (x,y,z) 为<u>点 M 的坐标</u>,依次称 x,y 和 z 为<u>横坐标</u>、<u>纵坐标</u>和<u>竖坐标</u>,点 M 可记为 $M(x,y,z)$.

图 7-1

图 7-2

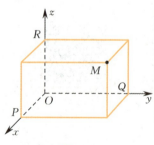

图 7-3

例 1 坐标轴上、坐标面上及卦限中点的坐标各有什么特点?

解 （1）x 轴上的点，有 $y=z=0$；y 轴上的点，有 $x=z=0$；z 轴上的点，有 $x=y=0$.

（2）xOy 面上的点，有 $z=0$；yOz 面上的点，有 $x=0$；zOx 面上的点，有 $y=0$.

（3）考察 8 个卦限中点的坐标的正负号，有如下特点：

$$\text{I}(+,+,+), \text{II}(-,+,+), \text{III}(-,-,+), \text{IV}(+,-,+),$$
$$\text{V}(+,+,-), \text{VI}(-,+,-), \text{VII}(-,-,-), \text{VIII}(+,-,-).$$

例 2 已知点 $M(1,-2,3)$，求点 M 关于坐标原点、各坐标轴及各坐标面的对称点的坐标.

解 设所求对称点的坐标为 (x,y,z)，则

（1）由 $x+1=0, y+(-2)=0, z+3=0$，得到点 M 关于坐标原点的对称点的坐标为 $(-1,2,-3)$.

（2）由 $x=1, y+(-2)=0, z+3=0$，得到点 M 关于 x 轴的对称点的坐标为 $(1,2,-3)$. 同理，可得点 M 关于 y 轴的对称点的坐标为 $(-1,-2,-3)$；关于 z 轴的对称点的坐标为 $(-1,2,3)$.

（3）由 $x=1, y=-2, z+3=0$，得到点 M 关于 xOy 面的对称点的坐标为 $(1,-2,-3)$. 同理，点 M 关于 yOz 面的对称点的坐标为 $(-1,-2,3)$；关于 zOx 面的对称点的坐标为 $(1,2,3)$.

2. 空间两点间的距离

设 $M_1(x_1,y_1,z_1), M_2(x_2,y_2,z_2)$ 是空间任意两点，分别过 M_1 和 M_2 作 3 个垂直于坐标轴的平面，这 6 个平面构成了以 M_1M_2 为对角线的长方体，如图 7-4 所示. 易见，该长方体的棱长分别是

$$|x_2-x_1|, |y_2-y_1|, |z_2-z_1|.$$

于是得到空间两点 M_1, M_2 的距离公式为

$$d=|M_1M_2|=\sqrt{(x_2-x_1)^2+(y_2-y_1)^2+(z_2-z_1)^2}. \quad (7-1)$$

图 7-4

例 3 在 z 轴上求与两点 $A(4,-2,2)$ 和 $B(1,6,-3)$ 等距离的点.

解 设所求的点为 $M(0,0,z)$，依题意有 $|MA|^2=|MB|^2$，即

$$(4-0)^2+(-2-0)^2+(2-z)^2=(1-0)^2+(6-0)^2+(-3-z)^2.$$

解得 $z=-\dfrac{11}{5}$，故所求的点为 $M\left(0,0,-\dfrac{11}{5}\right)$.

7.1.2 空间曲面及其方程

在平面解析几何中，平面上的曲线可以看作是平面上满足一定条件的动点的轨迹. 同样，空间曲面也是由动点的几何轨迹形成的，例如，球面就可看成是与一定点等距离的点的轨迹. 在空间解析几何中，曲面上任意一点 $M(x,y,z)$ 都满足一定条件，则可用含有 x,y,z 的方程表示.

图 7-5

定义 1 在空间直角坐标系中,如果曲面 S 上任一点的坐标都满足方程 $F(x,y,z)=0$,而不在曲面 S 上的任何点的坐标都不满足该方程,则方程 $F(x,y,z)=0$ 称为**曲面 S 的方程**,而曲面 S 就称为方程 $F(x,y,z)=0$ 的**图形**,如图 7-5 所示.

关于空间曲面的两个基本问题是:

(1) 已知曲面上的点所满足的条件,建立曲面的方程;

(2) 已知曲面方程,研究曲面的几何形状.

1. 平面

平面是空间中最简单且最重要的曲面,先看一个例子.

例 4 已知 $M_1(1,-2,0), M_2(-1,0,3)$,求 M_1M_2 的垂直平分面的方程.

解 设 $M(x,y,z)$ 是所求垂直平分面上的任意一点,则点 M 必与 M_1, M_2 的距离相等,即
$$|MM_1|=|MM_2|.$$
因此,由公式(7-1) 有
$$\sqrt{(x-1)^2+(y+2)^2+(z-0)^2}=\sqrt{(x+1)^2+(y-0)^2+(z-3)^2}.$$
整理可得所求垂直平分面方程为
$$4x-4y-6z+5=0.$$

可以证明,空间中任一平面的方程为三元一次方程
$$Ax+By+Cz+D=0, \qquad (7-2)$$
其中 A,B,C,D 均为常数,且 A,B,C 不全为零.方程(7-2)称为**平面的一般方程**.

例 5 求过点 $P(a,0,0), Q(0,b,0), R(0,0,c)$ 的平面方程(a,b,c 均不为零).

解 设所求平面方程为 $Ax+By+Cz+D=0$,由于点 P,Q,R 在平面上,因此其点的坐标满足所设方程,即
$$a\cdot A+D=0,\quad b\cdot B+D=0,\quad c\cdot C+D=0.$$
解得
$$A=-\frac{D}{a},\quad B=-\frac{D}{b},\quad C=-\frac{D}{c}.$$
显然 $D\neq 0$,代入所设方程,整理得所求平面方程为
$$\frac{x}{a}+\frac{y}{b}+\frac{z}{c}=1. \qquad (7-3)$$

图 7-6

方程(7-3)称为平面的**截距式方程**,其中 a,b,c 依次称为平面在 x 轴、y 轴和 z 轴的**截距**.

例如,过点 $P(2,0,0), Q(0,4,0), R(0,0,1)$ 的平面方程为
$$\frac{x}{2}+\frac{y}{4}+z=1,$$
在 x 轴、y 轴和 z 轴的截距依次为 2,4,1,如图 7-6 所示.

有几种特殊的平面方程：

(1) 过原点的平面.

当 $D=0$ 时，$Ax+By+Cz=0$ 表示过原点的平面.

(2) 平行于坐标轴的平面.

当 $C=0$ 时，$Ax+By+D=0$ 表示平行于 z 轴的平面. 事实上，因为方程不含 z 项，即不论空间点 (x,y,z) 的竖坐标如何变化，只要 x,y 满足方程，点 (x,y,z) 就在平面上，所以该平面必平行于 z 轴.

同理可知：

$By+Cz+D=0$ 表示平行于 x 轴的平面；

$Ax+Cz+D=0$ 表示平行于 y 轴的平面.

(3) 平行于坐标面的平面.

$Ax+D=0$ 表示平行于 yOz 面的平面；$By+D=0$ 表示平行于 zOx 面的平面；$Cz+D=0$ 表示平行于 xOy 面的平面.

例 6 求平行于 z 轴且过 $M_1(1,0,0)$，$M_2(0,1,0)$ 两点的平面方程.

解 因所求平面平行于 z 轴，故可设其方程为
$$Ax+By+D=0.$$
又点 M_1 和 M_2 都在平面上，于是
$$\begin{cases} A+D=0, \\ B+D=0. \end{cases}$$
解得关系式 $A=B=-D$，代入方程，得
$$-Dx-Dy+D=0.$$
显然 $D\neq 0$，消去 D 并整理可得所求的平面方程为 $x+y-1=0$.

2. 球面

例 7 建立球心在点 $M_0(x_0,y_0,z_0)$、半径为 R 的球面方程.

解 设 $M(x,y,z)$ 是球面上的任意一点，那么
$$|M_0M|=R,$$
即
$$\sqrt{(x-x_0)^2+(y-y_0)^2+(z-z_0)^2}=R,$$
或
$$(x-x_0)^2+(y-y_0)^2+(z-z_0)^2=R^2.$$
这就是球面上的点的坐标所满足的方程，而不在球面上的点的坐标都不满足这个方程.

因此方程
$$(x-x_0)^2+(y-y_0)^2+(z-z_0)^2=R^2 \qquad (7-4)$$
就是球心在点 $M_0(x_0,y_0,z_0)$、半径为 R 的**球面的方程**.

特别地，$x^2+y^2+z^2=R^2$ 表示球心为原点的球面；$z=\sqrt{R^2-x^2-y^2}$ 表示球面的

上半部,如图 7-7(a)所示;$z=-\sqrt{R^2-x^2-y^2}$ 表示球面的下半部,如图 7-7(b)所示.

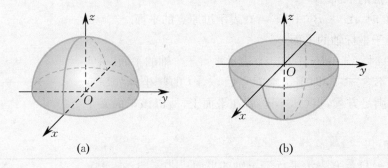

图 7-7

例 8 方程 $x^2+y^2+z^2-6x+8y=0$ 表示怎样的曲面?

解 通过配方,原方程可以改写成
$$(x-3)^2+(y+4)^2+z^2=25.$$
由方程(7-4)可知,$x^2+y^2+z^2-6x+8y=0$ 表示球心在点 $M_0(3,-4,0)$、半径为 $R=5$ 的球面.

3. 柱面

图 7-8

定义 2 平行于某定直线 l 并沿定曲线 C 移动的直线 L 所形成的曲面称为柱面.这条定曲线 C 称为柱面的准线,动直线 L 称为柱面的母线,如图 7-8 所示.

例 9 方程 $x^2+y^2=R^2$ 表示怎样的曲面?

解 在 xOy 面上,方程 $x^2+y^2=R^2$ 表示圆心在原点 O、半径为 R 的圆.

在空间直角坐标系中,方程 $x^2+y^2=R^2$ 不含竖坐标 z,即不论空间点的竖坐标 z 怎样变化,只要 x 和 y 能满足方程,那么这些点就在该曲面上.

于是,过 xOy 面上的圆 $x^2+y^2=R^2$,且平行于 z 轴的直线一定在 $x^2+y^2=R^2$ 表示的曲面上.

所以,方程 $x^2+y^2=R^2$ 表示由平行于 z 轴的直线沿准线为 xOy 面上的圆 $x^2+y^2=R^2$ 移动而成的圆柱面,如图 7-9 所示.

图 7-9

一般地,只含 x,y 而缺 z 的方程 $F(x,y)=0$,在空间直角坐标系中表示母线平行于 z 轴的柱面,其准线是 xOy 面上的曲线 C:$F(x,y)=0$.

例如,方程 $y^2=2x$ 表示母线平行于 z 轴的柱面,它的准线是 xOy 面上的抛物线 $y^2=2x$,该柱面称为抛物柱面.又如,方程 $\dfrac{x^2}{3}+$

$\frac{y^2}{4}=1$ 表示母线平行于 z 轴的椭圆柱面；$\frac{x^2}{3}-\frac{y^2}{4}=1$ 表示母线平行于 z 轴的双曲柱面.

类似地，只含 x,z 而缺 y 的方程 $G(x,z)=0$ 和只含 y,z 而缺 x 的方程 $H(y,z)=0$ 分别表示母线平行于 y 轴和 x 轴的柱面.

4. 几种常见的二次曲面

与平面解析几何中规定的二次曲线相类似，变量 x,y,z 的三元二次方程所表示的曲面称为二次曲面.

研究一般的三元二次方程 $F(x,y,z)=0$ 所表示的曲面的方法是：用坐标面和平行于坐标面的平面与曲面相截，考察其交线的形状，然后综合分析，从而了解曲面的立体形状. 这种方法称为截痕法.

常见的二次曲面有如下几种：

(1) 椭球面 $\frac{x^2}{a^2}+\frac{y^2}{b^2}+\frac{z^2}{c^2}=1$ $(a>0,b>0,c>0)$.

显然，令 $z=0$，即知该曲面与 xOy 面的交线（截痕）为 xOy 面上的椭圆 $\frac{x^2}{a^2}+\frac{y^2}{b^2}=1$. 类似地，可得各坐标面及平行于坐标面的平面与曲面的截痕都是椭圆，如图 7-10 所示.

(2) 椭圆抛物面 $z=\frac{x^2}{2p}+\frac{y^2}{2q}$ （p 与 q 同号）.

对如图 7-11(a) 所示的椭圆抛物面 $(p>0,q>0)$，用平行于 xOy 面的平面得到的截痕是椭圆（与 xOy 面的交点为原点），用平行于 yOz 面和 zOx 面的平面得到的截痕为抛物线.

(3) 双曲抛物面（马鞍面）$z=-\frac{x^2}{2p}+\frac{y^2}{2q}$ （p 与 q 同号）.

如图 7-11(b) 所示.

(4) 单叶双曲面 $\frac{x^2}{a^2}+\frac{y^2}{b^2}-\frac{z^2}{c^2}=1$ $(a>0,b>0,c>0)$.

如图 7-12(a) 所示.

(5) 双叶双曲面 $\frac{x^2}{a^2}-\frac{y^2}{b^2}+\frac{z^2}{c^2}=-1$ $(a>0,b>0,c>0)$.

如图 7-12(b) 所示.

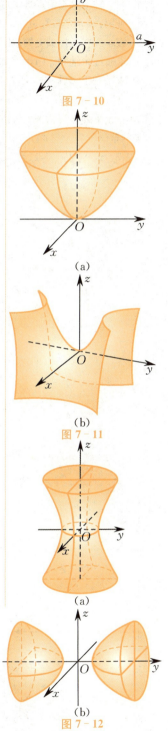

图 7-10

图 7-11

图 7-12

习题 7-1

1. 指出下列各点所在的坐标轴、坐标面或卦限：
 $A(2,1,-6), B(0,2,0), C(-3,0,5), D(1,-1,-7)$.

2. 已知点 $M(-1,2,3)$,求点 M 关于坐标原点、各坐标轴及各坐标面的对称点的坐标.
3. 在 z 轴上求与两点 $A(-4,1,7)$ 和 $B(3,5,-2)$ 等距离的点.
4. 证明:以 $M_1(4,3,1),M_2(7,1,2),M_3(5,2,3)$ 三点为顶点的三角形是一个等腰三角形.
5. 设平面在坐标轴上的截距分别为 $a=2,b=-3,c=5$,求这个平面的方程.
6. 求通过 x 轴和点 $(4,-3,-1)$ 的平面方程.
7. 求平行于 y 轴且过 $M_1(1,0,0),M_2(0,0,1)$ 两点的平面方程.
8. 方程 $x^2+y^2+z^2-2x+4y=0$ 表示怎样的曲面?
9. 指出下列方程在平面解析几何与空间解析几何中分别表示什么几何图形:
   (1) $x-2y=1$; (2) $x^2+y^2=1$;
   (3) $2x^2+3y^2=1$; (4) $y=x^2$.

§7.2 多元函数的概念

7.2.1 平面区域

1. 邻域

以 $\mathbf{R}^2=\{(x,y)\mid x,y\in\mathbf{R}\}$ 表示坐标平面,设 $P_0(x_0,y_0)$ 是 $\mathbf{R}^2$ 上的一个点,δ 是某一正数.与点 $P_0(x_0,y_0)$ 距离小于 δ 的点 $P(x,y)$ 的全体称为**点 P_0 的 δ 邻域**,简称**邻域**,记为 $U(P_0,\delta)$,即
$$U(P_0,\delta)=\{P\in\mathbf{R}^2\mid |PP_0|<\delta\}$$
或
$$U(P_0,\delta)=\{(x,y)\mid \sqrt{(x-x_0)^2+(y-y_0)^2}<\delta\}.$$

注 邻域 $U(P_0,\delta)$ 的几何意义是:xOy 平面上以点 $P_0(x_0,y_0)$ 为中心,$\delta(\delta>0)$ 为半径的圆的内部的点 $P(x,y)$ 的全体,如图 7-13 所示.

$U(P_0,\delta)$ 中除去点 P_0 后的部分称为**点 P_0 的去心 δ 邻域**,记为 $\mathring{U}(P_0,\delta)$,即
$$\mathring{U}(P_0,\delta)=\{P\mid 0<|P_0P|<\delta\}.$$

注 如果不需要强调邻域的半径 δ,则用 $U(P_0)$ 或 $\mathring{U}(P_0)$ 分别表示点 P_0 的某个邻域或去心邻域.

2. 内点、边界点与聚点

设 E 是 $\mathbf{R}^2$ 中的一个点集,P 是 $\mathbf{R}^2$ 上的任意一点.
(1) **内点**:如果存在点 P 的某一邻域 $U(P)$,使得 $U(P)\subset E$,则称 P 为 E 的**内点**,如图 7-14 所示;
(2) **边界点**:如果点 P 的任一邻域内既有属于 E 的点,也有不

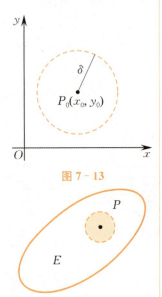

图 7-13

图 7-14

属于 E 的点,则称 P 为 E 的**边界点**,如图 7-15 所示.

E 的边界点的全体,称为 E 的**边界**,记为 ∂E.

注 E 的内点必属于 E,而 E 的边界点可能属于 E,也可能不属于 E.

(3) **聚点**:如果对于任意给定的 $\delta > 0$,点 P 的去心邻域 $\mathring{U}(P,\delta)$ 内总有 E 中的点,则称 P 是 E 的**聚点**.

注 聚点 P 本身可以属于 E,也可以不属于 E.

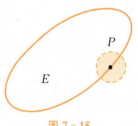

图 7-15

例如,设平面点集 $E = \{(x,y) \mid 1 < x^2+y^2 \leqslant 4\}$,则满足 $1 < x^2+y^2 < 4$ 的一切点 (x,y) 都是 E 的内点;满足 $x^2+y^2 = 1$ 的一切点 (x,y) 都是 E 的边界点,它们都不属于 E;满足 $x^2+y^2 = 4$ 的一切点 (x,y) 也是 E 的边界点,它们都属于 E;边界 $\partial E = \{(x,y) \mid x^2+y^2 = 1 \text{ 或 } x^2+y^2 = 4\}$;点集 E 及它的边界 ∂E 上的一切点都是 E 的聚点.

3. 区域与闭区域

如果点集 E 中的每一点都是内点,且 E 中任何两点都可用全在 E 内的折线连接起来,则称 E 为**开区域**(简称**区域**).开区域连同其边界一起所构成的点集称为**闭区域**.

例如,集合 $\{(x,y) \mid 1 < x^2+y^2 < 4\}$ 是开区域,如图 7-16(a) 所示,集合 $\{(x,y) \mid 1 \leqslant x^2+y^2 \leqslant 4\}$ 是闭区域.

若区域 E 包含在某个圆内,则称 E 为**有界区域**;否则,称为**无界区域**.

注 有界区域不能等同于闭区域,无界区域不能等同于开区域.

例如,集合 $\{(x,y) \mid 1 \leqslant x^2+y^2 \leqslant 4\}$ 是有界闭区域;集合 $\{(x,y) \mid 1 < x^2+y^2 < 4\}$ 是有界开区域,如图 7-16(a) 所示;集合 $\{(x,y) \mid x+y > 0\}$ 是无界开区域,如图 7-16(b) 所示;集合 $\{(x,y) \mid x+y \geqslant 0\}$ 是无界闭区域.

以上概念均可推广到 n 维空间 $\mathbf{R}^n = \{(x_1,x_2,\cdots,x_n) \mid x_i \in \mathbf{R}, i = 1,2,\cdots,n\}$ 中去.

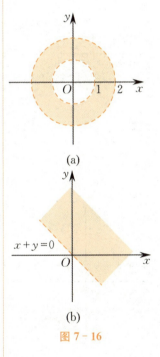

图 7-16

7.2.2 多元函数的基本概念

一元函数研究的是一个自变量对一个因变量的关系,但在很多实际问题中,需要研究多个变量之间的依赖关系.例如,圆柱体的体积 V 和它的底半径 r、高 h 之间具有关系

$$V = \pi r^2 h.$$

当 r,h 在一定范围内($r > 0, h > 0$)取定一组值 (r,h) 时,对应的 V 值就随之确定.这里,自变量有两个:r 和 h,故称 V 是 r 和 h 的**二元函数**.

又如,某工厂生产的三种产品日产量分别为 x,y,z(件),其价

格分别为 4,5,6(元/件),则其日产值为
$$u = 4x + 5y + 6z(元).$$
这里,u 是 x,y,z 的三元函数.

二元及二元以上的函数统称为多元函数,由于二元以上的函数与二元函数的所有特性没有本质差别,因此着重讨论二元函数.

定义 1 设 D 是平面上的一个非空点集,如果对于 D 内的每一点 (x,y),按照某种法则 f,都有唯一的实数 z 与之对应,则称 f 是 D 上的二元函数,记为
$$z = f(x,y),$$
其中 x,y 称为自变量,z 称为因变量. 点集 D 称为该函数的定义域,数集 $\{z \mid z = f(x,y), (x,y) \in D\}$ 称为该函数的值域.

类似地,可定义三元及三元以上函数. 当 $n \geq 2$ 时,n 元函数统称为多元函数.

在西方经济学中,著名的柯布-道格拉斯(Cobb-Douglas)生产函数
$$y = AK^\alpha L^\beta \quad (A,\alpha,\beta \text{ 均为正常数}, K>0, L>0)$$
就是一个二元函数,产量 y 是因变量,投入资金 K 和劳动力 L 是自变量.

如同一元函数一样,多元函数的两个要素也是定义域和对应法则.

与一元函数类似,对二元函数的定义域作如下约定:

(1) 若函数与实际问题有关,则由问题的实际意义确定. 例如,圆柱体的体积 $V = \pi r^2 h$ 的定义域为 $\{(r,h) \mid r>0, h>0\}$.

(2) 若用某一公式表示函数(不需考虑实际意义),则其定义域为使函数表达式有意义的自变量的变化范围.

例如,函数 $z = \ln(x+y)$ 的定义域为 $\{(x,y) \mid x+y>0\}$,它在几何上表示 xOy 坐标平面上不包含直线 $x+y=0$ 的右侧半平面,这是一个无界开区域,如图 7-16(b) 所示.

又如,函数 $z = \arcsin(x^2+y^2)$ 的定义域为 $\{(x,y) \mid x^2+y^2 \leq 1\}$,它在几何上表示圆心在原点,半径为 1 的单位圆,这是一个有界闭区域,如图 7-17 所示.

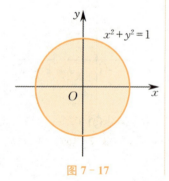

图 7-17

例 1 求二元函数 $f(x,y) = \dfrac{\ln(x^2+y^2-1)}{\sqrt{4-x^2-y^2}}$ 的定义域.

解 由
$$\begin{cases} x^2+y^2-1>0, \\ 4-x^2-y^2>0, \end{cases}$$
得
$$\begin{cases} x^2+y^2>1, \\ x^2+y^2<4. \end{cases}$$

故所求定义域为 $D=\{(x,y)\mid 1<x^2+y^2<4\}$，它在几何上表示不包含圆周的圆环域，如图 7-16(a) 所示.

例 2 已知函数 $f(x+y,x-y)=\dfrac{x^2-y^2}{x^2+y^2}$，求 $f(x,y)$.

解 设 $u=x+y,v=x-y$，则
$$x=\frac{u+v}{2},\quad y=\frac{u-v}{2},$$
代入得
$$f(u,v)=\frac{\left(\dfrac{u+v}{2}\right)^2-\left(\dfrac{u-v}{2}\right)^2}{\left(\dfrac{u+v}{2}\right)^2+\left(\dfrac{u-v}{2}\right)^2}=\frac{2uv}{u^2+v^2},$$
故有
$$f(x,y)=\frac{2xy}{x^2+y^2}.$$

由 §7.1 可知，二元函数 $z=f(x,y)$ 的图形是空间直角坐标系中的一张曲面. 例如，函数 $z=ax+by+c$ 的图形是一张平面；函数 $z=\sqrt{R^2-x^2-y^2}$ 表示球面的上半部，如图 7-7(a) 所示；函数 $z=-x^2+y^2$ 的图形是双曲抛物面(马鞍面)，如图 7-11(b) 所示.

7.2.3 二元函数的极限

定义 2 设函数 $z=f(x,y)$ 在点 $P_0(x_0,y_0)$ 的某一去心邻域内有定义，如果当点 $P(x,y)$ 无限趋于点 $P_0(x_0,y_0)$ 时，函数 $f(x,y)$ 无限趋于一个常数 A，则称 A 为**函数 $z=f(x,y)$ 当 $(x,y)\to(x_0,y_0)$ 时的极限**，记为
$$\lim_{\substack{x\to x_0\\ y\to y_0}}f(x,y)=A$$
或
$$\lim_{(x,y)\to(x_0,y_0)}f(x,y)=A$$
或
$$f(x,y)\to A\quad((x,y)\to(x_0,y_0)),$$
也记为
$$\lim_{P\to P_0}f(P)=A\quad\text{或}\quad f(P)\to A\quad(P\to P_0).$$

注 定义 2 作为二元函数极限的描述性定义比较直观易懂. 二元函数极限的精确定义可作如下表述：

定义 2′ 设二元函数 $f(P)=f(x,y)$ 的定义域为 D，$P_0(x_0,y_0)$ 是 D 的聚点. 如果存在常数 A，对于任意给定的正数 ε,

总存在正数 δ,使得当 $P(x,y) \in D \cap \mathring{U}(P_0,\delta)$ 时,都有
$$|f(P)-A|=|f(x,y)-A|<\varepsilon$$
成立,则称常数 A 为函数 $f(x,y)$ 当 $(x,y) \to (x_0,y_0)$ 时的极限.

二元函数的极限与一元函数的极限具有相同的性质和运算法则,为了区别于一元函数的极限,称二元函数的极限为**二重极限**.

由二元函数的极限定义可推广到 $n(n \geqslant 3)$ 元函数的极限定义.

例 3 证明:
$$\lim_{\substack{x \to 0 \\ y \to 0}}(x^2+y^2)\sin\frac{1}{x^2+y^2}=0.$$

证 1(依据定义 2′) 设 $f(x,y)=(x^2+y^2)\sin\dfrac{1}{x^2+y^2}$,因为
$$|f(x,y)-0| = \left|(x^2+y^2)\sin\frac{1}{x^2+y^2}-0\right|$$
$$= |x^2+y^2| \cdot \left|\sin\frac{1}{x^2+y^2}\right| \leqslant x^2+y^2,$$

可见 $\forall \varepsilon > 0$,取 $\delta = \sqrt{\varepsilon}$,则当
$$0 < \sqrt{(x-0)^2+(y-0)^2} < \delta,$$
即 $P(x,y) \in D \cap \mathring{U}(0,\delta)$ 时,总有
$$|f(x,y)-0| < \varepsilon.$$
所以
$$\lim_{\substack{x \to 0 \\ y \to 0}} f(x,y) = \lim_{\substack{x \to 0 \\ y \to 0}}(x^2+y^2)\sin\frac{1}{x^2+y^2} = 0.$$

证 2 令 $u = x^2+y^2$,则
$$\lim_{\substack{x \to 0 \\ y \to 0}}(x^2+y^2)\sin\frac{1}{x^2+y^2} = \lim_{u \to 0} u\sin\frac{1}{u} = 0.$$

注 上式的证明过程简单快捷,依照一元函数求极限的方法,采用代入法求极限.

例 4 求 $\lim\limits_{(x,y) \to (3,0)} \dfrac{\sin(xy)}{y}$.

解 $\lim\limits_{(x,y) \to (3,0)} \dfrac{\sin(xy)}{y} = \lim\limits_{(x,y) \to (3,0)} \dfrac{\sin(xy)}{xy} \cdot x = \lim\limits_{(x,y) \to (3,0)} \dfrac{\sin(xy)}{xy} \cdot \lim\limits_{(x,y) \to (3,0)} x$
$= 1 \times 3 = 3.$

根据二重极限的定义,需要特别注意以下两点:

(1) 二重极限存在,是指点 P 以任何方式趋于点 P_0 时,函数都无限接近于 A;

(2) 如果当点 P 以两种不同方式趋于点 P_0 时，函数趋于不同的值，则函数的极限不存在.

例 5 讨论函数
$$f(x,y) = \begin{cases} \dfrac{xy}{x^2+y^2}, & x^2+y^2 \neq 0, \\ 0, & x^2+y^2 = 0 \end{cases}$$
在点 $(0,0)$ 的极限是否存在.

解 (1) 当点 $P(x,y)$ 沿 x 轴趋于点 $(0,0)$ 时，有
$$\lim_{(x,y)\to(0,0)} f(x,y) = \lim_{x\to 0} f(x,0) = \lim_{x\to 0} 0 = 0;$$
(2) 当点 $P(x,y)$ 沿 y 轴趋于点 $(0,0)$ 时，有
$$\lim_{(x,y)\to(0,0)} f(x,y) = \lim_{y\to 0} f(0,y) = \lim_{y\to 0} 0 = 0;$$
(3) 当点 $P(x,y)$ 沿直线 $y=kx$ 趋于点 $(0,0)$ 时，有
$$\lim_{\substack{(x,y)\to(0,0)\\y=kx}} \frac{xy}{x^2+y^2} = \lim_{x\to 0} \frac{kx^2}{x^2+k^2x^2} = \frac{k}{1+k^2},$$
显然，此时的极限值随 k 的变化而变化.

因此，函数 $f(x,y)$ 在点 $(0,0)$ 处的极限不存在.

需要注意的是，不能因为(1)和(2)的两种情形极限相同而得出极限存在的结论！

例 6 证明：$\lim\limits_{\substack{x\to 0\\y\to 0}} \dfrac{x^2 y}{x^4+y^2}$ 不存在.

证 取 $y = kx^2$，则
$$\lim_{\substack{x\to 0\\y\to 0}} \frac{x^2 y}{x^4+y^2} = \lim_{\substack{x\to 0\\y=kx^2}} \frac{x^2 \cdot kx^2}{x^4+k^2 x^4} = \frac{k}{1+k^2},$$
其值随 k 的不同而不同，故极限不存在.

7.2.4 二元函数的连续性

定义 3 设二元函数 $z = f(x,y)$ 在点 (x_0, y_0) 的某一邻域内有定义，如果
$$\lim_{\substack{x\to x_0\\y\to y_0}} f(x,y) = f(x_0, y_0), \qquad (7-5)$$
则称 $z = f(x,y)$ 在点 (x_0, y_0) 处连续，并称点 (x_0, y_0) 为连续点.

如果函数 $z = f(x,y)$ 在点 (x_0, y_0) 处不连续，则称函数 $z = f(x,y)$ 在点 (x_0, y_0) 处间断，并称点 (x_0, y_0) 为间断点.

例 7 ▶ 讨论点 $O(0,0)$ 是否为函数

$$f(x,y) = \begin{cases} (x^2+y^2)\sin\dfrac{1}{x^2+y^2}, & x^2+y^2 \neq 0, \\ 0, & x^2+y^2 = 0 \end{cases}$$

的连续点.

解 由例 3 可知,

$$\lim_{\substack{x\to 0\\y\to 0}} f(x,y) = \lim_{\substack{x\to 0\\y\to 0}} (x^2+y^2)\sin\dfrac{1}{x^2+y^2} = 0,$$

又 $f(0,0) = 0$,于是

$$\lim_{\substack{x\to 0\\y\to 0}} f(x,y) = f(0,0) = 0.$$

故点 $O(0,0)$ 是连续点.

由例 5 可知,点 $O(0,0)$ 是函数 $f(x,y) = \begin{cases} \dfrac{xy}{x^2+y^2}, & x^2+y^2 \neq 0, \\ 0, & x^2+y^2 = 0 \end{cases}$ 的间断点.

与一元函数类似,二元连续函数经过四则运算和复合运算后仍为二元连续函数.由 x 和 y 的基本初等函数及常数经过有限次的四则运算和复合运算所构成的可用一个式子表示的二元函数称为**二元初等函数**.例如,$\dfrac{x+x^2-y^2}{1+y^2}$,$\ln(1-x+y)$,$\mathrm{e}^{x^2+y^2}$ 都是二元初等函数.

可得结论:一切二元初等函数在其定义区域内都是连续的.这里定义区域是指包含在定义域内的区域或闭区域.

这个结论表明,若要计算某个二元初等函数在其定义区域内一点的极限,则只要算出函数在该点的函数值即可.

例 8 ▶ 求 $\lim\limits_{\substack{x\to 0\\y\to 1}} \dfrac{y\mathrm{e}^x}{x^2+y^2+2}$.

解 因初等函数 $f(x,y) = \dfrac{y\mathrm{e}^x}{x^2+y^2+2}$ 在点 $(0,1)$ 处连续,故有

$$\lim_{\substack{x\to 0\\y\to 1}} \dfrac{y\mathrm{e}^x}{x^2+y^2+2} = \dfrac{1\times \mathrm{e}^0}{0+1^2+2} = \dfrac{1}{3}.$$

例 9 ▶ 求 $\lim\limits_{(x,y)\to(0,0)} \dfrac{\sqrt{xy+1}-1}{xy}$.

解

$$\begin{aligned}\lim_{(x,y)\to(0,0)} \dfrac{\sqrt{xy+1}-1}{xy} &= \lim_{(x,y)\to(0,0)} \dfrac{(\sqrt{xy+1}-1)(\sqrt{xy+1}+1)}{xy(\sqrt{xy+1}+1)} \\ &= \lim_{(x,y)\to(0,0)} \dfrac{1}{\sqrt{xy+1}+1} = \dfrac{1}{2}.\end{aligned}$$

类似于一元连续函数在闭区间上的性质,在有界闭区域 D 上

连续的二元函数也有如下对应的性质.

性质1(**最大值和最小值定理**) 有界闭区域 D 上的二元连续函数在 D 上至少取得它的最大值和最小值各一次.

性质2(**有界性定理**) 有界闭区域 D 上的二元连续函数在 D 上一定有界.

性质3(**介值定理**) 若有界闭区域 D 上的二元连续函数在 D 上取得两个不同的函数值,则它在 D 上取得介于这两值之间的任何值至少一次.

习题 7-2

1. 求下列各函数表达式:

    (1) 已知 $f(x,y) = x^2 + y^2$,求 $f(x-y, \sqrt{xy})$;

    (2) 已知 $f(x-y, \sqrt{xy}) = x^2 + y^2$,求 $f(x,y)$.

2. 求下列函数的定义域,并指出其在平面直角坐标系中的图形:

    (1) $z = \sin \dfrac{1}{x^2+y^2-1}$;

    (2) $z = \sqrt{1-x^2} + \sqrt{y^2-1}$;

    (3) $f(x,y) = \sqrt{1-x} \ln(x-y)$;

    (4) $f(x,y) = \dfrac{\arcsin(3-x^2-y^2)}{\sqrt{x-y^2}}$.

3. 证明下列极限不存在:

    (1) $\lim\limits_{\substack{x\to 0 \\ y\to 0}} \dfrac{x-y}{x+y}$;

    (2) $\lim\limits_{\substack{x\to 0 \\ y\to 0}} \dfrac{x^3 y}{x^6+y^2}$.

4. 计算下列极限:

    (1) $\lim\limits_{(x,y)\to(0,1)} \dfrac{e^x+y}{x+y}$;

    (2) $\lim\limits_{(x,y)\to(0,3)} \dfrac{\sin(xy)}{x}$;

    (3) $\lim\limits_{(x,y)\to(0,0)} \dfrac{\sin(x^3+y^3)}{x+y}$;

    (4) $\lim\limits_{(x,y)\to(0,0)} \dfrac{\sqrt{xy+4}-2}{xy}$.

5. 讨论下列函数的连续性:

    (1) $f(x,y) = \begin{cases} \dfrac{x^2-y^2}{x+y}, & (x,y) \neq (0,0), \\ 0, & (x,y) = (0,0); \end{cases}$

    (2) $f(x,y) = \begin{cases} \dfrac{x^2-y^2}{x^2+y^2}, & (x,y) \neq (0,0), \\ 0, & (x,y) = (0,0). \end{cases}$

6. 下列函数在何处间断?

    (1) $z = \dfrac{1}{x^2-y^2}$;

    (2) $z = \ln \sqrt{1-x^2-y^2}$.

§7.3 偏导数及其在经济学中的应用

一元函数的导数刻画了函数相对于自变量的变化率. 多元函数的自变量有两个或两个以上, 函数对于自变量的变化率问题将更为复杂, 但亦有规律可循. 例如, 某新产品上市的销售量 Q 与定价 P 和广告投入费用 S 两大因素有关, 在研究每种因素对销售量的影响时, 分析在广告投入费用 S 一定的前提下, 销售量 Q 对定价 P 的变化率; 反之, 也分析在定价 P 一定的前提下, 销售量 Q 对广告投入费用 S 的变化率. 这就是本节要研究的多元函数偏导数问题.

7.3.1 偏导数的定义与计算

定义 1 设函数 $z = f(x,y)$ 在点 (x_0, y_0) 的某一邻域内有定义, 当 y 固定在 y_0, 而 x 在 x_0 处有改变量 Δx 时, 相应地, 函数有改变量

$$f(x_0 + \Delta x, y_0) - f(x_0, y_0),$$

如果极限

$$\lim_{\Delta x \to 0} \frac{f(x_0 + \Delta x, y_0) - f(x_0, y_0)}{\Delta x}$$

存在, 则称此极限为函数 $z = f(x, y)$ 在点 (x_0, y_0) 处**对 x 的偏导数**, 记为 $f_x(x_0, y_0)$, 即

$$f_x(x_0, y_0) = \lim_{\Delta x \to 0} \frac{f(x_0 + \Delta x, y_0) - f(x_0, y_0)}{\Delta x}. \quad (7-6)$$

函数 $z = f(x, y)$ 在点 (x_0, y_0) 处**对 y 的偏导数** $f_y(x_0, y_0)$ 可类似定义, 即

$$f_y(x_0, y_0) = \lim_{\Delta y \to 0} \frac{f(x_0, y_0 + \Delta y) - f(x_0, y_0)}{\Delta y}. \quad (7-7)$$

对 $f_x(x_0, y_0)$, 还可使用以下记号:

$$\left. \frac{\partial z}{\partial x} \right|_{\substack{x=x_0 \\ y=y_0}}, \quad \left. \frac{\partial f}{\partial x} \right|_{(x_0, y_0)}, \quad \left. z_x \right|_{\substack{x=x_0 \\ y=y_0}}, \quad z_x(x_0, y_0).$$

对 $f_y(x_0, y_0)$, 还可使用以下记号:

$$\left. \frac{\partial z}{\partial y} \right|_{\substack{x=x_0 \\ y=y_0}}, \quad \left. \frac{\partial f}{\partial y} \right|_{(x_0, y_0)}, \quad \left. z_y \right|_{\substack{x=x_0 \\ y=y_0}}, \quad z_y(x_0, y_0).$$

定义 2 如果函数 $z = f(x, y)$ 在区域 D 内每一点 (x, y) 处对 x 的偏导数都存在, 那么这个偏导数就是 x, y 的函数, 称为函数 $z = f(x, y)$ **对 x 的偏导函数**, 记为

$$\frac{\partial z}{\partial x}, \quad \frac{\partial f}{\partial x}, \quad z_x \quad 或 \quad f_x(x,y).$$

显然有

$$f_x(x,y) = \lim_{\Delta x \to 0} \frac{f(x+\Delta x, y) - f(x,y)}{\Delta x}. \qquad (7-8)$$

类似地,可定义函数 $z = f(x,y)$ **对 y 的偏导函数**,记为

$$\frac{\partial z}{\partial y}, \quad \frac{\partial f}{\partial y}, \quad z_y \quad 或 \quad f_y(x,y),$$

即

$$f_y(x,y) = \lim_{\Delta y \to 0} \frac{f(x, y+\Delta y) - f(x,y)}{\Delta y}. \qquad (7-9)$$

注 在不产生误解的情况下,偏导函数也简称偏导数. 从式 (7-8) 可看出,$f_x(x,y)$ 实际上是将 y 看作常量而对 x 求导数,因而本质上是一元函数的导数. 所谓"偏",就是指偏于某个变量求导,而将其余变量看作常数.

偏导数的概念还可推广到二元以上的函数. 例如,三元函数 $u = f(x,y,z)$ 在点 (x,y,z) 处对 x 的偏导数为

$$f_x(x,y,z) = \lim_{\Delta x \to 0} \frac{f(x+\Delta x, y, z) - f(x,y,z)}{\Delta x}.$$

注 由于偏导数本质上是一元函数的导数,因此在求多元函数对某个自变量的偏导数时,只需把其余自变量看作常数,然后直接利用一元函数的求导法则进行计算.

例 1 求 $f(x,y) = x^2 + 3xy - y^2$ 在点 $(2,1)$ 处的偏导数.

解 把 y 看作常数,对 x 求导,得到

$$f_x(x,y) = 2x + 3y,$$

把 x 看作常数,对 y 求导,得到

$$f_y(x,y) = 3x - 2y.$$

代入 $x = 2, y = 1$,故所求偏导数为

$$f_x(2,1) = 2 \times 2 + 3 \times 1 = 7,$$
$$f_y(2,1) = 3 \times 2 - 2 \times 1 = 4.$$

注 例 1 的解法是先求出函数的偏导数,再代入点 (x,y) 的值,求出该点的偏导数.

例 2 已知 $f(x,y) = e^{\arctan\frac{x}{y}} \ln(x^3 + y^3)$,求 $f_y(0,1)$.

解 (如果沿用例 1 的解法比较繁杂.)根据定义,把 x 固定在 $x = 0$,则

$$f(0,y) = \ln y^3 = 3\ln y,$$

因此

$$f_y(0,1) = (3\ln y)' \Big|_{y=1} = \frac{3}{y} \Big|_{y=1} = 3.$$

例 3 求 $z = x^2 \sin 3y$ 的偏导数.

解 $\dfrac{\partial z}{\partial x} = 2x\sin 3y, \quad \dfrac{\partial z}{\partial y} = 3x^2 \cos 3y.$

例 4 设 $z = x^y (x > 0, x \neq 1)$,求证: $\dfrac{x}{y}\dfrac{\partial z}{\partial x} + \dfrac{1}{\ln x}\dfrac{\partial z}{\partial y} = 2z.$

证 求偏导数,得

$$\frac{\partial z}{\partial x} = yx^{y-1}, \quad \frac{\partial z}{\partial y} = x^y \ln x,$$

故

$$\frac{x}{y}\frac{\partial z}{\partial x} + \frac{1}{\ln x}\frac{\partial z}{\partial y} = \frac{x}{y}yx^{y-1} + \frac{1}{\ln x}x^y \ln x = x^y + x^y = 2z.$$

例 5 求 $r = \sqrt{x^2 + y^2 + z^2}$ 的偏导数.

解 把 y 和 z 看作常数,对 x 求导,得

$$\frac{\partial r}{\partial x} = \frac{x}{\sqrt{x^2 + y^2 + z^2}} = \frac{x}{r}.$$

利用函数关于自变量的对称性,可推断得到

$$\frac{\partial r}{\partial y} = \frac{y}{r}, \quad \frac{\partial r}{\partial z} = \frac{z}{r}.$$

例 6 已知理想气体的状态方程为 $pV = RT$(R 为常数),求证:

$$\frac{\partial p}{\partial V} \cdot \frac{\partial V}{\partial T} \cdot \frac{\partial T}{\partial p} = -1.$$

证 因为 $p = \dfrac{RT}{V}$,将 p 看作是 T, V 的二元函数,于是

$$\frac{\partial p}{\partial V} = -\frac{RT}{V^2}.$$

同理,由 $V = \dfrac{RT}{p}$,知 $\dfrac{\partial V}{\partial T} = \dfrac{R}{p}$;由 $T = \dfrac{pV}{R}$,知 $\dfrac{\partial T}{\partial p} = \dfrac{V}{R}$. 所以

$$\frac{\partial p}{\partial V} \cdot \frac{\partial V}{\partial T} \cdot \frac{\partial T}{\partial p} = -\frac{RT}{V^2} \cdot \frac{R}{p} \cdot \frac{V}{R} = -\frac{RT}{pV} = -1.$$

注 例 6 的证明过程表明:偏导数的记号 $\dfrac{\partial f}{\partial x}$ 是一个整体记号,不能像导数 $\dfrac{\mathrm{d}y}{\mathrm{d}x}$ 一样,看作分子 ∂f 与分母 ∂x 的商,单独的记号 $\partial f, \partial x$ 没有任何意义.

7.3.2 偏导数的几何意义

偏导数的几何意义可直接由一元函数导数的几何意义得出. 由于 $f_x(x_0, y_0)$ 就是 $z = f(x, y_0)$ 在 $x = x_0$ 处的导数,而 $z = f(x, y_0)$ 在几何上可以看作是平面 $y = y_0$ 截曲面 $S: z = f(x, y)$ 得到的截线 C_x. 因此,$f_x(x_0, y_0)$ 的几何意义是:截线 C_x 在点 $M_0(x_0, y_0, z_0)$ 处的

切线 M_0T_x 对 x 轴的斜率,如图 7-18 所示.

图 7-18

同理,若 C_y 是平面 $x=x_0$ 截曲面 $S:z=f(x,y)$ 得到的截线,则偏导数 $f_y(x_0,y_0)$ 的几何意义是:截线 C_y 在点 $M_0(x_0,y_0,z_0)$ 处的切线 M_0T_y 对 y 轴的斜率,如图 7-18 所示.

例如,函数 $z=\dfrac{x^2+y^2}{4}$ 在点 $(2,4)$ 处的偏导数 $z_x(2,4)=\left.\dfrac{x}{2}\right|_{x=2}=1$ 的几何意义是:椭圆抛物面被平面 $y=4$ 截得的抛物线在点 $M_0(2,4,5)$ 处的切线 M_0T_x 对 x 轴的斜率.

7.3.3 偏导数存在与函数连续性的关系

在一元函数的情形下,可导必定连续,而多元函数的偏导数存在并不能保证函数连续.

例 7 考察函数
$$f(x,y)=\begin{cases}\dfrac{xy}{x^2+y^2}, & (x,y)\neq(0,0),\\ 0, & (x,y)=(0,0)\end{cases}$$
在点 $(0,0)$ 处的偏导数与连续性.

解 由公式(7-6)与公式(7-7)可得到函数在点 $(0,0)$ 处的偏导数为
$$f_x(0,0)=\lim_{\Delta x\to 0}\dfrac{f(0+\Delta x,0)-f(0,0)}{\Delta x}=\lim_{\Delta x\to 0}\dfrac{0}{\Delta x}=0,$$
$$f_y(0,0)=\lim_{\Delta y\to 0}\dfrac{f(0,0+\Delta y)-f(0,0)}{\Delta y}=\lim_{\Delta y\to 0}\dfrac{0}{\Delta y}=0.$$

但从 §7.2 例 5 知道,函数 $f(x,y)$ 在 $(0,0)$ 处的极限不存在,从而 $f(x,y)$ 在 $(0,0)$ 处不连续.

注 偏导数存在但不连续的原因是:偏导数只是刻画了函数沿坐标轴方向的变化率,不足以反映函数沿所有方向的动态.

7.3.4 高阶偏导数

设函数 $z = f(x,y)$ 在区域 D 内具有偏导数 $f_x(x,y)$ 和 $f_y(x,y)$，如果这两个函数又存在偏导数，则称之为函数 $z = f(x,y)$ 的**二阶偏导数**. 按照对变量求导次序的不同，共有下列 4 种不同的二阶偏导数（等号右边为记号）：

$$\frac{\partial}{\partial x}\left(\frac{\partial z}{\partial x}\right) = \frac{\partial^2 z}{\partial x^2} = f_{xx}(x,y), \qquad \frac{\partial}{\partial y}\left(\frac{\partial z}{\partial x}\right) = \frac{\partial^2 z}{\partial x \partial y} = f_{xy}(x,y),$$

$$\frac{\partial}{\partial x}\left(\frac{\partial z}{\partial y}\right) = \frac{\partial^2 z}{\partial y \partial x} = f_{yx}(x,y), \qquad \frac{\partial}{\partial y}\left(\frac{\partial z}{\partial y}\right) = \frac{\partial^2 z}{\partial y^2} = f_{yy}(x,y),$$

其中 $f_{xy}(x,y)$ 与 $f_{yx}(x,y)$ 称为**二阶混合偏导数**.

类似地，可以定义三阶、四阶……n 阶偏导数. 把二阶及二阶以上的偏导数统称为**高阶偏导数**.

例 8 验证函数 $z = \ln\sqrt{x^2 + y^2}$ 满足方程 $\dfrac{\partial^2 z}{\partial x^2} + \dfrac{\partial^2 z}{\partial y^2} = 0$.

证 因为 $z = \ln\sqrt{x^2+y^2} = \dfrac{1}{2}\ln(x^2+y^2)$，所以

$$\frac{\partial z}{\partial x} = \frac{x}{x^2+y^2}, \qquad \frac{\partial z}{\partial y} = \frac{y}{x^2+y^2},$$

$$\frac{\partial^2 z}{\partial x^2} = \frac{(x^2+y^2) - x \cdot 2x}{(x^2+y^2)^2} = \frac{y^2 - x^2}{(x^2+y^2)^2},$$

$$\frac{\partial^2 z}{\partial y^2} = \frac{(x^2+y^2) - y \cdot 2y}{(x^2+y^2)^2} = \frac{x^2 - y^2}{(x^2+y^2)^2}.$$

因此

$$\frac{\partial^2 z}{\partial x^2} + \frac{\partial^2 z}{\partial y^2} = \frac{x^2-y^2}{(x^2+y^2)^2} + \frac{y^2-x^2}{(x^2+y^2)^2} = 0.$$

例 9 设 $z = \mathrm{e}^{-x}\cos 2y$，求二阶偏导数.

解 $\dfrac{\partial z}{\partial x} = -\mathrm{e}^{-x}\cos 2y, \qquad \dfrac{\partial z}{\partial y} = -2\mathrm{e}^{-x}\sin 2y;$

$\dfrac{\partial^2 z}{\partial x^2} = \mathrm{e}^{-x}\cos 2y, \qquad \dfrac{\partial^2 z}{\partial y^2} = -4\mathrm{e}^{-x}\cos 2y;$

$\dfrac{\partial^2 z}{\partial x \partial y} = 2\mathrm{e}^{-x}\sin 2y, \qquad \dfrac{\partial^2 z}{\partial y \partial x} = 2\mathrm{e}^{-x}\sin 2y.$

从例 9 观察到两个混合偏导数相等：$\dfrac{\partial^2 z}{\partial x \partial y} = \dfrac{\partial^2 z}{\partial y \partial x}$，这并非偶然，下面的定理说明了原因所在（定理的证明从略）.

定理 如果函数 $z = f(x,y)$ 的两个二阶混合偏导数 $\dfrac{\partial^2 z}{\partial y \partial x}$ 及 $\dfrac{\partial^2 z}{\partial x \partial y}$ 在区域 D 内连续，则在该区域内有 $\dfrac{\partial^2 z}{\partial y \partial x} = \dfrac{\partial^2 z}{\partial x \partial y}$.

注 上述定理表明：二阶混合偏导数在连续的条件下，与求导的次序无关，该定理可推广到高阶混合偏导数的情形. 至于偏导数是否连续只要考察其是否有意义即可.

例 10 验证函数 $u = \dfrac{1}{\sqrt{x^2+y^2+z^2}}$ 满足拉普拉斯方程

$$\frac{\partial^2 u}{\partial x^2} + \frac{\partial^2 u}{\partial y^2} + \frac{\partial^2 u}{\partial z^2} = 0.$$

证 令 $r = \sqrt{x^2+y^2+z^2}$，则 $u = \dfrac{1}{r}, \dfrac{\partial r}{\partial x} = \dfrac{x}{r}$. 于是

$$\frac{\partial u}{\partial x} = -\frac{1}{r^2}\frac{\partial r}{\partial x} = -\frac{1}{r^2} \cdot \frac{x}{r} = -\frac{x}{r^3},$$

$$\frac{\partial^2 u}{\partial x^2} = -\frac{1}{r^3} + \frac{3x}{r^4} \cdot \frac{\partial r}{\partial x} = -\frac{1}{r^3} + \frac{3x^2}{r^5}.$$

由函数关于自变量的对称性，可推断

$$\frac{\partial^2 u}{\partial y^2} = -\frac{1}{r^3} + \frac{3y^2}{r^5}, \quad \frac{\partial^2 u}{\partial z^2} = -\frac{1}{r^3} + \frac{3z^2}{r^5}.$$

因此

$$\frac{\partial^2 u}{\partial x^2} + \frac{\partial^2 u}{\partial y^2} + \frac{\partial^2 u}{\partial z^2} = -\frac{3}{r^3} + \frac{3(x^2+y^2+z^2)}{r^5} = -\frac{3}{r^3} + \frac{3r^2}{r^5} = 0.$$

注 拉普拉斯方程可以描述很多物理现象，对解决热传导、静电学等问题有着重要作用.

7.3.5 偏导数在经济学中的应用

在上册第 4 章 §4.6 中，通过边际分析和弹性分析，知道了导数在经济学中的广泛应用，由此可推广到多元函数微分学中，并赋予更丰富的含义.

1. 边际分析

定义 3 设函数 $z = f(x, y)$ 在点 (x_0, y_0) 处的偏导数存在，称

$$f_x(x_0, y_0) = \lim_{\Delta x \to 0} \frac{f(x_0 + \Delta x, y_0) - f(x_0, y_0)}{\Delta x}$$

为函数 $z = f(x, y)$ 在点 (x_0, y_0) 处**对 x 的边际**，称 $f_x(x, y)$ 是**对 x 的边际函数**.

类似地，称 $f_y(x_0, y_0)$ 为 $z = f(x, y)$ 在点 (x_0, y_0) 处**对 y 的边际**，称 $f_y(x, y)$ 是**对 y 的边际函数**.

边际 $f_x(x_0, y_0)$ 的经济含义是：在点 (x_0, y_0) 处，当 y 保持不变而 x 多生产一个单位，$z = f(x, y)$ 近似地改变 $f_x(x_0, y_0)$ 个单位.

例 11 某汽车生产商生产 A,B 两种型号的小汽车,其日产量分别用 x,y(单位:百辆) 表示,总成本(单位:百万元) 为
$$C(x,y) = 10 + 5x^2 + xy + 2y^2.$$
求当 $x = 5, y = 3$ 时,两种型号的小汽车的边际成本,并解释其经济含义.

解 求总成本函数的偏导数,得
$$C_x(x,y) = 10x + y, \quad C_y(x,y) = x + 4y.$$
当 $x = 5, y = 3$ 时,A 型小汽车的边际成本为
$$C_x(5,3) = 10 \times 5 + 3 = 53(\text{百万元});$$
B 型小汽车的边际成本为
$$C_y(5,3) = 5 + 4 \times 3 = 17(\text{百万元}).$$
其经济含义是:在 A 型小汽车日产量为 5 百辆,B 型小汽车日产量为 3 百辆的条件下,

(1) 如果 B 型小汽车日产量不变而 A 型小汽车日产量增加 1 百辆,则总成本大约增加 53 百万元;

(2) 如果 A 型小汽车日产量不变而 B 型小汽车日产量增加 1 百辆,则总成本大约增加 17 百万元.

2. 偏弹性分析

定义 4 设函数 $z = f(x,y)$ 在点 (x_0, y_0) 处的偏导数存在,$z = f(x,y)$ 对 x 的偏改变量记为
$$\Delta_x z = f(x_0 + \Delta x, y_0) - f(x_0, y_0).$$
称 $\Delta_x z$ 的相对改变量 $\dfrac{\Delta_x z}{z_0}$ 与自变量 x 的相对改变量 $\dfrac{\Delta x}{x_0}$ 之比
$$\frac{\Delta_x z}{z_0} \bigg/ \frac{\Delta x}{x_0} = \frac{\Delta_x z}{\Delta x} \cdot \frac{x_0}{z_0} \tag{7-10}$$
为函数 $f(x,y)$ 在点 (x_0, y_0) 处对 x 从 x_0 到 $x_0 + \Delta x$ 两点间的弹性.

令 $\Delta x \to 0$,则式(7-10)的极限称为 $f(x,y)$ 在点 (x_0, y_0) 处对 x 的偏弹性,记为 E_x,即
$$E_x = \lim_{\Delta x \to 0} \frac{\Delta_x z}{\Delta x} \cdot \frac{x_0}{z_0} = f_x(x_0, y_0) \cdot \frac{x_0}{f(x_0, y_0)}. \tag{7-11}$$

注 偏弹性 E_x 反映 $f(x,y)$ 在点 (x_0, y_0) 处随 x 变化的强弱程度.其经济含义是:在 (x_0, y_0) 处,当 y 不变而 x 产生 1% 的改变时,$f(x,y)$ 近似地改变 E_x%.

类似地,可定义 $f(x,y)$ 在点 (x_0, y_0) 处对 y 的偏弹性,记为 E_y,即
$$E_y = \lim_{\Delta y \to 0} \frac{\Delta_y z}{\Delta y} \cdot \frac{y_0}{z_0} = f_y(x_0, y_0) \cdot \frac{y_0}{f(x_0, y_0)}.$$

一般地,称
$$E_x = f_x(x,y) \cdot \frac{x}{f(x,y)} \text{ 及 } E_y = f_y(x,y) \cdot \frac{y}{f(x,y)}$$
为 $f(x,y)$ 分别对 x 和 y 的偏弹性函数.

(1) 需求偏弹性分析.

设某产品的需求量 $Q = Q(p,y)$，其中 p 为该产品的价格，y 为消费者收入，则称

$$E_p = \lim_{\Delta p \to 0} \frac{\Delta_p Q}{Q} \bigg/ \frac{\Delta p}{p} = \frac{\partial Q}{\partial p} \cdot \frac{p}{Q}$$

为**需求 Q 对价格 p 的偏弹性**；称

$$E_y = \lim_{\Delta y \to 0} \frac{\Delta_y Q}{Q} \bigg/ \frac{\Delta y}{y} = \frac{\partial Q}{\partial y} \cdot \frac{y}{Q}$$

为**需求 Q 对收入 y 的偏弹性**.

例 12 设某城市计划建设一批经济住房，如果价格（单位：百元／平方米）为 p，需求量（单位：百间）为 Q，当地居民年均收入（单位：万元）为 y，根据分析调研，得到需求函数

$$Q = 10 + py - \frac{p^2}{10}.$$

求当 $p = 30, y = 3$ 时，需求 Q 对价格 p 和收入 y 的偏弹性，并解释其经济含义.

解 因 $\dfrac{\partial Q}{\partial p} = y - \dfrac{2p}{10}, \dfrac{\partial Q}{\partial y} = p$，代入 $p = 30, y = 3$，得

$$\frac{\partial Q}{\partial p}\bigg|_{(30,3)} = 3 - \frac{2 \times 30}{10} = -3, \quad \frac{\partial Q}{\partial y}\bigg|_{(30,3)} = 30.$$

又 $Q(30,3) = 10 + 30 \times 3 - \dfrac{30^2}{10} = 10$，因此，需求 Q 对价格 p 和收入 y 的偏弹性分别为

$$E_p = -3 \cdot \frac{30}{10} = -9, \quad E_y = 30 \cdot \frac{3}{10} = 9.$$

其经济含义是：在价格定为每平方米 3 000 元，人均年收入为 3 万元的条件下，若价格每平方米提高 1% 而人均年收入不变，则需求量将减少 9%；若价格不变而人均年收入增加 1%，则需求量将增加 9%.

(2) 交叉弹性分析.

设有 A, B 两种相关的商品，价格分别为 p_1 和 p_2，消费者对这两种商品的需求量 Q_1 和 Q_2 由这两种商品的价格决定，需求函数分别表示为

$$Q_1 = Q_1(p_1, p_2), \quad Q_2 = Q_2(p_1, p_2).$$

对于需求函数 $Q_1 = Q_1(p_1, p_2)$，当 p_2 不变时，需求量 Q_1 对价格 p_1 的偏弹性 E_{p_1} 称为**直接价格弹性**，即

$$E_{p_1} = \frac{\partial Q_1}{\partial p_1} \cdot \frac{p_1}{Q_1}.$$

注 直接价格弹性用于度量某商品对自身价格变化所引起的需求反应.

对于需求函数 $Q_1 = Q_1(p_1, p_2)$，当 p_1 不变时，需求量 Q_1 对价格 p_2 的偏弹性 E_{p_2} 称为**交叉价格弹性**，即

$$E_{p_2} = \frac{\partial Q_1}{\partial p_2} \cdot \frac{p_2}{Q_1}.$$

注 交叉价格弹性用于度量某商品对与之相关的商品的价格变化所引起的需求反应.

需求量 Q_1 的交叉价格弹性 E_{p_2},可用于分析两种商品的相互关系:

(1) 若 $E_{p_2}<0$,则表示当商品 A 的价格 p_1 不变,而商品 B 的价格 p_2 上升时,商品 A 的需求量将相应地减少. 这时称商品 A 和 B 是 相互补充关系.

(2) 若 $E_{p_2}>0$,则表示当商品 A 的价格 p_1 不变,而商品 B 的价格 p_2 上升时,商品 A 的需求量将相应地增加. 这时称商品 A 和 B 是 相互竞争(替代)关系.

(3) 若 $E_{p_2}=0$,称两商品 相互独立.

例 13 某品牌数码相机的需求量 Q,除与自身价格 p_1(单位:百元)有关外,还与彩色喷墨打印机的价格 p_2(单位:百元)有关,需求函数为

$$Q = 120 + \frac{100}{p_1} - 10p_2 - p_2^2.$$

求当 $p_1=20, p_2=5$ 时,需求量 Q 的直接价格弹性和交叉价格弹性,并说明数码相机和彩色喷墨打印机是相互补充关系还是相互竞争关系.

解 当 $p_1=20, p_2=5$ 时,需求量及其偏导数分别为

$$Q(20,5) = 120 + \frac{100}{20} - 10 \times 5 - 5^2 = 50,$$

$$\left.\frac{\partial Q}{\partial p_1}\right|_{(20,5)} = -\left.\frac{100}{p_1^2}\right|_{(20,5)} = -\frac{1}{4},$$

$$\left.\frac{\partial Q}{\partial p_2}\right|_{(20,5)} = (-10-2p_2)\Big|_{(20,5)} = -20.$$

故需求量 Q 的直接价格弹性为

$$E_{p_1} = \frac{\partial Q}{\partial p_1} \cdot \frac{p_1}{Q} = -\frac{1}{4} \cdot \frac{20}{50} = -0.1;$$

需求量 Q 的交叉价格弹性为

$$E_{p_2} = \frac{\partial Q}{\partial p_2} \cdot \frac{p_2}{Q} = -20 \cdot \frac{5}{50} = -2.$$

由 $E_{p_2}<0$,知数码相机和彩色喷墨打印机是相互补充关系.

习题 7-3

1. 求下列函数的偏导数:

(1) $z = x^3 + 3xy + y^3$;

(2) $z = \dfrac{\sin y^2}{x}$;

(3) $z = \ln(x-3y)$;

(4) $z = x^y + \ln xy \,(x>0, y>0, x \neq 1)$;

(5) $u = x^{\frac{z}{y}}$; (6) $u = \cos(x^2 - y^2 + e^{-z})$.
2. 求下列函数在指定点处的偏导数：
  (1) $f(x,y) = x^2 - xy + y^2$，求 $f_x(1,2), f_y(1,2)$；
  (2) $f(x,y) = \arctan \dfrac{x^2+y^2}{x-y}$，求 $f_x(1,0)$；
  (3) $f(x,y) = \ln\sqrt{x^2+y^2} + \sin(x^2-1)e^{\arctan(x^2+\sqrt{x^2+y^2})}$，求 $f_y(1,2)$；
  (4) $f(x,y,z) = \ln(x-yz)$，求 $f_x(2,0,1), f_y(2,0,1), f_z(2,0,1)$.
3. 设 $r = \sqrt{x^2+y^2+z^2}$，证明：
  (1) $\left(\dfrac{\partial r}{\partial x}\right)^2 + \left(\dfrac{\partial r}{\partial y}\right)^2 + \left(\dfrac{\partial r}{\partial z}\right)^2 = 1$；
  (2) $\dfrac{\partial^2 r}{\partial x^2} + \dfrac{\partial^2 r}{\partial y^2} + \dfrac{\partial^2 r}{\partial z^2} = \dfrac{2}{r}$；
  (3) $\dfrac{\partial^2 (\ln r)}{\partial x^2} + \dfrac{\partial^2 (\ln r)}{\partial y^2} + \dfrac{\partial^2 (\ln r)}{\partial z^2} = \dfrac{1}{r^2}$.
4. 求下列函数的二阶偏导数 $\dfrac{\partial^2 z}{\partial x^2}, \dfrac{\partial^2 z}{\partial y^2}, \dfrac{\partial^2 z}{\partial y \partial x}$：
  (1) $z = 4x^3 + 3x^2y - 3xy^2 - x + y$； (2) $z = x\ln(x+y)$.
5. 某水泥厂生产 A,B 两种标号的水泥，其日产量分别记为 x,y(单位：吨)，总成本(单位：元)为
$$C(x,y) = 20 + 30x^2 + 10xy + 20y^2.$$
求当 $x = 4, y = 3$ 时，两种标号水泥的边际成本，并解释其经济含义.
6. 设某商品需求量 Q 与价格 p 和收入 y 的关系为
$$Q = 400 - 2p + 0.03y.$$
求当 $p = 25, y = 5\,000$ 时，需求 Q 对价格 p 和收入 y 的偏弹性，并解释其经济含义.

§7.4 全微分及其应用

7.4.1 全微分的定义

在一元函数微分学中，如果函数 $y = f(x)$ 在点 x_0 处可微，意味着函数的改变量
$$\Delta y = f(x_0 + \Delta x) - f(x_0)$$
可表示为
$$\Delta y = A \cdot \Delta x + o(\Delta x),$$
其中 $A = f'(x_0)$ 是与 Δx 无关的常数.

类似地，可给出二元函数可微的定义.

定义 1 如果函数 $z = f(x,y)$ 在点 $P(x,y)$ 的某邻域内有定义，并设点 $M(x+\Delta x, y+\Delta y)$ 为该邻域内的任意一点，则称
$$f(x+\Delta x, y+\Delta y) - f(x,y)$$
为函数在点 P 对应于自变量增量 $\Delta x, \Delta y$ 的**全增量**，记为 Δz，即

动画视频

$$\Delta z = f(x+\Delta x, y+\Delta y) - f(x,y). \quad (7-12)$$

一般来说,计算全增量比较复杂.与一元函数的微分相类似,我们也希望利用关于自变量增量 $\Delta x, \Delta y$ 的线性函数来近似地代替函数的全增量 Δz,由此引入关于二元函数全微分的定义.

定义 2 如果函数 $z = f(x,y)$ 在点 (x,y) 的某邻域内有定义,全增量 Δz 可以表示为

$$\Delta z = A\Delta x + B\Delta y + o(\rho), \quad (7-13)$$

其中 A, B 不依赖 $\Delta x, \Delta y$ 而仅与 x, y 有关,$\rho = \sqrt{(\Delta x)^2 + (\Delta y)^2}$,则称函数 $z = f(x,y)$ 在点 (x,y) 处**可微**,$A\Delta x + B\Delta y$ 称为函数 $z = f(x,y)$ 在点 (x,y) 处的**全微分**,记为 $\mathrm{d}z$,即

$$\mathrm{d}z = A\Delta x + B\Delta y. \quad (7-14)$$

若函数 $z = f(x,y)$ 在区域 D 内各点处都可微,则称 $z = f(x,y)$ 在 D 内可微.

习惯将 Δx 与 Δy 写成 $\mathrm{d}x$ 与 $\mathrm{d}y$,并分别称为自变量 x 与 y 的微分.于是,函数 $z = f(x,y)$ 的全微分可写成

$$\mathrm{d}z = A\mathrm{d}x + B\mathrm{d}y. \quad (7-15)$$

7.4.2 可微与连续、偏导数存在之间的关系

定理 1(必要条件) 如果函数 $z = f(x,y)$ 在点 (x,y) 处可微,则

(1) $f(x,y)$ 在点 (x,y) 处连续;

(2) $f(x,y)$ 在点 (x,y) 处的偏导数 $\dfrac{\partial z}{\partial x}, \dfrac{\partial z}{\partial y}$ 必存在,且 $f(x,y)$ 在点 (x,y) 处的全微分为

$$\mathrm{d}z = \frac{\partial z}{\partial x}\mathrm{d}x + \frac{\partial z}{\partial y}\mathrm{d}y. \quad (7-16)$$

证 (1) 由已知条件,在式(7-13)中,令 $\Delta x \to 0, \Delta y \to 0$,即 $\rho \to 0$,则 $\Delta z \to 0$.

再由式(7-12),即得

$$\lim_{\substack{\Delta x \to 0 \\ \Delta y \to 0}} f(x+\Delta x, y+\Delta y) = f(x,y).$$

因此,$f(x,y)$ 在点 (x,y) 处连续.

(2) 在式(7-13)中,令 $\Delta y = 0, \Delta x \neq 0, \rho = |\Delta x|$,有

$$f(x+\Delta x, y) - f(x,y) = A\Delta x + o(|\Delta x|).$$

上式两边各除以 Δx,再令 $\Delta x \to 0$ 而取极限,则可得到

$$\lim_{\Delta x \to 0} \frac{f(x+\Delta x, y) - f(x,y)}{\Delta x} = \lim_{\Delta x \to 0}\left[A + \frac{o(|\Delta x|)}{\Delta x}\right] = A,$$

从而 $\dfrac{\partial z}{\partial x}$ 存在,且 $\dfrac{\partial z}{\partial x} = A$.

同理 $\frac{\partial z}{\partial y}$ 存在，且 $\frac{\partial z}{\partial y} = B$. 所以 $\mathrm{d}z = \frac{\partial z}{\partial x}\mathrm{d}x + \frac{\partial z}{\partial y}\mathrm{d}y$.

注 偏导数 $\frac{\partial z}{\partial x}, \frac{\partial z}{\partial y}$ 存在是可微分的必要条件，但不是充分条件(见本节例 1). 这要与一元函数区分开来，一元函数可微与可导是等价的.

例 1 考察函数

$$f(x,y) = \begin{cases} \dfrac{xy}{\sqrt{x^2+y^2}}, & (x,y) \neq (0,0), \\ 0, & (x,y) = (0,0) \end{cases}$$

在点 $(0,0)$ 处的偏导数、连续性和可微性.

解 由 §7.3 的例 7，同理可得

(1) 函数 $f(x,y)$ 在点 $(0,0)$ 处的偏导数存在，且为 $f_x(0,0) = 0, f_y(0,0) = 0$；

(2) 因点 (x,y) 以任意方式趋于点 $(0,0)$ 时，均有 $\lim\limits_{(x,y)\to(0,0)} f(x,y) = 0 = f(0,0)$，故 $f(x,y)$ 在点 $(0,0)$ 处连续；

(3) 因为当 $(\Delta x, \Delta y)$ 沿直线 $y = x$ 趋于 $(0,0)$ 时，

$$\begin{aligned}\frac{\Delta z - [f_x(0,0)\Delta x + f_y(0,0)\Delta y]}{\rho} &= \frac{\Delta x \cdot \Delta y}{(\Delta x)^2 + (\Delta y)^2} \\ &= \frac{\Delta x \cdot \Delta x}{(\Delta x)^2 + (\Delta x)^2} \\ &= \frac{1}{2} \neq 0,\end{aligned}$$

可知 $\Delta z - [f_x(0,0)\Delta x + f_y(0,0)\Delta y]$ 不是较 ρ 高阶的无穷小，所以 $f(x,y)$ 在点 $(0,0)$ 处不可微.

由此可见，对于多元函数而言，偏导数存在并不一定可微. 因为函数的偏导数仅描述了函数在一点处沿坐标轴的变化率，而全微分描述了函数沿各个方向的变化情况. 但如果对偏导数再加些条件，就可以保证函数的可微性.

一般地，有如下定理.

定理 2(充分条件) 如果函数 $z = f(x,y)$ 的偏导数 $\frac{\partial z}{\partial x}, \frac{\partial z}{\partial y}$ 在点 (x,y) 处连续，则函数在该点处可微.

定理 2 的证明需要用到拉格朗日中值定理，此处从略(可参考相关教材).

7.4.3 全微分的计算

由定理 1 的式(7-16)知道，二元函数全微分的计算实质就是

计算两个偏导数,再分别与两个自变量微分的乘积之和.

关于二元函数全微分的定义和可微的必要条件及充分条件,可以类似地推广到三元及三元以上的多元函数中去. 例如,三元函数 $u = f(x,y,z)$ 的全微分可表示为

$$du = \frac{\partial u}{\partial x}dx + \frac{\partial u}{\partial y}dy + \frac{\partial u}{\partial z}dz. \tag{7-17}$$

例 2 求函数 $z = 2xy^3 - x^2y^6$ 的全微分.

解 因为

$$\frac{\partial z}{\partial x} = 2y^3 - 2xy^6, \quad \frac{\partial z}{\partial y} = 6xy^2 - 6x^2y^5,$$

所以

$$dz = 2y^3(1 - xy^3)dx + 6xy^2(1 - xy^3)dy.$$

例 3 计算函数 $z = e^{xy}$ 在点 $(1,2)$ 处的全微分.

解 因为

$$\frac{\partial z}{\partial x} = ye^{xy}, \quad \frac{\partial z}{\partial y} = xe^{xy},$$

则

$$\left.\frac{\partial z}{\partial x}\right|_{\substack{x=1\\y=2}} = 2e^2, \quad \left.\frac{\partial z}{\partial y}\right|_{\substack{x=1\\y=2}} = e^2,$$

所以

$$dz = 2e^2 dx + e^2 dy.$$

例 4 求函数 $u = xy + \cos 2y + e^{yz}$ 的全微分.

解 因

$$\frac{\partial u}{\partial x} = y, \quad \frac{\partial u}{\partial y} = x - 2\sin 2y + ze^{yz}, \quad \frac{\partial u}{\partial z} = ye^{yz},$$

故所求全微分

$$du = ydx + (x - 2\sin 2y + ze^{yz})dy + ye^{yz}dz.$$

7.4.4 全微分在近似计算中的应用

由二元函数 $z = f(x,y)$ 全微分的定义及全微分存在的充分条件可知,如果二元函数 $z = f(x,y)$ 在点 $P(x,y)$ 处的两个偏导数 $f_x(x,y), f_y(x,y)$ 连续,且 $|\Delta x|, |\Delta y|$ 都较小,则有近似式

$$\Delta z \approx dz,$$

即

$$\Delta z \approx f_x(x,y)\Delta x + f_y(x,y)\Delta y.$$

由 $\Delta z = f(x+\Delta x, y+\Delta y) - f(x,y)$,即可得到二元函数的全微分近似计算公式

$$f(x+\Delta x, y+\Delta y) \approx f(x,y) + f_x(x,y)\Delta x + f_y(x,y)\Delta y. \tag{7-18}$$

例 5 计算 $(1.05)^{3.02}$ 的近似值.

解 设函数 $f(x,y) = x^y$. $x=1, y=3, \Delta x = 0.05, \Delta y = 0.02$, 则
$$f(1,3) = 1^3 = 1, \quad f_x(x,y) = yx^{y-1}, \quad f_y(x,y) = x^y \ln x,$$
$$f_x(1,3) = 3, \quad f_y(1,3) = 0.$$
故由二元函数全微分近似计算公式(7-18), 得
$$(1.05)^{3.02} \approx 1 + 3 \times 0.05 + 0 \times 0.02 = 1.15.$$

注 若用计算器计算, 取小数点后 5 位, $(1.05)^{3.02}$ 的值为 1.158 76.

例 6 设计一个无盖的混凝土圆柱形的蓄水池, 要求内径 3 m, 高 4 m, 厚度 0.1 m, 问大约需要多少立方米的混凝土?

解 设圆柱的直径和高分别用 x, y 表示, 则其体积为
$$V = f(x,y) = \pi \left(\frac{x}{2}\right)^2 y = \frac{1}{4}\pi x^2 y.$$
于是, 将所需的混凝土量看作当 $x + \Delta x = 3 + 2 \times 0.1, y + \Delta y = 4 + 0.1$ 与 $x = 3, y = 4$ 时的两个圆柱体的体积之差 ΔV (不考虑底部的混凝土), 因此可用近似计算公式
$$\Delta V \approx dV = f_x(x,y)\Delta x + f_y(x,y)\Delta y.$$
又 $f_x(x,y) = \frac{1}{2}\pi xy, f_y(x,y) = \frac{1}{4}\pi x^2$, 代入 $x = 3, y = 4, \Delta x = 0.2, \Delta y = 0.1$, 得到
$$\Delta V \approx dV = \frac{1}{2}\pi \times 3 \times 4 \times 0.2 + \frac{1}{4}\pi \times 3^2 \times 0.1$$
$$= 1.425\pi \approx 4.477 (\text{m}^3).$$
因此, 大约需要 4.477 m³ 的混凝土.

习题 7-4

1. 求下列函数的全微分:
   (1) $z = 4xy^3 + 5x^2 y^6$;
   (2) $z = \sqrt{1 - x^2 - y^2}$;
   (3) $u = \ln(x - yz)$;
   (4) $u = x + \sin\frac{y}{2} + e^{yz}$.
2. 计算函数 $z = x^y$ 在点 $(3,1)$ 处的全微分.
3. 求函数 $z = xy$ 在点 $(2,3)$ 处关于 $\Delta x = 0.1, \Delta y = 0.2$ 的全增量与全微分.
4. 计算 $(1.04)^{2.02}$ 的近似值.

5. 设有一个无盖圆柱形玻璃容器,容器的内高为 20 cm,内半径为 4 cm,容器的壁与底的厚度均为 0.1 cm,求容器外壳体积的近似值.

§7.5 多元复合函数与隐函数的微分法

7.5.1 多元复合函数微分法

在一元函数微分学中,求复合函数导数的"链式法则"有着直观而重要的作用(参考上册第 3 章 §3.2),现将其推广到多元复合函数的情形.下面分几种情形来讨论.

1. 复合函数的中间变量为一元函数的情形

定理 1 如果函数 $u=u(t), v=v(t)$ 都在点 t 可导,函数 $z=f(u,v)$ 在对应点 (u,v) 处具有连续偏导数,则复合函数 $z=f(u(t),v(t))$ 在点 t 可导,且有

$$\frac{\mathrm{d}z}{\mathrm{d}t}=\frac{\partial z}{\partial u}\cdot\frac{\mathrm{d}u}{\mathrm{d}t}+\frac{\partial z}{\partial v}\cdot\frac{\mathrm{d}v}{\mathrm{d}t}. \qquad (7-19)$$

证 因为 $z=f(u,v)$ 具有连续的偏导数,所以它是可微的,即有

$$\mathrm{d}z=\frac{\partial z}{\partial u}\mathrm{d}u+\frac{\partial z}{\partial v}\mathrm{d}v.$$

又因为 $u=u(t)$ 及 $v=v(t)$ 都可导,因而可微,即有

$$\mathrm{d}u=\frac{\mathrm{d}u}{\mathrm{d}t}\mathrm{d}t, \quad \mathrm{d}v=\frac{\mathrm{d}v}{\mathrm{d}t}\mathrm{d}t,$$

代入上式,得

$$\mathrm{d}z=\frac{\partial z}{\partial u}\cdot\frac{\mathrm{d}u}{\mathrm{d}t}\mathrm{d}t+\frac{\partial z}{\partial v}\cdot\frac{\mathrm{d}v}{\mathrm{d}t}\mathrm{d}t=\left(\frac{\partial z}{\partial u}\cdot\frac{\mathrm{d}u}{\mathrm{d}t}+\frac{\partial z}{\partial v}\cdot\frac{\mathrm{d}v}{\mathrm{d}t}\right)\mathrm{d}t,$$

从而

$$\frac{\mathrm{d}z}{\mathrm{d}t}=\frac{\partial z}{\partial u}\cdot\frac{\mathrm{d}u}{\mathrm{d}t}+\frac{\partial z}{\partial v}\cdot\frac{\mathrm{d}v}{\mathrm{d}t}.$$

定理 1 中的函数 z 通过中间变量与自变量 t 相关联,其复合关系如图 7-19 所示.

图 7-19

定理 1 可推广到中间变量多于两个的情形.设 $z=f(u,v,w)$, $u=u(t),v=v(t),w=w(t)$,则 $z=f(u(t),v(t),w(t))$ 对 t 的导数为

$$\frac{\mathrm{d}z}{\mathrm{d}t}=\frac{\partial z}{\partial u}\cdot\frac{\mathrm{d}u}{\mathrm{d}t}+\frac{\partial z}{\partial v}\cdot\frac{\mathrm{d}v}{\mathrm{d}t}+\frac{\partial z}{\partial w}\cdot\frac{\mathrm{d}w}{\mathrm{d}t}. \qquad (7-20)$$

公式(7-19)和公式(7-20)中的导数$\dfrac{\mathrm{d}z}{\mathrm{d}t}$称为**全导数**.

例1 设$z = u\ln v$,而$u = \sin t, v = \cos t$,求导数$\dfrac{\mathrm{d}z}{\mathrm{d}t}$.

解 因为
$$\frac{\partial z}{\partial u} = \ln v, \quad \frac{\partial z}{\partial v} = \frac{u}{v}, \quad \frac{\mathrm{d}u}{\mathrm{d}t} = \cos t, \quad \frac{\mathrm{d}v}{\mathrm{d}t} = -\sin t,$$

所以由公式(7-19)得到
$$\frac{\mathrm{d}z}{\mathrm{d}t} = \frac{\partial z}{\partial u} \cdot \frac{\mathrm{d}u}{\mathrm{d}t} + \frac{\partial z}{\partial v} \cdot \frac{\mathrm{d}v}{\mathrm{d}t} = \ln v \cdot \cos t - \frac{u}{v}\sin t$$
$$= \cos t \cdot \ln(\cos t) - \tan t \cdot \sin t.$$

例2 设$z = u^2 v\sin t$,而$u = \mathrm{e}^t, v = \cos t$,求导数$\dfrac{\mathrm{d}z}{\mathrm{d}t}$.

解
$$\frac{\mathrm{d}z}{\mathrm{d}t} = \frac{\partial z}{\partial u} \cdot \frac{\mathrm{d}u}{\mathrm{d}t} + \frac{\partial z}{\partial v} \cdot \frac{\mathrm{d}v}{\mathrm{d}t} + \frac{\partial z}{\partial t}$$
$$= 2uv\sin t \cdot \mathrm{e}^t + u^2\sin t(-\sin t) + u^2 v\cos t$$
$$= 2\mathrm{e}^t\cos t \cdot \sin t \cdot \mathrm{e}^t - \mathrm{e}^{2t}\sin^2 t + \mathrm{e}^{2t}\cos^2 t$$
$$= \mathrm{e}^{2t}(\cos 2t + \sin 2t).$$

2. 复合函数的中间变量均为多元函数的情形

定理2 如果函数$u = u(x, y), v = v(x, y)$都在点(x, y)处具有对x及y的偏导数,函数$z = f(u, v)$在对应点(u, v)处具有连续偏导数,则复合函数$z = f(u(x, y), v(x, y))$在点(x, y)处的两个偏导数存在,且有

$$\frac{\partial z}{\partial x} = \frac{\partial z}{\partial u} \cdot \frac{\partial u}{\partial x} + \frac{\partial z}{\partial v} \cdot \frac{\partial v}{\partial x}, \qquad (7-21)$$

$$\frac{\partial z}{\partial y} = \frac{\partial z}{\partial u} \cdot \frac{\partial u}{\partial y} + \frac{\partial z}{\partial v} \cdot \frac{\partial v}{\partial y}. \qquad (7-22)$$

定理2中的函数z通过中间变量u, v与自变量x, y相关联,其复合关系如图7-20所示.

定理2可看作是定理1的推广,若将公式(7-19)的t分别换成x和y,微分符号d换成∂,则立即得到公式(7-21)和公式(7-22).这再次提醒我们,如果函数的自变量只有一个,则求导时要用微分符号d;否则,就要用符号∂.

图7-20

例3 设$z = \mathrm{e}^u\sin v$,而$u = xy, v = x + y$,求$\dfrac{\partial z}{\partial x}$和$\dfrac{\partial z}{\partial y}$.

解 直接应用公式(7-21)、公式(7-22),得
$$\frac{\partial z}{\partial x} = \frac{\partial z}{\partial u} \cdot \frac{\partial u}{\partial x} + \frac{\partial z}{\partial v} \cdot \frac{\partial v}{\partial x} = \mathrm{e}^u\sin v \cdot y + \mathrm{e}^u\cos v \cdot 1$$
$$= \mathrm{e}^u(y\sin v + \cos v) = \mathrm{e}^{xy}[y\sin(x+y) + \cos(x+y)],$$

$$\frac{\partial z}{\partial y} = \frac{\partial z}{\partial u} \cdot \frac{\partial u}{\partial y} + \frac{\partial z}{\partial v} \cdot \frac{\partial v}{\partial y} = e^u \sin v \cdot x + e^u \cos v \cdot 1$$
$$= e^u(x\sin v + \cos v) = e^{xy}[x\sin(x+y) + \cos(x+y)].$$

例 4 ▶ 设 $z = x^n f\left(\dfrac{y}{x^2}\right)$,其中 f 是任意可微函数,证明 $x\dfrac{\partial z}{\partial x} + 2y\dfrac{\partial z}{\partial y} = nz$.

证 由 $z = x^n f\left(\dfrac{y}{x^2}\right)$,令 $u = \dfrac{y}{x^2}$,则 $\dfrac{\partial u}{\partial x} = -\dfrac{2y}{x^3}, \dfrac{\partial u}{\partial y} = \dfrac{1}{x^2}$. 因此

$$\frac{\partial z}{\partial x} = nx^{n-1}f(u) + x^n f'(u) \cdot \frac{\partial u}{\partial x}$$
$$= nx^{n-1}f(u) + x^n f'(u) \cdot \left(-\frac{2y}{x^3}\right),$$
$$\frac{\partial z}{\partial y} = x^n f'(u) \cdot \frac{\partial u}{\partial y} = x^n f'(u) \cdot \frac{1}{x^2},$$

所以
$$x\frac{\partial z}{\partial x} + 2y\frac{\partial z}{\partial y} = x\left[nx^{n-1}f(u) + x^n f'(u) \cdot \left(-\frac{2y}{x^3}\right)\right] + 2y\left[x^n f'(u) \cdot \frac{1}{x^2}\right]$$
$$= nx^n f(u) = nz.$$

定理 2 可进一步推广到多个中间变量的情形. 设 $z = f(u,v,w)$, $u = u(x,y), v = v(x,y), w = w(x,y)$,则

$$\frac{\partial z}{\partial x} = \frac{\partial z}{\partial u} \cdot \frac{\partial u}{\partial x} + \frac{\partial z}{\partial v} \cdot \frac{\partial v}{\partial x} + \frac{\partial z}{\partial w} \cdot \frac{\partial w}{\partial x},$$
$$\frac{\partial z}{\partial y} = \frac{\partial z}{\partial u} \cdot \frac{\partial u}{\partial y} + \frac{\partial z}{\partial v} \cdot \frac{\partial v}{\partial y} + \frac{\partial z}{\partial w} \cdot \frac{\partial w}{\partial y}.$$

特别地,当 $v = x, w = y$ 时, $z = f(u(x,y),x,y)$ 对 x 和 y 的偏导数为

$$\frac{\partial z}{\partial x} = \frac{\partial f}{\partial u} \cdot \frac{\partial u}{\partial x} + \frac{\partial f}{\partial x}, \quad \frac{\partial z}{\partial y} = \frac{\partial f}{\partial u} \cdot \frac{\partial u}{\partial y} + \frac{\partial f}{\partial y}.$$

注 这里 $\dfrac{\partial z}{\partial x}$ 与 $\dfrac{\partial f}{\partial x}$ 是不同的,$\dfrac{\partial z}{\partial x}$ 是把复合函数 $z = f(u(x,y),x,y)$ 中的 y 看作常量而对 x 的偏导数,$\dfrac{\partial f}{\partial x}$ 是把函数 $z = f(u,x,y)$ 中的 u 及 y 看作常量而对 x 的偏导数. $\dfrac{\partial z}{\partial y}$ 与 $\dfrac{\partial f}{\partial y}$ 也有类似的区别.

例 5 ▶ 设 $u = f(x,y,z) = e^{x^2+y^2+z^2}$, $z = x^2 \sin y$,求 $\dfrac{\partial u}{\partial x}$ 和 $\dfrac{\partial u}{\partial y}$.

解 $\dfrac{\partial u}{\partial x} = \dfrac{\partial f}{\partial x} + \dfrac{\partial f}{\partial z} \cdot \dfrac{\partial z}{\partial x} = 2xe^{x^2+y^2+z^2} + 2ze^{x^2+y^2+z^2} \cdot 2x\sin y$
$= 2x(1 + 2x^2 \sin^2 y)e^{x^2+y^2+x^4\sin^2 y},$

$\dfrac{\partial u}{\partial y} = \dfrac{\partial f}{\partial y} + \dfrac{\partial f}{\partial z} \cdot \dfrac{\partial z}{\partial y} = 2ye^{x^2+y^2+z^2} + 2ze^{x^2+y^2+z^2} \cdot x^2 \cos y$
$= 2(y + x^4 \sin y \cos y)e^{x^2+y^2+x^4\sin^2 y}.$

定理 2 还可推广到多个中间变量是三元及三元以上函数的情形. 设 $w = f(u,v), u = u(x,y,z), v = v(x,y,z)$, 则

$$\frac{\partial w}{\partial x} = \frac{\partial w}{\partial u} \cdot \frac{\partial u}{\partial x} + \frac{\partial w}{\partial v} \cdot \frac{\partial v}{\partial x},$$

$$\frac{\partial w}{\partial y} = \frac{\partial w}{\partial u} \cdot \frac{\partial u}{\partial y} + \frac{\partial w}{\partial v} \cdot \frac{\partial v}{\partial y},$$

$$\frac{\partial w}{\partial z} = \frac{\partial w}{\partial u} \cdot \frac{\partial u}{\partial z} + \frac{\partial w}{\partial v} \cdot \frac{\partial v}{\partial z}.$$

例 6 ▶ 设 $w = f(x+y+z, xyz)$, f 具有二阶连续偏导数, 求 $\frac{\partial w}{\partial x}$ 及 $\frac{\partial^2 w}{\partial x \partial z}$.

解 令 $u = x+y+z, v = xyz$, 则 $w = f(u,v)$.

引入记号: $f_1 = \frac{\partial f(u,v)}{\partial u}, f_{12} = \frac{\partial^2 f(u,v)}{\partial u \partial v}$, 其中下标 1 表示对第 1 个变量 u 求偏导数, 下标 2 表示对第 2 个变量 v 求偏导数. 同理有 f_2, f_{11}, f_{22} 等 (这种记号的好处是简便, 不必写出中间变量).

由定理 2 可得

$$\frac{\partial w}{\partial x} = \frac{\partial f}{\partial u} \cdot \frac{\partial u}{\partial x} + \frac{\partial f}{\partial v} \cdot \frac{\partial v}{\partial x} = f_1 + yz f_2.$$

上式再对变量 z 求偏导数, 得到

$$\frac{\partial^2 w}{\partial x \partial z} = \frac{\partial}{\partial z}(f_1 + yz f_2) = \frac{\partial f_1}{\partial z} + y f_2 + yz \frac{\partial f_2}{\partial z}.$$

又

$$\frac{\partial f_1}{\partial z} = \frac{\partial f_1}{\partial u} \cdot \frac{\partial u}{\partial z} + \frac{\partial f_1}{\partial v} \cdot \frac{\partial v}{\partial z} = f_{11} + xy f_{12},$$

$$\frac{\partial f_2}{\partial z} = \frac{\partial f_2}{\partial u} \cdot \frac{\partial u}{\partial z} + \frac{\partial f_2}{\partial v} \cdot \frac{\partial v}{\partial z} = f_{21} + xy f_{22},$$

代入得到

$$\frac{\partial^2 w}{\partial x \partial z} = f_{11} + xy f_{12} + y f_2 + yz f_{21} + xy^2 z f_{22}$$
$$= f_{11} + y(x+z) f_{12} + y f_2 + xy^2 z f_{22}.$$

3. 复合函数的中间变量既有一元又有多元函数的情形

定理 3 如果函数 $u = u(x,y)$ 在点 (x,y) 处具有对 x 及 y 的偏导数, 函数 $v = v(y)$ 在点 y 可导, 函数 $z = f(u,v)$ 在对应点 (u,v) 处具有连续偏导数, 则复合函数 $z = f(u(x,y), v(y))$ 在对应点 (x,y) 处的两个偏导数存在, 且有

$$\frac{\partial z}{\partial x} = \frac{\partial z}{\partial u} \cdot \frac{\partial u}{\partial x}, \tag{7-23}$$

$$\frac{\partial z}{\partial y} = \frac{\partial z}{\partial u} \cdot \frac{\partial u}{\partial y} + \frac{\partial z}{\partial v} \cdot \frac{dv}{dy}. \tag{7-24}$$

情形 3 可看作是情形 2 的特例, 在公式 (7-21) 中, 若 v 与 x 无

关,则 $\frac{\partial v}{\partial x} = 0$,从而公式(7-21)变成了公式(7-23);在公式(7-22)中,函数 $v = v(y)$ 是一元函数,故 $\frac{\partial v}{\partial y}$ 换成 $\frac{\mathrm{d}v}{\mathrm{d}y}$,从而公式(7-22)变成了公式(7-24).

例 7 求 $z = (3x^2 + y^2)^{\cos 2y}$ 的偏导数.

解 设 $u = 3x^2 + y^2, v = \cos 2y$,则 $z = u^v$,且

$$\frac{\partial z}{\partial u} = v \cdot u^{v-1}, \quad \frac{\partial z}{\partial v} = u^v \cdot \ln u,$$

$$\frac{\partial u}{\partial x} = 6x, \quad \frac{\partial u}{\partial y} = 2y, \quad \frac{\mathrm{d}v}{\mathrm{d}y} = -2\sin 2y,$$

则

$$\frac{\partial z}{\partial x} = \frac{\partial z}{\partial u} \cdot \frac{\partial u}{\partial x} = v \cdot u^{v-1} \cdot 6x = 6x(3x^2 + y^2)^{\cos 2y - 1}\cos 2y,$$

$$\frac{\partial z}{\partial y} = \frac{\partial z}{\partial u} \cdot \frac{\partial u}{\partial y} + \frac{\partial z}{\partial v} \cdot \frac{\mathrm{d}v}{\mathrm{d}y} = v \cdot u^{v-1} \cdot 2y + u^v \cdot \ln u \cdot (-2\sin 2y)$$

$$= 2y(3x^2 + y^2)^{\cos 2y - 1}\cos 2y - 2(3x^2 + y^2)^{\cos 2y}\sin 2y \cdot \ln(3x^2 + y^2).$$

7.5.2 全微分形式不变性

由 §7.4 全微分的定义与计算可知,如果函数 $z = f(u,v)$ 具有连续偏导数,则有全微分

$$\mathrm{d}z = \frac{\partial z}{\partial u}\mathrm{d}u + \frac{\partial z}{\partial v}\mathrm{d}v.$$

如果 $z = f(u,v)$ 具有连续偏导数,而 $u = u(x,y), v = v(x,y)$ 也具有连续偏导数,则

$$\mathrm{d}z = \frac{\partial z}{\partial x}\mathrm{d}x + \frac{\partial z}{\partial y}\mathrm{d}y$$

$$= \left(\frac{\partial z}{\partial u} \cdot \frac{\partial u}{\partial x} + \frac{\partial z}{\partial v} \cdot \frac{\partial v}{\partial x}\right)\mathrm{d}x + \left(\frac{\partial z}{\partial u} \cdot \frac{\partial u}{\partial y} + \frac{\partial z}{\partial v} \cdot \frac{\partial v}{\partial y}\right)\mathrm{d}y$$

$$= \frac{\partial z}{\partial u}\left(\frac{\partial u}{\partial x}\mathrm{d}x + \frac{\partial u}{\partial y}\mathrm{d}y\right) + \frac{\partial z}{\partial v}\left(\frac{\partial v}{\partial x}\mathrm{d}x + \frac{\partial v}{\partial y}\mathrm{d}y\right)$$

$$= \frac{\partial z}{\partial u}\mathrm{d}u + \frac{\partial z}{\partial v}\mathrm{d}v.$$

由此可见,无论 z 是自变量 u, v 的函数或中间变量 u, v 的函数,它的全微分形式是一样的.这个性质叫作**全微分形式不变性**.

例 8 利用全微分形式不变性解本节的例 3. 即设 $z = \mathrm{e}^u \sin v$,而 $u = xy, v = x + y$,求 $\frac{\partial z}{\partial x}$ 和 $\frac{\partial z}{\partial y}$.

解 因为

$$dz = d(e^u \sin v) = e^u \sin v du + e^u \cos v dv.$$

又 $du = d(xy) = ydx + xdy, dv = d(x+y) = dx + dy$,代入后合并含 dx 及 dy 的项,得
$$dz = (e^u \sin v \cdot y + e^u \cos v)dx + (e^u \sin v \cdot x + e^u \cos v)dy,$$

即
$$\frac{\partial z}{\partial x}dx + \frac{\partial z}{\partial y}dy = e^{xy}[y\sin(x+y) + \cos(x+y)]dx$$
$$+ e^{xy}[x\sin(x+y) + \cos(x+y)]dy.$$

比较上式两边的 dx, dy 的系数,得
$$\frac{\partial z}{\partial x} = e^{xy}[y\sin(x+y) + \cos(x+y)],$$
$$\frac{\partial z}{\partial y} = e^{xy}[x\sin(x+y) + \cos(x+y)].$$

它们与例 3 的结果一样.

例 9 已知 $e^{-xy} - z^2 + e^z = 0$,求 $\frac{\partial z}{\partial x}$ 和 $\frac{\partial z}{\partial y}$.

解 因为 $d(e^{-xy} - z^2 + e^z) = 0$,所以
$$e^{-xy}d(-xy) - 2zdz + e^z dz = 0,$$
$$(e^z - 2z)dz = e^{-xy}(xdy + ydx),$$
$$dz = \frac{ye^{-xy}}{e^z - 2z}dx + \frac{xe^{-xy}}{e^z - 2z}dy.$$

故所求偏导数为
$$\frac{\partial z}{\partial x} = \frac{ye^{-xy}}{e^z - 2z}, \quad \frac{\partial z}{\partial y} = \frac{xe^{-xy}}{e^z - 2z}.$$

*7.5.3 隐函数微分法

在一元函数微分学中,已经知道由形如 $F(x,y) = 0$ 的方程所确定的函数 $y = f(x)$ 称为隐函数,其求导的方法是利用复合函数求导法则,不必经过显化而直接由方程求出导数(参见上册第 3 章 §3.3).这里将进一步从理论上阐明隐函数的存在性,并通过多元复合函数的求导法则建立隐函数的求导公式,给出一套所谓的"隐式"求导法.

定理 4(隐函数存在定理) 设函数 $F(x,y)$ 在点 $P(x_0, y_0)$ 的某一邻域内具有连续的偏导数 F_x, F_y,且 $F_y(x_0, y_0) \neq 0$,$F(x_0, y_0) = 0$,则方程 $F(x,y) = 0$ 在点 $P(x_0, y_0)$ 的某一邻域内恒能唯一确定一个连续且具有连续导数的函数 $y = f(x)$,它满足 $y_0 = f(x_0)$,并有

$$\frac{dy}{dx} = -\frac{F_x}{F_y}. \tag{7-25}$$

定理 4 的证明难点在于指明 $y = f(x)$ 存在且可微,这一部分

的证明从略. 至于公式(7-25)的推导则不困难：将等式 $F(x,f(x))=0$ 的左边看成是 x 的复合函数，求其全导数，利用公式(7-19)可得

$$\frac{\partial F}{\partial x}+\frac{\partial F}{\partial y}\cdot\frac{dy}{dx}=0.$$

由于 F_y 连续，且 $F_y(x_0,y_0)\neq 0$，因此存在 (x_0,y_0) 的一个邻域，在这个邻域内有 $F_y\neq 0$，于是得到

$$\frac{dy}{dx}=-\frac{F_x}{F_y}.$$

例 10 ▶ 求由方程 $xy+e^{-x}-e^y=0$ 所确定的隐函数 y 的导数 $\dfrac{dy}{dx}, \dfrac{dy}{dx}\bigg|_{x=0}$.

解 此题在上册第 3 章 §3.3 例 2 中的解决方法是两边求导，这里直接用公式求之. 令 $F=xy+e^{-x}-e^y$，则

$$F_x=y-e^{-x}, \quad F_y=x-e^y,$$

故

$$\frac{dy}{dx}=-\frac{F_x}{F_y}=\frac{e^{-x}-y}{x-e^y}.$$

由原方程知，$x=0$ 时，$y=0$，所以

$$\frac{dy}{dx}\bigg|_{x=0}=\frac{e^{-x}-y}{x-e^y}\bigg|_{\substack{x=0\\y=0}}=-1.$$

公式(7-25)可往两个方向推广：

一是应用于 F 含两个以上变量的情况. 例如，若方程 $F(x,y,z)=0$ 确定隐函数 $z=f(x,y)$，则分别将 y 和 x 看作常数，应用公式(7-25)得到

$$\frac{\partial z}{\partial x}=-\frac{F_x}{F_z}, \quad \frac{\partial z}{\partial y}=-\frac{F_y}{F_z}, \tag{7-26}$$

其中 F_x 表示函数 $F(x,y,z)$ 对 x 求偏导数，F_y 与 F_z 的含义类似.

二是推广到由方程组确定的隐函数. 例如，设由方程组

$$\begin{cases} F(x,u,v)=0, \\ G(x,u,v)=0 \end{cases}$$

确定一组隐函数 $u=u(x), v=v(x)$，则与公式(7-25)相应的求导公式为

$$\frac{\partial u}{\partial x}=-\frac{1}{J}\begin{vmatrix} F_x & F_v \\ G_x & G_v \end{vmatrix}, \quad \frac{\partial v}{\partial x}=-\frac{1}{J}\begin{vmatrix} F_u & F_x \\ G_u & G_x \end{vmatrix}, \tag{7-27}$$

其中 $J=\begin{vmatrix} F_u & F_v \\ G_u & G_v \end{vmatrix}\neq 0$，称行列式 J 为**雅可比（Jacobi）行列式**.

注 行列式为算式 $\begin{vmatrix} a & b \\ c & d \end{vmatrix}=ad-bc.$

公式(7-26)和(7-27)成立的条件可类比隐函数存在定理导出，这里不再详述. 事实上，公式(7-26)成立的证明比较简单：将

$z = f(x,y)$ 代入 $F(x,y,z) = 0$，得 $F(x,y,f(x,y)) \equiv 0$，将上式两端分别对 x 和 y 求导，得

$$F_x + F_z \cdot \frac{\partial z}{\partial x} = 0, \quad F_y + F_z \cdot \frac{\partial z}{\partial y} = 0.$$

移项即可证得公式(7-26).

公式(7-27) 的成立可由两个方程分别对 x 求偏导数而得到

$$\begin{cases} F_x + F_u \dfrac{\partial u}{\partial x} + F_v \dfrac{\partial v}{\partial x} = 0, \\ G_x + G_u \dfrac{\partial u}{\partial x} + G_v \dfrac{\partial v}{\partial x} = 0. \end{cases}$$

对上面的方程组按解二元一次方程组的方法，求出偏导数 $\dfrac{\partial u}{\partial x}, \dfrac{\partial v}{\partial x}$.

公式(7-27) 还可推广到 u 和 v 是二元函数的情形，即 $u = u(x,y), v = v(x,y)$，在此不再赘述.

例 11 求由方程 $\dfrac{x}{z} = \ln \dfrac{z}{y}$ 所确定的隐函数 $z = f(x,y)$ 的偏导数 $\dfrac{\partial z}{\partial x}, \dfrac{\partial z}{\partial y}$.

解 令 $F(x,y,z) = \dfrac{x}{z} - \ln \dfrac{z}{y} = \dfrac{x}{z} - \ln z + \ln y$，则

$$F_x = \frac{1}{z}, \quad F_y = \frac{1}{y}, \quad F_z = -\frac{x}{z^2} - \frac{1}{z} = -\frac{x+z}{z^2}.$$

利用公式(7-26)，得

$$\frac{\partial z}{\partial x} = -\frac{F_x}{F_z} = \frac{z}{x+z}, \quad \frac{\partial z}{\partial y} = -\frac{F_y}{F_z} = \frac{z^2}{y(x+z)}.$$

例 12 设 $z = f(x+y+z, xyz)$，求 $\dfrac{\partial z}{\partial x}, \dfrac{\partial z}{\partial y}$.

解 1 令 $F(x,y,z) = z - f(x+y+z, xyz)$，则
$$F_x = -f_1 - yzf_2, \quad F_y = -f_1 - xzf_2, \quad F_z = 1 - f_1 - xyf_2.$$

利用公式(7-26)，得

$$\frac{\partial z}{\partial x} = -\frac{F_x}{F_z} = \frac{f_1 + yzf_2}{1 - f_1 - xyf_2}, \quad \frac{\partial z}{\partial y} = -\frac{F_y}{F_z} = \frac{f_1 + xzf_2}{1 - f_1 - xyf_2}.$$

解 2 将 z 看成 x, y 的函数，直接对 $z = f(x+y+z, xyz)$ 求关于 x 的偏导数，得

$$\frac{\partial z}{\partial x} = f_1 \cdot \left(1 + \frac{\partial z}{\partial x}\right) + f_2 \cdot \left(yz + xy\frac{\partial z}{\partial x}\right),$$

解得

$$\frac{\partial z}{\partial x} = \frac{f_1 + yzf_2}{1 - f_1 - xyf_2}.$$

同理，可得

$$\frac{\partial z}{\partial y} = \frac{f_1 + xzf_2}{1 - f_1 - xyf_2}.$$

注 在实际应用中，求方程所确定的多元函数的偏导数时，不一定非得套公式，尤其在方程中含有抽象函数时，利用求偏导或求微分的过程则更为清楚.

例 13 设方程 $x+y-z=\mathrm{e}^z$ 确定了隐函数 $z=z(x,y)$，求 $\dfrac{\partial^2 z}{\partial x^2}, \dfrac{\partial^2 z}{\partial x \partial y}, \dfrac{\partial^2 z}{\partial y^2}$.

解 方程两边分别对 x 和对 y 求偏导，得

$$1-\frac{\partial z}{\partial x}=\mathrm{e}^z\frac{\partial z}{\partial x}, \quad 1-\frac{\partial z}{\partial y}=\mathrm{e}^z\frac{\partial z}{\partial y},$$

解得

$$\frac{\partial z}{\partial x}=\frac{1}{\mathrm{e}^z+1}, \quad \frac{\partial z}{\partial y}=\frac{1}{\mathrm{e}^z+1}.$$

所以

$$\frac{\partial^2 z}{\partial x^2}=\frac{\partial}{\partial x}\left(\frac{\partial z}{\partial x}\right)=-\frac{1}{(\mathrm{e}^z+1)^2}\cdot \mathrm{e}^z\cdot\frac{\partial z}{\partial x}$$

$$=-\frac{\mathrm{e}^z}{(\mathrm{e}^z+1)^2}\cdot\frac{1}{\mathrm{e}^z+1}=-\frac{\mathrm{e}^z}{(\mathrm{e}^z+1)^3}.$$

同理，可得

$$\frac{\partial^2 z}{\partial y^2}=\frac{\partial^2 z}{\partial x\partial y}=-\frac{\mathrm{e}^z}{(\mathrm{e}^z+1)^3}.$$

例 14 设 $y=y(x)$ 与 $z=z(x)$ 由方程 $x+y+z=0$ 与 $x^2+y^2+z^2=1$ 确定，求 $\dfrac{\partial y}{\partial x}, \dfrac{\partial z}{\partial x}$.

解 1 令 $F(x,y,z)=x+y+z, G(x,y,z)=x^2+y^2+z^2-1$，则

$$F_x=F_y=F_z=1, \quad G_x=2x, \quad G_y=2y, \quad G_z=2z.$$

$$\begin{vmatrix} F_x & F_z \\ G_x & G_z \end{vmatrix}=\begin{vmatrix} 1 & 1 \\ 2x & 2z \end{vmatrix}=2(z-x),$$

$$\begin{vmatrix} F_y & F_x \\ G_y & G_x \end{vmatrix}=\begin{vmatrix} 1 & 1 \\ 2y & 2x \end{vmatrix}=2(x-y),$$

$$J=\begin{vmatrix} F_y & F_z \\ G_y & G_z \end{vmatrix}=\begin{vmatrix} 1 & 1 \\ 2y & 2z \end{vmatrix}=2(z-y).$$

于是，利用公式 (7-27) 即得

$$\frac{\partial y}{\partial x}=-\frac{1}{J}\begin{vmatrix} F_x & F_z \\ G_x & G_z \end{vmatrix}=\frac{z-x}{y-z},$$

$$\frac{\partial z}{\partial x}=-\frac{1}{J}\begin{vmatrix} F_y & F_x \\ G_y & G_x \end{vmatrix}=\frac{x-y}{y-z}.$$

解 2 分别对方程 $x+y+z=0$ 与 $x^2+y^2+z^2=1$ 两边求 x 的偏导，得

$$1+\frac{\partial y}{\partial x}+\frac{\partial z}{\partial x}=0, \quad 2x+2y\frac{\partial y}{\partial x}+2z\frac{\partial z}{\partial x}=0.$$

按二元一次方程组求解，即得

$$\frac{\partial y}{\partial x}=\frac{z-x}{y-z}, \quad \frac{\partial z}{\partial x}=\frac{x-y}{y-z}.$$

显然，解 2 的方法更加方便快捷.

习题 7-5

1. 求下列函数的全导数：
   (1) 设 $z = e^{3u+2v}$，而 $u = t^2$，$v = \cos t$，求导数 $\dfrac{dz}{dt}$；
   (2) 设 $z = \arctan(u-v)$，而 $u = 3x$，$v = 4x^3$，求导数 $\dfrac{dz}{dx}$；
   (3) 设 $z = xy + \sin t$，而 $x = e^t$，$y = \cos t$，求导数 $\dfrac{dz}{dt}$.

2. 求下列函数的偏导数（其中 f 具有一阶连续偏导数）：
   (1) 设 $z = u^2 v - uv^2$，而 $u = x\sin y$，$v = x\cos y$，求 $\dfrac{\partial z}{\partial x}$ 和 $\dfrac{\partial z}{\partial y}$；
   (2) 设 $z = (3x^2 + y^2)^{4x+2y}$，求 $\dfrac{\partial z}{\partial x}$ 和 $\dfrac{\partial z}{\partial y}$；
   (3) 设 $u = f(x,y,z) = e^{x+2y+3z}$，$z = x^2 \cos y$，求 $\dfrac{\partial u}{\partial x}$ 和 $\dfrac{\partial u}{\partial y}$；
   (4) 设 $w = f(x, x^2 y, xy^2 z)$，求 $\dfrac{\partial w}{\partial x}, \dfrac{\partial w}{\partial y}, \dfrac{\partial w}{\partial z}$.

3. 应用全微分形式的不变性，求函数 $z = \arctan \dfrac{x+y}{1-xy}$ 的全微分.

4. 已知 $\sin xy - 2z + e^z = 0$，求 $\dfrac{\partial z}{\partial x}$ 和 $\dfrac{\partial z}{\partial y}$.

5. 若 f 的导数存在，验证下列各式：
   (1) 设 $u = yf(x^2 - y^2)$，则 $y^2 \dfrac{\partial u}{\partial x} + xy \dfrac{\partial u}{\partial y} = xu$；
   (2) 设 $z = xy + xf\left(\dfrac{y}{x}\right)$，则 $x \dfrac{\partial z}{\partial x} + y \dfrac{\partial z}{\partial y} = z + xy$.

6. 求下列函数的二阶偏导数（其中 f 具有二阶连续偏导数）：
   (1) $z = \arctan \dfrac{x+y}{1-xy}$；
   (2) $z = y^{\ln x}$；
   *(3) $z = f(xy, x^2 - y^2)$.

7. 求由下列方程所确定的隐函数 $z = f(x,y)$ 的偏导数 $\dfrac{\partial z}{\partial x}, \dfrac{\partial z}{\partial y}$：
   (1) $x^2 + y^2 + z^2 - 4z = 0$；
   (2) $z^3 - 3xyz = 1$.

*8. 求由下列方程组所确定的函数的偏导数：
   (1) $\begin{cases} xu + yv = 0, \\ yu + xv = 1, \end{cases}$ 求 $\dfrac{\partial u}{\partial x}, \dfrac{\partial v}{\partial x}$；
   (2) $\begin{cases} u^3 + xv = y, \\ v^3 + yu = x, \end{cases}$ 求 $\dfrac{\partial u}{\partial x}, \dfrac{\partial v}{\partial x}, \dfrac{\partial u}{\partial y}, \dfrac{\partial v}{\partial y}$.

§7.6 多元函数的极值及其应用

在大量经济和科技的实际问题中，常常需要解决多元函数的最大值和最小值的问题. 与一元函数的情形类似, 多元函数的最大值、最小值与极大值、极小值联系密切. 下面以二元函数为例来讨论多元函数的极值问题.

7.6.1 二元函数的极值

定义 设函数 $z=f(x,y)$ 在点 (x_0,y_0) 的某一邻域内有定义, 对于该邻域内异于点 (x_0,y_0) 的任意一点 (x,y), 如果
$$f(x,y) < f(x_0,y_0),$$
则称函数在点 (x_0,y_0) 处有**极大值** $f(x_0,y_0)$; 如果
$$f(x,y) > f(x_0,y_0),$$
则称函数在点 (x_0,y_0) 处有**极小值** $f(x_0,y_0)$.

极大值、极小值统称为**极值**. 使函数取得极值的点称为**极值点**.

例 1 证明函数 $z=\dfrac{x^2}{4}+\dfrac{y^2}{9}$ 在点 $(0,0)$ 处有极小值.

证 当 $(x,y)=(0,0)$ 时, $z=0$, 而当 $(x,y)\neq(0,0)$ 时, $z>0$, 因此 $z=0$ 是函数的极小值, 点 $(0,0)$ 是极小值点. 从几何上看, $z=\dfrac{x^2}{4}+\dfrac{y^2}{9}$ 表示一开口向上的椭圆抛物面, 点 $(0,0,0)$ 是它的顶点.

例 2 证明函数 $z=\sqrt{1-x^2-y^2}$ 在点 $(0,0)$ 处有极大值.

证 当 $(x,y)=(0,0)$ 时, $z=1$, 而当 $(x,y)\neq(0,0)$ 时, $z<1$, 因此 $z=1$ 是函数的极大值. 从几何上看, $z=\sqrt{1-x^2-y^2}$ 表示一开口向下的半球面, 点 $(0,0,1)$ 是它的顶点.

例 3 证明函数 $z=y^2-x^2$ 在点 $(0,0)$ 处无极值.

证 因为在点 $(0,0)$ 处的函数值为零, 而在点 $(0,0)$ 的任一邻域内, 总有使函数值为正的点, 也有使函数值为负的点. 从几何上看, $z=y^2-x^2$ 表示双曲抛物面(马鞍面).

以上关于二元函数的极值概念, 可推广到 $n(n\geq 3)$ 元函数. 设 n 元函数 $u=f(P)$ 在点 P_0 的某一邻域内有定义, 如果对于该邻域内任何异于 P_0 的点 P, 都有
$$f(P) < f(P_0) \quad (\text{或 } f(P) > f(P_0)),$$
则称函数 $f(P)$ 在点 P_0 处有**极大值**(或**极小值**) $f(P_0)$.

在一元函数中, 可导函数在点 x_0 处有极值的必要条件是该点处的导数为 0, 对于多元函数也有类似的结论.

定理 1 (必要条件) 设函数 $z=f(x,y)$ 在点 (x_0,y_0) 处具有偏导数, 且在点 (x_0,y_0) 处有极值, 则它在该点处的偏导数必然为零, 即

$$f_x(x_0,y_0)=0, \quad f_y(x_0,y_0)=0.$$

证 由已知条件可知,一元函数 $z=f(x,y_0)$ 在点 x_0 的某邻域内有定义且以点 x_0 为极值点,因此,$f_x(x_0,y_0)=0$;同理,可证 $f_y(x_0,y_0)=0$.

称使 $f_x(x,y)=0, f_y(x,y)=0$ 同时成立的点 (x_0,y_0) 为函数 $z=f(x,y)$ 的驻点.

注 具有偏导数的函数的极值点必定是驻点,但函数的驻点不一定是极值点.

例如,函数 $f(x,y)=y^2-x^2$ 在点 $(0,0)$ 处的两个偏导数都为零,即点 $(0,0)$ 是 $f(x,y)=y^2-x^2$ 的驻点,但函数 $f(x,y)=y^2-x^2$ 在点 $(0,0)$ 处无极值.

如同一元函数一样,为使驻点成为极值点,必须附加一定的条件.下面的结果正好与上册第 4 章 §4.5 的定理 3 相对应.

定理 2(充分条件) 设函数 $z=f(x,y)$ 在点 (x_0,y_0) 的某邻域内有直到二阶的连续偏导数,又点 (x_0,y_0) 是 $f(x,y)$ 的驻点,记

$$f_{xx}(x_0,y_0)=A, f_{xy}(x_0,y_0)=B, f_{yy}(x_0,y_0)=C, AC-B^2=\Delta.$$

(1) 当 $\Delta>0$ 时,函数 $z=f(x,y)$ 在点 (x_0,y_0) 处有极值,且当 $A>0$ 时为极小值,当 $A<0$ 时为极大值;

(2) 当 $\Delta<0$ 时,函数 $z=f(x,y)$ 在点 (x_0,y_0) 处没有极值;

(3) 当 $\Delta=0$ 时,函数 $z=f(x,y)$ 在点 (x_0,y_0) 处可能有极值,也可能没有极值(需另作讨论).

定理的证明从略.

从结论(1)知道,只有当 A 和 C 同号时,才可能有极值;从结论(2)知道,若 A 和 C 异号,则函数 $z=f(x,y)$ 在点 (x_0,y_0) 处没有极值.

根据定理1与定理2,如果函数 $f(x,y)$ 具有二阶连续偏导数,则求 $z=f(x,y)$ 的极值的一般步骤如下:

第一步,解方程组 $f_x(x,y)=0, f_y(x,y)=0$,求出 $f(x,y)$ 的所有驻点;

第二步,求出函数 $f(x,y)$ 的二阶偏导数的值 A,B,C;

第三步,根据 $AC-B^2=\Delta$ 的符号逐一判定驻点是否为极值点,最后求出函数 $f(x,y)$ 在极值点处的极值.

例 4 求函数 $f(x,y)=x^3-y^3+3x^2+3y^2-9x-1$ 的极值.

解 先解方程组

$$\begin{cases} f_x(x,y)=3x^2+6x-9=0, \\ f_y(x,y)=-3y^2+6y=0. \end{cases}$$

求得 $x=1$ 或 $-3, y=0$ 或 2,于是驻点为 $(1,0),(1,2),(-3,0),(-3,2)$.

再求出二阶偏导数 $f_{xx}(x,y) = 6x+6, f_{xy}(x,y) = 0, f_{yy}(x,y) = -6y+6$.

在点 $(1,0)$ 处，$\Delta = AC - B^2 = 12 \times 6 > 0$，又 $A > 0$，所以函数在点 $(1,0)$ 处有极小值 $f(1,0) = -6$；

在点 $(1,2)$ 处，$\Delta = 12 \times (-6) < 0$，所以 $f(1,2)$ 不是极值；

在点 $(-3,0)$ 处，$\Delta = -12 \times 6 < 0$，所以 $f(-3,0)$ 不是极值；

在点 $(-3,2)$ 处，$\Delta = -12 \times (-6) > 0$，又 $A < 0$，所以函数在点 $(-3,2)$ 处有极大值 $f(-3,2) = 30$.

注 不是驻点的点也可能是极值点.

例如，函数 $z = -\sqrt{x^2+y^2}$ 在点 $(0,0)$ 处有极大值，而该函数在点 $(0,0)$ 处的偏导数不存在，即点 $(0,0)$ 不是该函数的驻点. 因此，在考虑函数的极值问题时，除了考虑函数的驻点外，还要考虑偏导数不存在的点.

7.6.2 二元函数的最大值与最小值

由 §7.2 的性质 1（最大值和最小值定理）可知，在有界闭区域 D 上的二元连续函数一定有最大值或最小值. 求函数 $f(x,y)$ 的最大值和最小值的一般步骤如下：

(1) 求函数 $f(x,y)$ 在 D 内所有驻点处的函数值；

(2) 求 $f(x,y)$ 在 D 的边界上的最大值和最小值；

(3) 将前两步得到的所有函数值进行比较，其中最大者即为最大值，最小者即为最小值.

在通常遇到的实际问题中，如果根据问题的性质，可以判断出函数 $f(x,y)$ 的最大值（最小值）一定在 D 的内部取得，而函数 $f(x,y)$ 在 D 内只有一个驻点，则可以肯定该驻点处的函数值就是函数 $f(x,y)$ 在 D 上的最大值（最小值）.

例 5 求二元函数 $f(x,y) = x^2y(4-x-y)$ 在由直线 $x+y=6, x$ 轴和 y 轴所围成的闭三角形区域 D 上的最大值与最小值.

解 (1) 先求函数在 D 内的驻点，解方程组
$$\begin{cases} f_x(x,y) = 2xy(4-x-y) - x^2y = xy(8-3x-2y) = 0, \\ f_y(x,y) = x^2(4-x-y) - x^2y = x^2(4-x-2y) = 0. \end{cases}$$

因在 D 内部，$x > 0, y > 0$，故得唯一驻点 $(2,1)$，如图 7-21 所示，且 $f(2,1) = 4$.

(2) 再求 $f(x,y)$ 在 D 的边界上的最值.

在边界 $x+y=6$ 上，即 $y = 6-x$，于是
$$f(x,y) = x^2(6-x)(-2).$$

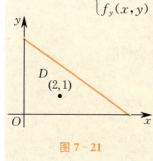

图 7-21

由 $f_x = 4x(x-6) + 2x^2 = 0$，得 $x_1 = 0, x_2 = 4$. 又 $y = 6-x \big|_{x=4} = 2$，

因此,在边界 $x+y=6$ 上, $f(4,2)=-64$,而三角形 D 的两条直角边处, $f(x,y)=0$.

(3) 比较上述得到的函数值,从而得到 $f(2,1)=4$ 为最大值, $f(4,2)=-64$ 为最小值.

例 6 ▷ 某工厂生产甲、乙两种产品,甲种产品的售价为每吨 900 元,乙种产品的售价为每吨 1 000 元,已知生产 x 吨甲种产品和 y 吨乙种产品的总成本为
$$C(x,y)=30\,000+300x+200y+3x^2+xy+3y^2(元).$$
问甲、乙两种产品的产量各为多少时,利润最大?

解 设 $L(x,y)$ 为生产 x 吨甲种产品和 y 吨乙种产品所获得的总利润,则
$$L(x,y)=900x+1\,000y-C(x,y)$$
$$=-3x^2-xy-3y^2+600x+800y-30\,000.$$
解方程组
$$\begin{cases} L_x(x,y)=-6x-y+600=0, \\ L_y(x,y)=-x-6y+800=0, \end{cases}$$
得 $x=80, y=120$,即得唯一驻点 $(80,120)$. 又
$$A=L_{xx}=-6<0, \quad B=L_{xy}=-1, \quad C=L_{yy}=-6,$$
因此
$$\Delta=AC-B^2=(-6)\cdot(-6)-(-1)^2=35>0.$$
故 $L(x,y)$ 在驻点 $(80,120)$ 处有极大值. 于是可以断定,当生产 80 吨甲种产品和 120 吨乙种产品时,利润最大,且最大利润值为
$$L(80,120)=42\,000(元).$$

7.6.3 条件极值　拉格朗日乘数法

在例 5 的求解过程中,涉及求二元函数 $z=f(x,y)$ 在条件 $x+y=6(0\leqslant x\leqslant 6)$ 下的极值问题. 这种对自变量有**附加条件**(称为**约束条件**)的极值称为**条件极值**,而将无其他限制条件的极值称为**无条件极值**.

对于有些实际问题,可以把条件极值问题化为无条件极值问题,例如,求表面积为 a^2 的长方体的最大体积问题. 设长方体的三棱长分别为 x,y,z,这个问题就是求函数 $V=xyz$ 在约束条件 $2(xy+yz+zx)=a^2$ 下的最大值问题. 由条件 $2(xy+yz+zx)=a^2$,解得 $z=\dfrac{a^2-2xy}{2(x+y)}$,于是得 $V=\dfrac{xy(a^2-2xy)}{2(x+y)}$,故只需求 V 的无条件极值.

在很多情形下,将条件极值化为无条件极值并不容易,因而需要寻找另一种求条件极值的专用方法,这就是下面要着重介绍的比较巧妙的**拉格朗日乘数法**.

设二元函数 $f(x,y)$ 和 $\varphi(x,y)$ 在区域 D 内有一阶连续偏导数,则求 $z=f(x,y)$ 在 D 内满足条件 $\varphi(x,y)=0$ 的极值问题,可

以转化为求 **拉格朗日函数**

$$L(x,y,\lambda) = f(x,y) + \lambda\varphi(x,y)$$

的无条件极值问题,其中 λ 为某一常数,称为 **拉格朗日乘数**.

用拉格朗日乘数法求函数 $z=f(x,y)$ 在条件 $\varphi(x,y)=0$ 下的极值的基本步骤如下:

(1) 构造拉格朗日函数

$$L(x,y,\lambda) = f(x,y) + \lambda\varphi(x,y);$$

(2) 由方程组

$$\begin{cases} L_x = f_x(x,y) + \lambda\varphi_x(x,y) = 0, \\ L_y = f_y(x,y) + \lambda\varphi_y(x,y) = 0, \\ L_\lambda = \varphi(x,y) = 0 \end{cases}$$

解出 x,y,λ,其中 (x,y) 就是所求条件极值的可能的极值点.

拉格朗日乘数法可推广到自变量多于两个而条件多于一个的情形. 例如,要求函数 $u=f(x,y,z)$ 在约束条件

$$\varphi(x,y,z) = 0, \quad \psi(x,y,z) = 0$$

下的极值问题. 可以先做拉格朗日函数

$$L(x,y,z,\lambda,\mu) = f(x,y,z) + \lambda\varphi(x,y,z) + \mu\psi(x,y,z),$$

其中 λ,μ 均为常数,再按类似的步骤求出极值.

注 拉格朗日乘数法只给出函数取极值的必要条件,因此按照这种方法求出来的点是否为极值点,还需要加以讨论. 不过在实际问题中,往往可以根据问题本身的性质来判定所求的点是不是极值点.

例 7 求函数 $z=xy$ 在圆周 $x^2+y^2=1$ 上的最小值.

解 这是一个条件极值问题,做拉格朗日函数 $L(x,y,\lambda)=xy+\lambda(x^2+y^2-1)$. 写出方程组

$$\begin{cases} L_x = y + 2\lambda x = 0, \\ L_y = x + 2\lambda y = 0, \\ L_\lambda = x^2 + y^2 - 1 = 0. \end{cases}$$

第 1 个方程乘以 y 减去第 2 个方程乘以 x,得到 $y^2=x^2$,再与第 3 个方程联立,解出 $x=\pm\frac{\sqrt{2}}{2}, y=\pm\frac{\sqrt{2}}{2}$,于是得到圆周 $x^2+y^2=1$ 上的 4 个点:

$$P_1\left(\frac{\sqrt{2}}{2}, \frac{\sqrt{2}}{2}\right), \quad P_2\left(\frac{\sqrt{2}}{2}, -\frac{\sqrt{2}}{2}\right), \quad P_3\left(-\frac{\sqrt{2}}{2}, \frac{\sqrt{2}}{2}\right), \quad P_4\left(-\frac{\sqrt{2}}{2}, -\frac{\sqrt{2}}{2}\right).$$

因此,函数在点 P_2 和 P_3 处有最小值 $z_{\min}=-\frac{1}{2}$.

例 8 求表面积为 a^2 而体积为最大的长方体的体积.

解 设长方体的三棱长分别为 x,y,z,则问题就是在约束条件

$$2(xy+yz+xz) = a^2$$

下求函数 $V=xyz$ 的最大值.

构造辅助函数
$$F(x,y,z,\lambda) = xyz + \lambda(2xy + 2yz + 2xz - a^2),$$
解方程组
$$\begin{cases} F_x = yz + 2\lambda(y+z) = 0, \\ F_y = xz + 2\lambda(x+z) = 0, \\ F_z = xy + 2\lambda(y+x) = 0, \\ 2xy + 2yz + 2xz - a^2 = 0, \end{cases}$$
得 $x = y = z = \dfrac{\sqrt{6}}{6}a$,这是唯一可能的极值点.

因为由问题本身可知,最大值一定存在,所以最大值就在这个可能的极值点处取得. 即在表面积为 a^2 的长方体中,以棱长为 $\dfrac{\sqrt{6}a}{6}$ 的正方体的体积为最大,最大体积 $V = \dfrac{\sqrt{6}}{36}a^3$.

例 9 设某公司销售收入 R(单位:万元)与花费在两种广告宣传的费用 x,y(单位:万元)之间的关系为
$$R = \frac{200x}{x+5} + \frac{100y}{10+y},$$
而利润额是销售收入的 2 成,并要扣除广告费用. 已知广告费用总预算金额是 15 万元,试问如何分配两种广告费用,使得利润最大?

解 设利润为 z,则问题是在约束条件 $x + y = 15(x > 0, y > 0)$ 下,函数
$$z = \frac{1}{5}R - x - y = \frac{40x}{x+5} + \frac{20y}{10+y} - x - y$$
的条件极值问题. 令
$$L(x,y,\lambda) = \frac{40x}{x+5} + \frac{20y}{10+y} - x - y + \lambda(x+y-15),$$
从
$$L_x = \frac{200}{(5+x)^2} - 1 + \lambda = 0, \quad L_y = \frac{200}{(10+y)^2} - 1 + \lambda = 0,$$
解得 $(5+x)^2 = (10+y)^2$. 又 $y = 15 - x$,故解得 $x = 10, y = 5$.

根据问题本身的意义及驻点的唯一性知,当投入两种广告的费用分别为 10 万元和 5 万元时,可使利润最大.

例 10 在经济学中有著名的柯布-道格拉斯生产函数模型
$$f(x,y) = cx^a y^{1-a},$$
其中 x 代表劳动力的数量,y 表示资本数量(确切地说是 y 个单位资本),c 与 $a(0 < a < 1)$ 是常数,由各企业的具体情形而定,函数值表示生产量.

现在已知某制造商的柯布-道格拉斯生产函数是
$$f(x,y) = 100x^{\frac{3}{4}} y^{\frac{1}{4}},$$
每个劳动力与每单位资本的成本分别是 150 元及 250 元,该制造商的总预算是 50 000 元. 试问他该如何分配这笔钱用于雇用劳动力与投入资本,以使生产量最高?

解 这是个条件极值问题:求目标函数
$$f(x,y) = 100x^{\frac{3}{4}} y^{\frac{1}{4}}$$

在约束条件
$$150x + 250y = 50\,000$$
下的最大值.

令 $L(x,y,\lambda) = 100x^{\frac{3}{4}}y^{\frac{1}{4}} + \lambda(50\,000 - 150x - 250y)$,由方程组
$$\begin{cases} L_x = 75x^{-\frac{1}{4}}y^{\frac{1}{4}} - 150\lambda = 0, \\ L_y = 25x^{\frac{3}{4}}y^{-\frac{3}{4}} - 250\lambda = 0, \\ L_\lambda = 50\,000 - 150x - 250y = 0 \end{cases}$$
中的第 1 个方程解得 $\lambda = \frac{1}{2}x^{-\frac{1}{4}}y^{\frac{1}{4}}$,将其代入第 2 个方程中,得
$$25x^{\frac{3}{4}}y^{-\frac{3}{4}} - 125x^{-\frac{1}{4}}y^{\frac{1}{4}} = 0.$$
在该式两边同乘 $x^{\frac{1}{4}}y^{\frac{3}{4}}$,有 $25x - 125y = 0$,即 $x = 5y$. 将此结果代入方程组的第 3 个方程,得 $x = 250, y = 50$,即该制造商应该雇用 250 个劳动力而把其余的 12 500 元作为资本投入,这时可获得最高生产量 $f(250,50) \approx 16\,719$.

习题 7-6

1. 求下列函数的极值:
   (1) $f(x,y) = x^2 + y^3 - 6xy + 18x - 39y + 16$;
   (2) $f(x,y) = 3xy - x^3 - y^3 + 1$.
2. 求函数 $f(x,y) = x^2 - 2xy + 2y$ 在矩形区域 $D = \{(x,y) \mid 0 \leqslant x \leqslant 3, 0 \leqslant y \leqslant 2\}$ 上的最大值和最小值.
3. 求函数 $f(x,y) = 3x^2 + 3y^2 - x^3$ 在区域 $D: x^2 + y^2 \leqslant 16$ 上的最小值.
4. 求下列函数的条件极值:
   (1) $z = xy, x + y = 1$;
   (2) $u = x - 2y + 2z, x^2 + y^2 + z^2 = 1$.
5. 要用铁板做成一个体积为 8 m^3 的有盖长方体水箱,问如何设计才能使用料最省?
6. 某工厂生产甲、乙两种产品的日产量分别为 x 件和 y 件,总成本函数为
$$C(x,y) = 1\,000 + 8x^2 - xy + 12y^2 (元),$$
要求每天生产这两种产品的总量为 42 件,问甲、乙两种产品的日产量各为多少时,成本最低?
7. 某公司通过电视和报纸两种媒体做广告,已知销售收入 R(单位:万元)与电视广告费 x(单位:万元)和报纸广告费 y(单位:万元)之间的关系为
$$R(x,y) = 15 + 14x + 32y - 8xy - 2x^2 - 10y^2.$$
   (1) 若广告费用不设限,求最佳广告策略;
   (2) 若广告费用总预算是 2 万元,分别用求条件极值和无条件极值的方法求最佳广告策略.
*8. 设某电视机厂生产一台电视机的成本为 c,每台电视机的销售价格为 p,销售量为 x. 假设该厂电视机的生产量等于销售量. 根据市场预测,销售量 x 与销售价格 p 之间的关系为
$$x = Me^{-ap} \quad (M > 0, a > 0),$$
其中 M 为市场最大需求量,a 是价格系数. 同时,生产部门根据对生产环节的分析,对每台电视机的

生产成本 c 有如下测算：
$$c = c_0 - k\ln x \quad (k>0, x>1),$$
其中 c_0 是只生产一台电视机时的成本，k 是规模系数.

根据上述条件，应如何确定电视机的售价 p，才能使该厂获得最大利润？

本章小结

一、空间解析几何基础

1. 空间直角坐标系.

过空间一定点 O 作 3 条具有长度单位且两两相互垂直的数轴：x 轴、y 轴、z 轴，符合右手系，由此构成一个空间直角坐标系.

坐标平面：xOy 面、yOz 面和 zOx 面.

8 个卦限（卦限中点的坐标）：Ⅰ$(+,+,+)$，Ⅱ$(-,+,+)$，Ⅲ$(-,-,+)$，Ⅳ$(+,-,+)$，Ⅴ$(+,+,-)$，Ⅵ$(-,+,-)$，Ⅶ$(-,-,-)$，Ⅷ$(+,-,-)$.

2. 空间两点 $M_1(x_1,y_1,z_1), M_2(x_2,y_2,z_2)$ 的距离公式.
$$d = |M_1M_2| = \sqrt{(x_2-x_1)^2 + (y_2-y_1)^2 + (z_2-z_1)^2}.$$

3. 平面.

(1) 一般方程：$Ax + By + Cz + D = 0$.

(2) 截距式方程：$\dfrac{x}{a} + \dfrac{y}{b} + \dfrac{z}{c} = 1$，其中 a,b,c 依次称为平面在 x 轴、y 轴、z 轴上的截距.

(3) 3 种特殊的平面方程：

$Ax + By + Cz = 0$ 表示过原点的平面；

$Ax + By + D = 0$ 表示平行于 z 轴的平面；

$Ax + D = 0$ 表示平行于 yOz 面的平面.

4. 球心在点 $M_0(x_0,y_0,z_0)$、半径为 R 的球面的方程.
$$(x-x_0)^2 + (y-y_0)^2 + (z-z_0)^2 = R^2.$$

5. 柱面.

只含 x,y 而缺 z 的方程 $F(x,y) = 0$ 表示，母线平行于 z 轴的柱面，其准线是 xOy 面上的曲线 $C: F(x,y) = 0$.

$x^2 + y^2 = R^2$ 表示，平行于 z 轴的直线沿准线为 xOy 面上的圆 $x^2 + y^2 = R^2$ 移动而成的圆柱面.

6. 常见的二次曲面.

(1) 椭球面 $\dfrac{x^2}{a^2} + \dfrac{y^2}{b^2} + \dfrac{z^2}{c^2} = 1$；

(2) 椭圆抛物面 $z = \dfrac{x^2}{2p} + \dfrac{y^2}{2q}$（$p$ 与 q 同号）；

(3) 双曲抛物面（马鞍面）$z = -\dfrac{x^2}{2p} + \dfrac{y^2}{2q}$（$p$ 与 q 同号）.

二、多元函数的概念、极限与连续

1. 多元函数的概念.

(1) 二元函数的几何意义：二元函数 $z = f(x,y)$ 的图形是空间直角坐标系中的一张曲面.例如,函数 $z = ax + by + c$ 的图形是一张平面;函数 $z = \sqrt{R^2 - x^2 - y^2}$ 表示球面的上半部.

(2) 三元函数 $u = f(x,y,z)$;n 元函数 $u = f(x_1, x_2, \cdots, x_n)$.

2. 二元函数的极限.

$$\lim_{\substack{x \to x_0 \\ y \to y_0}} f(x,y) = A, \quad \lim_{(x,y) \to (x_0, y_0)} f(x,y) = A \text{ 或 } \lim_{P \to P_0} f(P) = A.$$

二元函数的极限比一元函数的极限复杂,需特别注意以下两点:

(1) 二元函数的极限存在,是指点 P 以任何方式趋于点 P_0 时,函数都无限接近于 A;

(2) 如果当点 P 以两种不同方式趋于点 P_0 时,函数趋于不同的值,则函数的极限不存在.

3. 二元函数的连续性.

(1) 若 $\lim_{\substack{x \to x_0 \\ y \to y_0}} f(x,y) = f(x_0, y_0)$,则称 $z = f(x,y)$ 在点 (x_0, y_0) 处连续,称点 (x_0, y_0) 为连续点.

(2) 一切二元初等函数在其定义区域内连续.

(3) 有界闭区域上二元连续函数的性质:最大值和最小值定理、有界性定理、介值定理.

三、多元函数偏导数与全微分

1. 多元函数偏导数的概念与计算.

(1) $z = f(x,y)$ 对 x 的偏导数 $\dfrac{\partial z}{\partial x}, \dfrac{\partial f}{\partial x}, z_x$ 或 $f_x(x,y)$ 为

$$f_x(x,y) = \lim_{\Delta x \to 0} \frac{f(x + \Delta x, y) - f(x,y)}{\Delta x};$$

(2) $z = f(x,y)$ 对 y 的偏导数 $\dfrac{\partial z}{\partial y}, \dfrac{\partial f}{\partial y}, z_y$ 或 $f_y(x,y)$ 为

$$f_y(x,y) = \lim_{\Delta y \to 0} \frac{f(x, y + \Delta y) - f(x,y)}{\Delta y}.$$

2. 二阶偏导数.

$$\frac{\partial}{\partial x}\left(\frac{\partial z}{\partial x}\right) = \frac{\partial^2 z}{\partial x^2} = f_{xx}(x,y), \quad \frac{\partial}{\partial y}\left(\frac{\partial z}{\partial x}\right) = \frac{\partial^2 z}{\partial x \partial y} = f_{xy}(x,y),$$

$$\frac{\partial}{\partial x}\left(\frac{\partial z}{\partial y}\right) = \frac{\partial^2 z}{\partial y \partial x} = f_{yx}(x,y), \quad \frac{\partial}{\partial y}\left(\frac{\partial z}{\partial y}\right) = \frac{\partial^2 z}{\partial y^2} = f_{yy}(x,y).$$

3. 全微分.

(1) 二元函数 $f(x,y)$ 的全微分:$\mathrm{d}z = \dfrac{\partial z}{\partial x}\mathrm{d}x + \dfrac{\partial z}{\partial y}\mathrm{d}y$.

(2) 三元函数 $u = f(x,y,z)$ 的全微分:$\mathrm{d}u = \dfrac{\partial u}{\partial x}\mathrm{d}x + \dfrac{\partial u}{\partial y}\mathrm{d}y + \dfrac{\partial u}{\partial z}\mathrm{d}z$.

(3) 全微分形式不变性:$\mathrm{d}z = \dfrac{\partial z}{\partial u}\mathrm{d}u + \dfrac{\partial z}{\partial v}\mathrm{d}v, z = f(u,v)$.

(4) 可微(全微分存在)与连续、偏导数存在之间的关系:

$f(x,y)$ 在点 (x,y) 处可微 $\Rightarrow f(x,y)$ 在点 (x,y) 处连续;

$f(x,y)$ 在点 (x,y) 处可微 $\Rightarrow f(x,y)$ 在点 (x,y) 处的偏导数 $\dfrac{\partial z}{\partial x}, \dfrac{\partial z}{\partial y}$ 必存在;

$f(x,y)$ 在点(x,y)处可微 $\Leftarrow f(x,y)$ 的偏导数 $\dfrac{\partial z}{\partial x},\dfrac{\partial z}{\partial y}$ 在点(x,y)处连续.

四、多元复合函数的求导法与隐函数求导法

1. 多元复合函数的求导法 —— 链式法则.

模型 1. $z=f(u,v),u=u(t),v=v(t)$,
$$\frac{\mathrm{d}z}{\mathrm{d}t}=\frac{\partial z}{\partial u}\cdot\frac{\mathrm{d}u}{\mathrm{d}t}+\frac{\partial z}{\partial v}\cdot\frac{\mathrm{d}v}{\mathrm{d}t}.$$

模型 2. $z=f(u,v),u=u(x,y),v=v(x,y)$,
$$\frac{\partial z}{\partial x}=\frac{\partial z}{\partial u}\cdot\frac{\partial u}{\partial x}+\frac{\partial z}{\partial v}\cdot\frac{\partial v}{\partial x},$$
$$\frac{\partial z}{\partial y}=\frac{\partial z}{\partial u}\cdot\frac{\partial u}{\partial y}+\frac{\partial z}{\partial v}\cdot\frac{\partial v}{\partial y}.$$

模型 3. $z=f(u,v,w),u=u(x,y),v=v(x,y),w=w(x,y)$,
$$\frac{\partial z}{\partial x}=\frac{\partial z}{\partial u}\cdot\frac{\partial u}{\partial x}+\frac{\partial z}{\partial v}\cdot\frac{\partial v}{\partial x}+\frac{\partial z}{\partial w}\cdot\frac{\partial w}{\partial x},$$
$$\frac{\partial z}{\partial y}=\frac{\partial z}{\partial u}\cdot\frac{\partial u}{\partial y}+\frac{\partial z}{\partial v}\cdot\frac{\partial v}{\partial y}+\frac{\partial z}{\partial w}\cdot\frac{\partial w}{\partial y}.$$

模型 4. $w=f(u,v),u=u(x,y,z),v=v(x,y,z)$,
$$\frac{\partial w}{\partial x}=\frac{\partial w}{\partial u}\cdot\frac{\partial u}{\partial x}+\frac{\partial w}{\partial v}\cdot\frac{\partial v}{\partial x},$$
$$\frac{\partial w}{\partial y}=\frac{\partial w}{\partial u}\cdot\frac{\partial u}{\partial y}+\frac{\partial w}{\partial v}\cdot\frac{\partial v}{\partial y},$$
$$\frac{\partial w}{\partial z}=\frac{\partial w}{\partial u}\cdot\frac{\partial u}{\partial z}+\frac{\partial w}{\partial v}\cdot\frac{\partial v}{\partial z}.$$

模型 5. $z=f(u,v),u=u(x,y),v=v(y)$,
$$\frac{\partial z}{\partial x}=\frac{\partial z}{\partial u}\cdot\frac{\partial u}{\partial x},\quad \frac{\partial z}{\partial y}=\frac{\partial z}{\partial u}\cdot\frac{\partial u}{\partial y}+\frac{\partial z}{\partial v}\cdot\frac{\mathrm{d}v}{\mathrm{d}y}.$$

2. 隐函数求导法.

(1) $F(x,y)=0,\dfrac{\mathrm{d}y}{\mathrm{d}x}=-\dfrac{F_x}{F_y}$.

(2) 若方程 $F(x,y,z)=0$ 确定 $z=f(x,y)$,则 $\dfrac{\partial z}{\partial x}=-\dfrac{F_x}{F_z},\dfrac{\partial z}{\partial y}=-\dfrac{F_y}{F_z}$.

五、多元函数的极值与最值

1. 求 $z=f(x,y)$ 的极值的一般步骤如下:

第一步,解方程组 $f_x(x,y)=0,f_y(x,y)=0$,求出 $f(x,y)$ 的所有驻点;

第二步,求出函数 $f(x,y)$ 的二阶偏导数的值:$f_{xx}(x_0,y_0)=A,f_{xy}(x_0,y_0)=B$, $f_{yy}(x_0,y_0)=C$;

第三步,根据 $AC-B^2=\Delta$ 的符号逐一判定驻点是否为极值点.

(1) 当 $\Delta>0$ 时,函数 $z=f(x,y)$ 在点(x_0,y_0)处有极值,且当 $A>0$ 时为极小值,当 $A<0$ 时为极大值;

(2) 当 $\Delta<0$ 时,函数 $z=f(x,y)$ 在点(x_0,y_0)处没有极值;

(3) 当 $\Delta=0$ 时,函数 $z=f(x,y)$ 在点(x_0,y_0)处可能有极值,也可能没有极值(需另作讨论).

2. 用拉格朗日乘数法求函数 $z=f(x,y)$ 在条件 $\varphi(x,y)=0$ 下的极值的基本步骤如下：
(1) 构造拉格朗日函数 $L(x,y,\lambda)=f(x,y)+\lambda\varphi(x,y)$；
(2) 由方程组 $\begin{cases} L_x=f_x(x,y)+\lambda\varphi_x(x,y)=0, \\ L_y=f_y(x,y)+\lambda\varphi_y(x,y)=0, \\ L_\lambda=\varphi(x,y)=0 \end{cases}$ 解出 x,y,λ，其中 (x,y) 就是所求条件极值的可能的极值点．

3. 求有界闭区域 D 上的二元连续函数 $f(x,y)$ 的最大值和最小值的一般步骤如下：
(1) 求出 $f(x,y)$ 在 D 内所有驻点处的函数值；
(2) 求出 $f(x,y)$ 在 D 的边界上的最大值和最小值；
(3) 比较前两步得到的所有函数值，最大者为最大值，最小者为最小值．

复习题 7

(A)

1. 设 $z=\sqrt{y}+f(\sqrt[3]{x}-1)$，且已知 $y=1$ 时，$z=x$，则 $f(x)=$ _____ ，$z=$ _____ ．

2. 设 $f(x,y)=\begin{cases} \dfrac{x^3}{x^2+y^2}, & (x,y)\neq(0,0), \\ 0, & (x,y)=(0,0), \end{cases}$ 则 $f_x(0,0)=$ _____ ，$f_y(0,0)=$ _____ ．

3. 设 $z=\arctan\dfrac{x+y}{x-y}$，则 $\mathrm{d}z=$ _____ ．

4. 若函数 $z=f(x,y)$ 在点 (x_0,y_0) 处的偏导数存在，则在该点处函数 $z=f(x,y)$ _____ ．
   A. 有极限　　B. 连续
   C. 可微　　　D. 以上三项都不成立

5. 偏导数 $f_x(x_0,y_0),f_y(x_0,y_0)$ 存在是函数 $z=f(x,y)$ 在点 (x_0,y_0) 处连续的 _____ ．
   A. 充分条件　　B. 必要条件
   C. 充要条件　　D. 既非充分也非必要条件

6. 设函数 $f(x,y)=1-x^2+y^2$，则下列结论正确的是 _____ ．
   A. 点 $(0,0)$ 是 $f(x,y)$ 的极小值点
   B. 点 $(0,0)$ 是 $f(x,y)$ 的极大值点
   C. 点 $(0,0)$ 不是 $f(x,y)$ 的驻点
   D. $f(0,0)$ 不是 $f(x,y)$ 的极值

7. 求下列极限：
   (1) $\lim\limits_{(x,y)\to(0,0)}(x^2+y^2)\sin\dfrac{1}{xy}$；
   (2) $\lim\limits_{(x,y)\to(0,0)}\dfrac{\sqrt{xy+1}-1}{xy}$．

8. 设 $z=f(x,y)$ 由方程 $xy+yz+xz=1$ 所确定，求 $\dfrac{\partial z}{\partial x},\dfrac{\partial^2 z}{\partial x^2},\dfrac{\partial^2 z}{\partial x\partial y}$．

9. 设 $f(u,v)$ 具有二阶连续偏导数，且满足 $\dfrac{\partial^2 f}{\partial u^2}+\dfrac{\partial^2 f}{\partial v^2}=1$，又 $g(x,y)=f\left(xy,\dfrac{1}{2}(x^2-y^2)\right)$，试证：
$$\dfrac{\partial^2 g}{\partial x^2}+\dfrac{\partial^2 g}{\partial y^2}=x^2+y^2.$$

10. 求函数 $f(x,y)=x^2(2+y^2)+y\ln y$ 的极值．

11. 设商品 A 及 B 的收益函数分别为
$$R_1=16x-2x^2+4xy, \quad R_2=20y+4xy-10y^2,$$

总成本函数为 $C=2x-8y+88$，x,y 分别为商品 A 及 B 的价格. 试问价格取何值时, 可以使总利润最大?

12. 某同学现有 400 元钱, 他决定用来购买 x 张计算机磁盘和 y 盒录音磁带. 每张磁盘 8 元, 每盒磁带 10 元. 设效用函数 $U(x,y) = \ln x + \ln y$, 试用拉格朗日乘数法为该同学设计分配 400 元钱的最佳方案.

(B)

1. 设 $z = e^{-x} + f(x-2y)$, 且已知 $y=0$ 时, $z=x^2$, 则 $\dfrac{\partial z}{\partial x} =$ _____.

2. 设 $f(x,y,z) = e^x yz^2$, 其中 $z=z(x,y)$ 是由 $x+y+z+xyz=0$ 所确定的隐函数, 则 $f_x(0,1,-1)=$ _____.

3. 设 $z = \ln(\sqrt{x}+\sqrt{y})$, 则 $x\dfrac{\partial z}{\partial x} + y\dfrac{\partial z}{\partial y} =$ _____.

4. 设 $z = \dfrac{1}{x}f(xy) + yg(x+y)$, 其中 f,g 具有二阶连续偏导数, 则 $\dfrac{\partial^2 z}{\partial x \partial y} =$ _____.

5. 函数 $f(x,y) = e^{\sqrt{x^2+y^4}}$ 在点 $(0,0)$ 处的偏导数存在的情况是 _____.
   A. $f_x(0,0), f_y(0,0)$ 都存在
   B. $f_x(0,0)$ 存在, $f_y(0,0)$ 不存在
   C. $f_x(0,0)$ 不存在, $f_y(0,0)$ 存在
   D. $f_x(0,0), f_y(0,0)$ 都不存在

6. 设 $f(x,y), g(x,y)$ 为可微函数, 且 $g_y(x,y) \ne 0$, 已知点 (x_0,y_0) 是 $f(x,y)$ 在约束条件 $g(x,y)=0$ 下的一个极值点, 下列结论正确的是 _____.
   A. 若 $f_x(x_0,y_0)=0$, 则 $f_y(x_0,y_0)=0$
   B. 若 $f_x(x_0,y_0)=0$, 则 $f_y(x_0,y_0) \ne 0$
   C. 若 $f_x(x_0,y_0) \ne 0$, 则 $f_y(x_0,y_0)=0$
   D. 若 $f_x(x_0,y_0) \ne 0$, 则 $f_y(x_0,y_0) \ne 0$

7. 设函数 $u=f(x,y,z)$ 有连续偏导数, 且 $z=z(x,y)$ 是由 $xe^x - ye^y = ze^z$ 所确定的隐函数, 求 du.

8. 设函数 $u=f(x,y,z)$ 有连续偏导数, 且 $y=y(x), z=z(x)$ 分别由下列两式确定:
$$e^{xy} - xy = 2, \quad e^x = \int_0^{x-z} \dfrac{\sin t}{t}dt.$$
求 $\dfrac{du}{dx}$.

9. 设 $z=z(x,y)$ 由方程 $x^2+y^2-z = g(x+y+z)$ 所确定, 其中 g 具有二阶连续导数, 且 $g' \ne -1$.
   (1) 求 dz;
   (2) 记 $u(x,y) = \dfrac{1}{x-y}\left(\dfrac{\partial z}{\partial x} - \dfrac{\partial z}{\partial y}\right)$, 求 $\dfrac{\partial u}{\partial x}$.

10. 求函数 $u = x^2+y^2+z^2$ 在约束条件 $z=x^2+y^2$ 和 $x+y+z=4$ 下的最大值和最小值.

> 数学之所以比一切其他科学受到尊重,一个理由是因为它的命题是绝对可靠和无可争辩的,而其他的科学经常处于被新发现的事实推翻的危险.
> ——爱因斯坦(Einstein,德国物理学家)

第 8 章 二重积分

在一元函数积分学中我们已经知道,定积分是某种特定形式的和的极限. 本章我们把定积分的概念推广到定义在某个平面区域上的二元函数的情形,建立二重积分的概念,并讨论它的计算方法.

课程思政案例

知识框图

§8.1 二重积分的概念与性质

8.1.1 二重积分的概念

1. 引例:求曲顶柱体的体积

设有一立体,它的底是 xOy 平面上的有界闭区域 D,它的侧面是以 D 的边界曲线为准线而母线平行于 z 轴的柱面,它的顶是曲面 $z=f(x,y)$.这里假设 $f(x,y)\geqslant 0$,且 $f(x,y)$ 在 D 上连续,如图 8-1(a) 所示. 现在我们来讨论:如何求这个曲顶柱体的体积?

我们知道平顶柱体的高是不变的,它的体积可用公式

$$体积 = 底面积 \times 高$$

来计算. 但曲顶柱体的高是变化的,不能按上述公式来计算体积. 我们回忆一下在求曲边梯形面积时,也曾遇到过这类问题. 当时我们是这样解决问题的:先在局部上"以直代曲"求得曲边梯形面积的近似值,然后通过取极限,由近似值得到精确值. 同样可以用"分割、近似、求和、取极限"的方法来求曲顶柱体的体积.

先将区域 D 分割成 n 个小区域 $\Delta\sigma_1,\Delta\sigma_2,\cdots,\Delta\sigma_n$,同时也用 $\Delta\sigma_i(i=1,2,\cdots,n)$ 表示第 i 个小区域的面积. 以每个小区域的边界线为准线,作母线平行于 z 轴的柱面,这样就把给定的曲顶柱体分割成了 n 个小曲顶柱体. 用 d_i 表示第 i 个小区域内任意两点之间的距离的最大值(也称为第 i 个<u>小区域的直径</u>)$(i=1,2,\cdots,n)$,并记

$$\lambda = \max\{d_1,d_2,\cdots,d_n\}.$$

图 8-1

当分割很细密,即 $\lambda \to 0$ 时,由于 $z=f(x,y)$ 是连续变化的,在每个小区域 $\Delta\sigma_i$ 上,各点高度变化不大,可以近似看作平顶柱体;并在 $\Delta\sigma_i$ 中任意取一点 (ξ_i,η_i),把这点的高度 $f(\xi_i,\eta_i)$ 作为这个小平顶柱体的高度,如图 8-1(b) 所示. 因此第 i 个小曲顶柱体的体积的近似值为

$$\Delta V_i \approx f(\xi_i,\eta_i)\Delta\sigma_i.$$

将 n 个小平顶柱体的体积相加,得曲顶柱体体积的近似值

$$V \approx V_n = \sum_{i=1}^{n} \Delta V_i = \sum_{i=1}^{n} f(\xi_i,\eta_i)\Delta\sigma_i.$$

当分割越来越细,小区域 $\Delta\sigma_i$ 的直径越来越小,并逐渐收缩成接近一点时,V_n 就越来越接近 V. 若令 $\lambda \to 0$,对 V_n 取极限,该极限值就是曲顶柱体的体积 V,即

$$V = \lim_{\lambda \to 0} V_n = \lim_{\lambda \to 0} \sum_{i=1}^{n} f(\xi_i, \eta_i) \Delta \sigma_i.$$

许多实际问题都可按以上做法，归结为求和式 $\sum_{i=1}^{n} f(\xi_i, \eta_i) \Delta \sigma_i$ 的极限. 撇开上述问题的几何特征，可从这类问题抽象地概括出它们的共同数学本质，得出二重积分的定义.

2. 二重积分的定义

定义 设二元函数 $f(x, y)$ 在有界闭区域 D 上有界，将 D 任意划分成 n 个小区域 $\Delta \sigma_1, \Delta \sigma_2, \cdots, \Delta \sigma_n$，并以 $\Delta \sigma_i$ 和 d_i 分别表示第 i 个小区域的面积和直径，记 $\lambda = \max\{d_1, d_2, \cdots, d_n\}$. 在每个小区域 $\Delta \sigma_i$ 上任取一点 $(x_i, y_i)(i = 1, 2, \cdots, n)$，作乘积 $f(x_i, y_i) \Delta \sigma_i (i = 1, 2, \cdots, n)$，并作和 $\sum_{i=1}^{n} f(x_i, y_i) \Delta \sigma_i$. 如果极限

$$\lim_{\lambda \to 0} \sum_{i=1}^{n} f(x_i, y_i) \Delta \sigma_i$$

存在，则称此极限为函数 $f(x, y)$ 在闭区域 D 上的**二重积分**，记为 $\iint\limits_{D} f(x, y) \mathrm{d}\sigma$，即

$$\iint\limits_{D} f(x, y) \mathrm{d}\sigma = \lim_{\lambda \to 0} \sum_{i=1}^{n} f(x_i, y_i) \Delta \sigma_i,$$

其中 $f(x, y)$ 称为**被积函数**，x, y 称为**积分变量**，$f(x, y) \mathrm{d}\sigma$ 称为**被积表达式**，$\mathrm{d}\sigma$ 称为**面积元素**，D 称为**积分区域**，而 $\sum_{i=1}^{n} f(x_i, y_i) \Delta \sigma_i$ 称为**积分和**，如图 8-2 所示.

图 8-2

注 （1）这里积分和的极限存在与区域 D 分成小区域 $\Delta \sigma_i$ 的分法和点 (x_i, y_i) 的取法无关.

当 $f(x, y)$ 在区域 D 上可积时，常采用特殊的分割方式和取特殊的点来计算二重积分. 在直角坐标系中，常用分别平行于 x 轴和 y 轴的两组直线来分割积分区域 D，这样得到的小区域 $\Delta \sigma_i$ 都是小矩形. 这时小区域的面积 $\Delta \sigma_i = \Delta x_i \cdot \Delta y_i$，因此面积元素为 $\mathrm{d}\sigma = \mathrm{d}x\mathrm{d}y$，在直角坐标系下，有

$$\iint\limits_{D} f(x, y) \mathrm{d}\sigma = \iint\limits_{D} f(x, y) \mathrm{d}x\mathrm{d}y. \tag{8-1}$$

（2）可以证明，若函数 $f(x, y)$ 在有界闭区域 D 上连续，则二重积分 $\iint\limits_{D} f(x, y) \mathrm{d}\sigma$ 一定存在.

（3）当 $f(x, y) \geqslant 0$ 且连续时，二重积分 $\iint\limits_{D} f(x, y) \mathrm{d}\sigma$ 在数值上等于以区域 D 为底、以曲面 $z = f(x, y)$ 为顶的曲顶柱体的体积；当 $f(x, y) \leqslant 0$ 时，二重积分 $\iint\limits_{D} f(x, y) \mathrm{d}\sigma$ 表示该柱体体积的相反

数;当 $f(x,y)$ 有正有负时,二重积分 $\iint\limits_D f(x,y)\mathrm{d}\sigma$ 表示以曲面 $z=f(x,y)$ 为顶,以 D 为底的被 xOy 面分成的上方和下方的曲顶柱体体积的代数和.这就是二重积分的几何意义.

8.1.2 二重积分的性质

比较二重积分和定积分的定义,可以看出二重积分与定积分有类似的性质.为了叙述简便,假设以下提到的二重积分都存在.

性质1 若 α,β 为常数,则

$$\iint\limits_D [\alpha f(x,y)+\beta g(x,y)]\mathrm{d}\sigma = \alpha\iint\limits_D f(x,y)\mathrm{d}\sigma + \beta\iint\limits_D g(x,y)\mathrm{d}\sigma.$$

性质2 若积分区域 D 由 D_1,D_2 组成(其中 D_1 与 D_2 除边界外无公共点),则

$$\iint\limits_D f(x,y)\mathrm{d}\sigma = \iint\limits_{D_1} f(x,y)\mathrm{d}\sigma + \iint\limits_{D_2} f(x,y)\mathrm{d}\sigma.$$

性质3 若闭区域 D 的面积为 σ,则 $\iint\limits_D \mathrm{d}\sigma = \sigma$.

性质4 如果在闭区域 D 上总有 $f(x,y) \leqslant g(x,y)$,则

$$\iint\limits_D f(x,y)\mathrm{d}\sigma \leqslant \iint\limits_D g(x,y)\mathrm{d}\sigma.$$

特别地,有

$$\left|\iint\limits_D f(x,y)\mathrm{d}\sigma\right| \leqslant \iint\limits_D |f(x,y)|\mathrm{d}\sigma.$$

性质5 设 M,m 分别是函数 $f(x,y)$ 在闭区域 D 上的最大值与最小值,σ 是 D 的面积,则

$$m\sigma \leqslant \iint\limits_D f(x,y)\mathrm{d}\sigma \leqslant M\sigma.$$

注 上式可用于二重积分的估计,该不等式称为**二重积分的估值不等式**.

性质6(二重积分的中值定理) 设 $f(x,y)$ 在有界闭区域 D 上连续,σ 是 D 的面积,则在 D 内至少存在一点 (ξ,η),使得

$$\iint\limits_D f(x,y)\mathrm{d}\sigma = f(\xi,\eta) \cdot \sigma.$$

以上性质证明从略.

例1 比较积分 $\iint\limits_D [\ln(x+y)]^2 \mathrm{d}\sigma$ 与 $\iint\limits_D [\ln(x+y)]^3 \mathrm{d}\sigma$ 的大小,其中区域 D 是三角形闭区域,三顶点各为 $(0,1),(1,1),(0,2)$.

解 由于区域 D 是直角三角形闭区域,斜边方程为 $x+y=2$,因此,在 D 内有 $1 \leqslant x+y \leqslant 2 < e$,故 $0 \leqslant \ln(x+y) < 1$,于是 $[\ln(x+y)]^2 > [\ln(x+y)]^3$,所以由性质4得

$$\iint_D [\ln(x+y)]^2 d\sigma > \iint_D [\ln(x+y)]^3 d\sigma.$$

例 2 ▶ 估计二重积分 $I = \iint_D \dfrac{d\sigma}{x^2+y^2+2xy+4}$ 的值,其中积分区域 D 为矩形闭区域 $\{(x,y) \mid 0 \leqslant x \leqslant 3, 0 \leqslant y \leqslant 1\}$.

解 $f(x,y) = \dfrac{1}{x^2+y^2+2xy+4} = \dfrac{1}{(x+y)^2+4}$,积分区域面积 $\sigma = 3$.

在 D 上,当 $x = y = 0$ 时,$f(x,y)$ 的最大值为 $M = \dfrac{1}{4}$;当 $x = 3, y = 1$ 时,$f(x,y)$ 的最小值为 $m = \dfrac{1}{4^2+4} = \dfrac{1}{20}$. 故由性质 5 得到二重积分的估计值为

$$\frac{3}{20} \leqslant I \leqslant \frac{3}{4}.$$

习题 8-1

1. 设有一平面薄片,在 xOy 平面上形成闭区域 D,它在点 (x,y) 处的面密度为 $\mu(x,y)$,且 $\mu(x,y)$ 在 D 上连续,试用二重积分表示该薄片的质量.

2. 设 D 为圆环域:$1 \leqslant x^2+y^2 \leqslant 4$,求 $\iint_D dxdy$.

3. 设 $D = \{(x,y) \mid x^2+y^2 \leqslant 2x\}$,求 $\iint_D dxdy$.

4. 试比较下列二重积分的大小:
   (1) $\iint_D (x+y)^2 d\sigma$ 与 $\iint_D (x+y)^3 d\sigma$,其中 D 是由 x 轴、y 轴及直线 $x+y=1$ 所围成的闭区域;
   (2) $\iint_D \ln(x+y) d\sigma$ 与 $\iint_D [\ln(x+y)]^2 d\sigma$,其中 D 是以 $A(1,0), B(1,1), C(2,0)$ 为顶点的三角形闭区域.

§8.2 直角坐标系中二重积分的计算

一般情况下要用定义计算二重积分相当困难. 下面从二重积分的几何意义出发,介绍计算二重积分的方法,该方法将二重积分的计算问题化为两次定积分的计算问题,称为**累次积分法**.

在推导 $\iint_D f(x,y) dxdy$ 的计算公式前,假定 $f(x,y)$ 连续,且

$f(x,y) \geqslant 0$.

设积分区域 D 由曲线 $y = \varphi_1(x), y = \varphi_2(x)$ 及直线 $x = a$, $x = b$ 所围成,其中 $a < b, \varphi_1(x), \varphi_2(x) \in C[a,b]$,且 $\varphi_1(x) < \varphi_2(x)$,则 D 可表示为

$$D = \{(x,y) \mid a \leqslant x \leqslant b, \varphi_1(x) \leqslant y \leqslant \varphi_2(x)\}.$$

此时,称 D 为 **X-型区域**,这种区域的特点是:穿过 D 内部且平行于 y 轴的直线与 D 的边界的交点不多于两个,如图 8-3 所示.

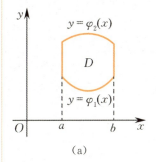

(a)

由二重积分的几何意义可知,$\iint_D f(x,y)d\sigma$ 的值等于以 D 为底、以曲面 $z = f(x,y)$ 为顶的曲顶柱体的体积,如图 8-4 所示.

我们用"切片法"来求这个体积. 首先在区间 $[a,b]$ 上任取一子区间 $[x, x+dx]$,用过点 $(x,0,0)$ 且平行于 yOz 坐标面的平面去截曲顶柱体,截得的截面是以空间曲线 $z = f(x,y)$ 为曲边、以 $[\varphi_1(x), \varphi_2(x)]$ 为底边的曲边梯形. 其面积为

$$A(x) = \int_{\varphi_1(x)}^{\varphi_2(x)} f(x,y) dy.$$

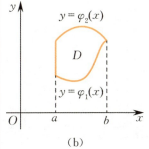

(b)

再用过点 $(x+dx,0,0)$ 且平行于 yOz 坐标面的平面去截曲顶柱体,得一夹在两平行平面之间的小曲顶柱体. 它可近似看作以截面面积 $A(x)$ 为底面积、dx 为高的薄柱体,其体积元素为

$$dV = A(x)dx.$$

所以曲顶柱体的体积为

$$V = \int_a^b A(x)dx = \int_a^b \left[\int_{\varphi_1(x)}^{\varphi_2(x)} f(x,y)dy\right] dx,$$

或记为

$$V = \int_a^b dx \int_{\varphi_1(x)}^{\varphi_2(x)} f(x,y)dy.$$

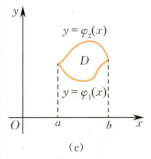

(c)

图 8-3

于是得到二重积分的计算公式

$$\iint_D f(x,y)dxdy = \int_a^b dx \int_{\varphi_1(x)}^{\varphi_2(x)} f(x,y)dy. \quad (8-2)$$

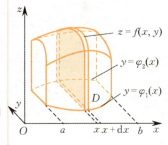

图 8-4

上式右端是一个先对 y,后对 x 的累次积分. 求内层积分时,将 x 看作常数,y 是积分变量,积分上、下限可以是随 x 变化的函数,积分的结果是 x 的函数. 然后再对 x 求外层积分,这时积分上、下限为常数.

若积分区域 D 由曲线 $x = \varphi_1(y), x = \varphi_2(y)$ 及直线 $y = c$, $y = d$ 所围成,其中 $c < d$,且 $\varphi_1(y) < \varphi_2(y)$,则 D 可表示为

$$D = \{(x,y) \mid c \leqslant y \leqslant d, \varphi_1(y) \leqslant x \leqslant \varphi_2(y)\}.$$

此时,称 D 为 **Y-型区域**,这种区域的特点是:穿过 D 内部且平行于 x 轴的直线与 D 的边界的交点不多于两个,如图 8-5 所示.

由类似分析,可得

$$\iint_D f(x,y)dxdy = \int_c^d dy \int_{\varphi_1(y)}^{\varphi_2(y)} f(x,y)dx. \quad (8-3)$$

图 8-5

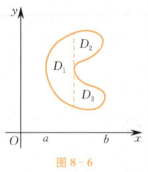

图 8-6

从上述计算公式可以看出,将二重积分化为两次定积分,关键是确定积分限,而确定积分限又依赖区域 D 的几何形状.因此,首先必须正确地画出 D 的图形,将 D 表示为 X-型区域或 Y-型区域.如果 D 不能直接表示成 X-型区域或 Y-型区域,则应将 D 划分成若干个无公共内点的小区域,并使每个小区域能表示成 X-型区域或 Y-型区域.再由二重积分对区域具有可加性可知,区域 D 上的二重积分就是这些小区域上的二重积分之和,如图 8-6 所示.

实际上,在以上讨论中做了 $f(x,y) \geqslant 0$ 的假设,实际上把二重积分化为两次定积分时,并不需要被积函数满足此条件,只要 $f(x,y)$ 可积就行.即公式(8-2)、公式(8-3)对一般可积函数均成立.

例 1 计算 $\iint\limits_{D} xy^2 \mathrm{d}x\mathrm{d}y$,其中 D 是由直线 $y=x, x=1$ 及 $y=0$ 所围成的区域.

图 8-7

解 1 区域 D 如图 8-7 所示.若将 D 表示为 X-型区域 $D = \{(x,y) \mid 0 \leqslant x \leqslant 1, 0 \leqslant y \leqslant x\}$,则由公式(8-2),得
$$\iint\limits_{D} xy^2 \mathrm{d}x\mathrm{d}y = \int_0^1 \mathrm{d}x \int_0^x xy^2 \mathrm{d}y = \int_0^1 x \cdot \left(\frac{y^3}{3}\bigg|_0^x\right) \mathrm{d}x$$
$$= \int_0^1 \frac{1}{3} x^4 \mathrm{d}x = \frac{1}{15}.$$

解 2 将 D 表示成 Y-型区域 $D = \{(x,y) \mid 0 \leqslant y \leqslant 1, y \leqslant x \leqslant 1\}$,由公式(8-3),得
$$\iint\limits_{D} xy^2 \mathrm{d}x\mathrm{d}y = \int_0^1 \mathrm{d}y \int_y^1 xy^2 \mathrm{d}x = \int_0^1 y^2 \cdot \left(\frac{x^2}{2}\bigg|_y^1\right) \mathrm{d}y$$
$$= \int_0^1 \left(\frac{y^2}{2} - \frac{y^4}{2}\right) \mathrm{d}y = \frac{1}{15}.$$

例 2 交换二次积分 $\int_0^1 \mathrm{d}x \int_{x^2}^x f(x,y) \mathrm{d}y$ 的积分次序.

解 由所给积分的上、下限可知,积分区域 D 用 X-型区域表示为
$$D = \{(x,y) \mid 0 \leqslant x \leqslant 1, x^2 \leqslant y \leqslant x\}.$$
改写 D 用 Y-型区域表示为
$$D = \{(x,y) \mid 0 \leqslant y \leqslant 1, y \leqslant x \leqslant \sqrt{y}\},$$
所以交换二次积分的积分次序,有
$$\int_0^1 \mathrm{d}x \int_{x^2}^x f(x,y) \mathrm{d}y = \int_0^1 \mathrm{d}y \int_y^{\sqrt{y}} f(x,y) \mathrm{d}x.$$

例3 交换二次积分 $\int_0^1 \mathrm{d}y \int_y^{1+\sqrt{1-y^2}} f(x,y)\mathrm{d}x$ 的积分次序.

解 由所给积分的上、下限可知,积分区域 D 用 Y- 型区域表示为

$$D = \{(x,y) \mid 0 \leqslant y \leqslant 1, y \leqslant x \leqslant 1+\sqrt{1-y^2}\},$$

即区域 D 由 $y=0, y=1, y=x$ 及 $x=1+\sqrt{1-y^2}$ 所围成,如图 8-8 阴影部分所示.

D 用 X- 型区域表示为

$$D = D_1 \bigcup D_2 = \{(x,y) \mid 0 \leqslant x \leqslant 1, 0 \leqslant y \leqslant x\}$$
$$\bigcup \{(x,y) \mid 1 \leqslant x \leqslant 2, 0 \leqslant y \leqslant \sqrt{2x-x^2}\},$$

所以

图 8-8

$$\int_0^1 \mathrm{d}y \int_y^{1+\sqrt{1-y^2}} f(x,y)\mathrm{d}x = \int_0^1 \mathrm{d}x \int_0^x f(x,y)\mathrm{d}y + \int_1^2 \mathrm{d}x \int_0^{\sqrt{2x-x^2}} f(x,y)\mathrm{d}y.$$

注 交换积分次序的关键是根据所给积分的上、下限准确地画出积分区域 D.

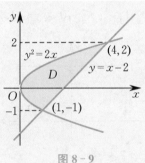

图 8-9

例4 计算 $\iint\limits_D xy\mathrm{d}x\mathrm{d}y$,其中 D 由 $y^2 = x$ 及 $y = x-2$ 所围成.

解 画出区域 D,如图 8-9 所示.联立方程组

$$\begin{cases} y^2 = x, \\ y = x-2, \end{cases}$$

得交点 $(1,-1),(4,2)$.

将 D 表示为 Y- 型区域

$$D = \{(x,y) \mid -1 \leqslant y \leqslant 2, y^2 \leqslant x \leqslant y+2\},$$

所以

$$\iint\limits_D xy\mathrm{d}x\mathrm{d}y = \int_{-1}^2 \mathrm{d}y \int_{y^2}^{y+2} xy\mathrm{d}x = \int_{-1}^2 \left(\frac{y}{2}x^2\right)\bigg|_{y^2}^{y+2} \mathrm{d}y$$

$$= \frac{1}{2}\int_{-1}^2 (-y^5 + y^3 + 4y^2 + 4y)\mathrm{d}y$$

$$= \frac{1}{2}\left(-\frac{1}{6}y^6 + \frac{1}{4}y^4 + \frac{4}{3}y^3 + 2y^2\right)\bigg|_{-1}^2 = \frac{45}{8}.$$

下面再用另外一种积分次序计算这个二重积分.

将 D 表示成 X- 型区域

$$D = \{(x,y) \mid 0 \leqslant x \leqslant 1, -\sqrt{x} \leqslant y \leqslant \sqrt{x}\}$$
$$\bigcup \{(x,y) \mid 1 \leqslant x \leqslant 4, x-2 \leqslant y \leqslant \sqrt{x}\},$$

所以

$$\iint\limits_D xy\mathrm{d}x\mathrm{d}y = \int_0^1 \mathrm{d}x \int_{-\sqrt{x}}^{\sqrt{x}} xy\mathrm{d}y + \int_1^4 \mathrm{d}x \int_{x-2}^{\sqrt{x}} xy\mathrm{d}y = \frac{45}{8}.$$

可见,积分次序的选取关系到二重积分计算的繁简程度.

例 5 计算二重积分 $\iint\limits_{D}\dfrac{\sin y}{y}\mathrm{d}x\mathrm{d}y$，其中 D 由直线 $y=1,y=x$ 及 $x=0$ 所围成.

解 如图 8-10 所示，D 可表示为
$$D=\{(x,y)\mid 0\leqslant x\leqslant 1,x\leqslant y\leqslant 1\}$$
或
$$D=\{(x,y)\mid 0\leqslant y\leqslant 1,0\leqslant x\leqslant y\}.$$
若先对 y 积分再对 x 积分，则
$$\iint\limits_{D}\dfrac{\sin y}{y}\mathrm{d}x\mathrm{d}y=\int_{0}^{1}\mathrm{d}x\int_{x}^{1}\dfrac{\sin y}{y}\mathrm{d}y.$$

图 8-10

由于 $\dfrac{\sin y}{y}$ 的原函数不能用初等函数表示，因此积分 $\int_{x}^{1}\dfrac{\sin y}{y}\mathrm{d}y$ 无法计算出来. 改用先对 x 积分再对 y 积分，则
$$\iint\limits_{D}\dfrac{\sin y}{y}\mathrm{d}x\mathrm{d}y=\int_{0}^{1}\mathrm{d}y\int_{0}^{y}\dfrac{\sin y}{y}\mathrm{d}x=\int_{0}^{1}\dfrac{\sin y}{y}\left(x\Big|_{0}^{y}\right)\mathrm{d}y$$
$$=\int_{0}^{1}\sin y\mathrm{d}y=1-\cos 1.$$

可见，积分次序的选取有时候会关系到积分能否算得出来.

例 6 计算二重积分 $\iint\limits_{D}|y-x^{2}|\mathrm{d}\sigma$，其中 D 为矩形区域：$-1\leqslant x\leqslant 1,0\leqslant y\leqslant 1$.

解 因 $|y-x^{2}|=\begin{cases}y-x^{2}, & y\geqslant x^{2},\\ x^{2}-y, & y<x^{2},\end{cases}$ 则将积分区域 D 划分为 D_{1} 与 D_{2}，如图 8-11 所示.

$$D_{1}=\{(x,y)\mid -1\leqslant x\leqslant 1,x^{2}\leqslant y\leqslant 1\},$$
$$D_{2}=\{(x,y)\mid -1\leqslant x\leqslant 1,0\leqslant y\leqslant x^{2}\}.$$
于是

图 8-11

$$\iint\limits_{D}|y-x^{2}|\mathrm{d}\sigma=\iint\limits_{D_{1}}(y-x^{2})\mathrm{d}x\mathrm{d}y+\iint\limits_{D_{2}}(x^{2}-y)\mathrm{d}x\mathrm{d}y$$
$$=\int_{-1}^{1}\mathrm{d}x\int_{x^{2}}^{1}(y-x^{2})\mathrm{d}y+\int_{-1}^{1}\mathrm{d}x\int_{0}^{x^{2}}(x^{2}-y)\mathrm{d}y$$
$$=\int_{-1}^{1}\left(\dfrac{y^{2}}{2}-x^{2}y\right)\Big|_{x^{2}}^{1}\mathrm{d}x+\int_{-1}^{1}\left(x^{2}y-\dfrac{y^{2}}{2}\right)\Big|_{0}^{x^{2}}\mathrm{d}x$$
$$=\int_{-1}^{1}\left(\dfrac{1}{2}-x^{2}+x^{4}\right)\mathrm{d}x=\dfrac{11}{15}.$$

习题 8-2

1. 画出积分区域，并计算下列二重积分：

   (1) $\iint\limits_{D}(x+y)\mathrm{d}\sigma$，其中 D 为矩形闭区域：$|x|\leqslant 1,|y|\leqslant 1$；

(2) $\iint_D (3x+2y)d\sigma$,其中 D 是由两坐标轴及直线 $x+y=2$ 所围成的闭区域;

(3) $\iint_D (x^2+y^2-x)d\sigma$,其中 D 是由直线 $y=2,y=x,y=2x$ 所围成的闭区域;

(4) $\iint_D x^2 y d\sigma$,其中 D 是半圆形闭区域:$x^2+y^2 \leqslant 4, x \geqslant 0$;

(5) $\iint_D x\ln y d\sigma$,其中 D 为 $0 \leqslant x \leqslant 4, 1 \leqslant y \leqslant e$;

(6) $\iint_D \dfrac{x^2}{y^2} d\sigma$,其中 D 是由曲线 $xy=1$ 及直线 $x=\dfrac{1}{2},y=x$ 所围成的闭区域;

(7) $\iint_D e^{-y^2} dxdy$,其中 D 是以点 $(0,0),(1,1),(0,1)$ 为顶点的三角形闭区域.

2. 将二重积分 $\iint_D f(x,y)d\sigma$ 化为二次积分(两种次序),其中积分区域 D 分别如下:

(1) 以点 $(0,0),(2,0),(1,1)$ 为顶点的三角形;

(2) 由直线 $y=x,x=2$ 及双曲线 $y=\dfrac{1}{x}$ 所围成的闭区域;

(3) 由曲线 $y=x^2$ 及直线 $y=1$ 所围成的闭区域.

3. 交换下列二次积分的积分次序:

(1) $\int_0^1 dy \int_0^y f(x,y)dx$;
(2) $\int_0^2 dy \int_{y^2}^{2y} f(x,y)dx$;

(3) $\int_1^e dx \int_0^{\ln x} f(x,y)dy$;
(4) $\int_0^1 dy \int_0^{2y} f(x,y)dx + \int_1^3 dy \int_0^{3-y} f(x,y)dx$;

(5) $\int_{-1}^1 dx \int_{x^2}^1 f(x,y)dy$;
(6) $\int_0^2 dy \int_{\frac{y}{2}}^y f(x,y)dx$.

4. 求由平面 $x=0,y=0,x=1,y=1$ 所围成的柱体被平面 $z=0$ 及 $2x+3y+z=6$ 截得的立体体积.

5. 求由平面 $x=0,y=0,x+y=1$ 所围成的柱体被平面 $z=0$ 及曲面 $x^2+y^2=6-z$ 截得的立体体积.

§8.3 极坐标系中二重积分的计算

当积分区域为圆或圆的一部分时,用极坐标计算二重积分可能会比较简单.

如图 8-12 所示,设有极坐标系下的积分区域 D,我们用一组以极点为圆心的同心圆($r=$ 常数)及过极点的一组射线($\theta=$ 常数)将区域 D 分割成 n 个小区域. 易证得

$$\Delta\sigma \approx r\Delta r \cdot \Delta\theta \quad (\Delta r \to 0, \Delta\theta \to 0),$$

从而小区域的面积元素为

$$d\sigma = rdrd\theta.$$

再根据平面上的点的直角坐标 (x,y) 与该点的极坐标 (r,θ) 之间的关系式

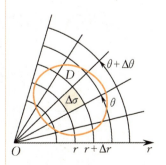

图 8-12

$$x = r\cos\theta, \quad y = r\sin\theta,$$

得

$$\iint_D f(x,y)\,d\sigma = \iint_{D'} f(r\cos\theta, r\sin\theta)\,r\,dr\,d\theta, \tag{8-4}$$

其中 D' 是将 D 变换成极坐标 (r,θ) 所对应的区域.

与直角坐标系相似,在极坐标系下计算二重积分同样要化为关于坐标变量 r 和 θ 的累次积分来计算. 以下依区域 D 的 3 种情形加以讨论.

(1) 若极点 O 在区域 D' 外,且 D' 由射线 $\theta = \alpha, \theta = \beta$ 和两条连续曲线 $r = r_1(\theta), r = r_2(\theta)$ 所围成,如图 8-13(a) 所示,则

$$D' = \{(r,\theta)\mid \alpha \leqslant \theta \leqslant \beta, r_1(\theta) \leqslant r \leqslant r_2(\theta)\},$$

$$\iint_{D'} f(r\cos\theta, r\sin\theta)\,r\,dr\,d\theta = \int_\alpha^\beta d\theta \int_{r_1(\theta)}^{r_2(\theta)} f(r\cos\theta, r\sin\theta)\,r\,dr. \tag{8-5}$$

(2) 若 $r_1(\theta) = 0$,即极点 O 在区域 D' 的边界上,且 D' 由射线 $\theta = \alpha, \theta = \beta$ 和连续曲线 $r = r(\theta)$ 所围成,如图 8-13(b) 所示,则

$$D' = \{(r,\theta)\mid \alpha \leqslant \theta \leqslant \beta, 0 \leqslant r \leqslant r(\theta)\},$$

$$\iint_{D'} f(r\cos\theta, r\sin\theta)\,r\,dr\,d\theta = \int_\alpha^\beta d\theta \int_0^{r(\theta)} f(r\cos\theta, r\sin\theta)\,r\,dr. \tag{8-6}$$

(3) 若极点 O 在区域 D' 内,且 D' 的边界曲线为连续封闭曲线 $r = r(\theta)\ (0 \leqslant \theta \leqslant 2\pi)$,如图 8-13(c) 所示,则

$$D' = \{(r,\theta)\mid 0 \leqslant \theta \leqslant 2\pi, 0 \leqslant r \leqslant r(\theta)\},$$

$$\iint_{D'} f(r\cos\theta, r\sin\theta)\,r\,dr\,d\theta = \int_0^{2\pi} d\theta \int_0^{r(\theta)} f(r\cos\theta, r\sin\theta)\,r\,dr. \tag{8-7}$$

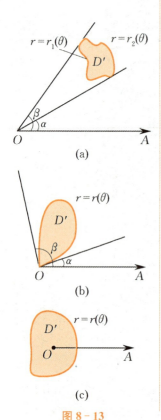

图 8-13

例 1 计算 $\iint_D e^{-y^2-x^2}\,dx\,dy$,其中 D 为圆 $x^2 + y^2 = 4$ 所围成的区域.

解 积分区域是一个圆域,可表示为 $D' = \{(r,\theta)\mid 0 \leqslant \theta \leqslant 2\pi, 0 \leqslant r \leqslant 2\}$,于是

$$\iint_D e^{-y^2-x^2}\,dx\,dy = \iint_{D'} e^{-r^2} r\,dr\,d\theta = \int_0^{2\pi} d\theta \int_0^2 r e^{-r^2}\,dr$$

$$= \int_0^{2\pi} \left(-\frac{1}{2} e^{-r^2}\right)\Big|_0^2 d\theta = \frac{1}{2}\int_0^{2\pi}(1 - e^{-4})\,d\theta$$

$$= \pi(1 - e^{-4}).$$

例 2 设 $D = \{(x,y)\mid 1 \leqslant x^2 + y^2 \leqslant 4\}$,求 $\iint_D \sqrt{x^2+y^2}\,d\sigma$.

解 积分区域 D 如图 8-14 所示,是一个圆环域,可表示为 $D' = \{(r,\theta)\mid 0 \leqslant \theta \leqslant 2\pi, 1 \leqslant r \leqslant 2\}$,因此

$$\iint_D \sqrt{x^2+y^2}\,d\sigma = \int_0^{2\pi} d\theta \int_1^2 r^2\,dr$$

$$= \int_0^{2\pi} \frac{1}{3} r^3 \Big|_1^2 d\theta$$

$$= \frac{14}{3}\pi.$$

图 8-14

例 3 计算二重积分 $\iint\limits_{D} \dfrac{y}{x}\mathrm{d}\sigma$，其中积分区域 $D=\{(x,y)\mid 1\leqslant x^2+y^2\leqslant -2x\}$。

解 画出积分区域 D，如图 8-15 所示，D 用极坐标表示为

$$D'=\left\{(r,\theta)\,\Big|\,\dfrac{2\pi}{3}\leqslant\theta\leqslant\dfrac{4\pi}{3},1\leqslant r\leqslant -2\cos\theta\right\},$$

于是

$$\begin{aligned}\iint\limits_{D}\dfrac{y}{x}\mathrm{d}\sigma &=\iint\limits_{D'}\tan\theta\cdot r\mathrm{d}r\mathrm{d}\theta=\int_{\frac{2\pi}{3}}^{\frac{4\pi}{3}}\mathrm{d}\theta\int_{1}^{-2\cos\theta}\tan\theta\cdot r\mathrm{d}r\\ &=\int_{\frac{2\pi}{3}}^{\frac{4\pi}{3}}\tan\theta\left(\dfrac{1}{2}r^2\,\Big|_{1}^{-2\cos\theta}\right)\mathrm{d}\theta\\ &=\int_{\frac{2\pi}{3}}^{\frac{4\pi}{3}}\tan\theta\left(2\cos^2\theta-\dfrac{1}{2}\right)\mathrm{d}\theta\\ &=\left(-\dfrac{1}{2}\cos 2\theta+\dfrac{1}{2}\ln|\cos\theta|\right)\Big|_{\frac{2\pi}{3}}^{\frac{4\pi}{3}}=0.\end{aligned}$$

图 8-15

一般地，当二重积分的积分区域为圆域或圆域一部分，被积函数为 $f(\sqrt{x^2+y^2})$，$f\left(\dfrac{y}{x}\right)$ 或 $f\left(\dfrac{x}{y}\right)$ 等形式时，用极坐标计算较方便。

习题 8-3

1. 画出积分区域，把二重积分 $\iint\limits_{D}f(x,y)\mathrm{d}\sigma$ 化为极坐标系下的二次积分，其中积分区域 D 是：

   (1) $x^2+y^2\leqslant a^2\ (a>0)$； (2) $x^2+y^2\leqslant 2x$；
   (3) $1\leqslant x^2+y^2\leqslant 4$； (4) $0\leqslant y\leqslant 1-x,0\leqslant x\leqslant 1$.

2. 把下列积分化为极坐标形式，并计算积分值：

   (1) $\int_{0}^{a}\mathrm{d}y\int_{0}^{\sqrt{a^2-y^2}}(x^2+y^2)\mathrm{d}x$； (2) $\int_{0}^{1}\mathrm{d}x\int_{x^2}^{x}\sqrt{x^2+y^2}\,\mathrm{d}y$.

3. 在极坐标系下计算下列二重积分：

   (1) $\iint\limits_{D}\mathrm{e}^{x^2+y^2}\mathrm{d}\sigma$，其中 D 是圆形闭区域：$x^2+y^2\leqslant 1$；

   (2) $\iint\limits_{D}\ln(1+x^2+y^2)\mathrm{d}\sigma$，其中 D 是由圆周 $x^2+y^2=1$ 及坐标轴所围成的在第一象限内的闭区域；

   (3) $\iint\limits_{D}\arctan\dfrac{y}{x}\mathrm{d}\sigma$，其中 D 是由圆周 $x^2+y^2=1,x^2+y^2=4$ 及直线 $y=0,y=x$ 所围成的在第一象限内的闭区域；

   (4) $\iint\limits_{D}(x^2+y^2)\mathrm{d}\sigma$，其中 D 表示圆环区域 $\{(x,y)\mid 1\leqslant x^2+y^2\leqslant 2\}$；

   (5) $\iint\limits_{D}\sqrt{R^2-x^2-y^2}\,\mathrm{d}\sigma$，其中 D 由圆周 $x^2+y^2=Rx(R>0)$ 所围成.

4. 求由曲面 $z=x^2+y^2$ 与 $z=\sqrt{x^2+y^2}$ 所围成的立体体积.

§8.4 无界区域上简单反常二重积分的计算

与一元函数在无限区间上的反常积分类似,如果允许二重积分的积分区域 D 为无界区域(如全平面、半平面、有界区域的外部等),则可定义无界区域上的反常二重积分.

定义 设 D 是平面上一无界区域,函数 $f(x,y)$ 在其上有定义,用任意光滑曲线 Γ 在 D 中划出有界闭区域 D_Γ,如图 8-16 所示. 设 $f(x,y)$ 在 D_Γ 上可积,当曲线 Γ 连续变动,使 D_Γ 无限扩展趋于区域 D 时,不论 Γ 的形状如何,也不论扩展的过程怎样,若极限

$$\lim_{D_\Gamma \to D} \iint_{D_\Gamma} f(x,y) \mathrm{d}\sigma$$

存在且取相同的值 I,则称 I 为 $f(x,y)$ **在无界区域 D 上的反常二重积分**,记为

$$\iint_D f(x,y) \mathrm{d}\sigma = \lim_{D_\Gamma \to D} \iint_{D_\Gamma} f(x,y) \mathrm{d}\sigma = I.$$

此时也称反常二重积分 $\iint_D f(x,y)\mathrm{d}\sigma$ **收敛**,否则称反常二重积分 $\iint_D f(x,y)\mathrm{d}\sigma$ **发散**.

判别反常二重积分的敛散性本节不做讨论. 如果已知反常二重积分 $\iint_D f(x,y)\mathrm{d}\sigma$ 收敛,为了简化计算,常常选取一些特殊的 D_Γ 趋于区域 D.

图 8-16

例 1 设 D 为全平面,已知 $\iint_D e^{-x^2-y^2}\mathrm{d}\sigma$ 收敛,求其值.

解 设 D_R 为中心在原点、半径为 R 的圆域,则

$$\iint_{D_R} e^{-(x^2+y^2)} \mathrm{d}\sigma = \int_0^{2\pi} \mathrm{d}\theta \int_0^R e^{-r^2} r\mathrm{d}r = 2\pi\left(-\frac{1}{2}e^{-r^2}\right)\Big|_0^R = \pi(1-e^{-R^2}).$$

显然,当 $R \to +\infty$ 时,有 $D_R \to D$,因此

$$\iint_D e^{-(x^2+y^2)}\mathrm{d}\sigma = \lim_{D_R \to D} \iint_{D_R} e^{-(x^2+y^2)}\mathrm{d}\sigma = \lim_{R \to +\infty} \iint_{D_R} e^{-(x^2+y^2)}\mathrm{d}\sigma$$

$$= \lim_{R \to +\infty} \pi(1-e^{-R^2}) = \pi.$$

例 2 证明 $\int_0^{+\infty} e^{-x^2} \mathrm{d}x = \dfrac{\sqrt{\pi}}{2}$.

证 如图 8-17 所示,令

$$D = \{(x,y) \mid 0 \leqslant x \leqslant a, 0 \leqslant y \leqslant a\},$$
$$D_1 = \{(x,y) \mid x^2 + y^2 \leqslant a^2, x \geqslant 0, y \geqslant 0\},$$
$$D_2 = \{(x,y) \mid x^2 + y^2 \leqslant 2a^2, x \geqslant 0, y \geqslant 0\},$$

图 8-17

则有
$$\iint_{D_1} e^{-(x^2+y^2)} dxdy \leqslant \iint_{D} e^{-(x^2+y^2)} dxdy \leqslant \iint_{D_2} e^{-(x^2+y^2)} dxdy.$$

而
$$\iint_{D} e^{-(x^2+y^2)} dxdy = \int_0^a e^{-x^2} dx \cdot \int_0^a e^{-y^2} dy = \left(\int_0^a e^{-x^2} dx\right)^2,$$

由例 1 知
$$\iint_{D_1} e^{-(x^2+y^2)} dxdy = \frac{\pi}{4}(1 - e^{-a^2}),$$
$$\iint_{D_2} e^{-(x^2+y^2)} dxdy = \frac{\pi}{4}(1 - e^{-2a^2}),$$

从而得
$$\frac{\pi}{4}(1 - e^{-a^2}) \leqslant \left(\int_0^a e^{-x^2} dx\right)^2 \leqslant \frac{\pi}{4}(1 - e^{-2a^2}).$$

令 $a \to +\infty$,得
$$\int_0^{+\infty} e^{-x^2} dx = \frac{\sqrt{\pi}}{2}.$$

习题 8-4

1. 计算反常二重积分 $\iint_D e^{-(x+y)} dxdy$,其中 $D: x \geqslant 0, y \geqslant x$.

2. 计算反常二重积分 $\iint_D \frac{dxdy}{(x^2+y^2)^2}$,其中 $D: x^2 + y^2 \geqslant 1$.

本章小结

一、二重积分的概念与性质

1. 二重积分的定义式: $\iint_D f(x,y) d\sigma = \lim_{\lambda \to 0} \sum_{i=1}^n f(x_i, y_i) \Delta \sigma_i$.

2. 几何意义.

$\iint_D f(x,y) d\sigma$ 表示以曲面 $z = f(x,y)$ 为顶,以 D 为底的被 xOy 面分成的上方和下方的曲顶柱体体积的代数和.

3. 基本性质.

(1) $\iint\limits_{D}[\alpha f(x,y)+\beta g(x,y)]\mathrm{d}\sigma = \alpha\iint\limits_{D}f(x,y)\mathrm{d}\sigma+\beta\iint\limits_{D}g(x,y)\mathrm{d}\sigma$,其中 α,β 为常数.

(2) $\iint\limits_{D}f(x,y)\mathrm{d}\sigma = \iint\limits_{D_1}f(x,y)\mathrm{d}\sigma+\iint\limits_{D_2}f(x,y)\mathrm{d}\sigma$,其中 $D=D_1\cup D_2$,且 D_1 与 D_2 除边界外无公共点.

(3) $\iint\limits_{D}\mathrm{d}x\mathrm{d}y =$ 区域 D 的面积.

(4) 若在 D 上,有 $f(x,y)\leqslant g(x,y)$,则 $\iint\limits_{D}f(x,y)\mathrm{d}\sigma \leqslant \iint\limits_{D}g(x,y)\mathrm{d}\sigma$.

(5) 估值性质:设在 D 上,有 $m\leqslant f(x,y)\leqslant M$,$\sigma$ 是 D 的面积,则
$$m\sigma \leqslant \iint\limits_{D}f(x,y)\mathrm{d}\sigma \leqslant M\sigma.$$

(6) 二重积分的中值定理:设 $f(x,y)$ 在有界闭区域 D 上连续,σ 是 D 的面积,则在 D 内至少存在一点 (ξ,η),使 $\iint\limits_{D}f(x,y)\mathrm{d}\sigma = f(\xi,\eta)\cdot\sigma$.

二、在直角坐标系中化二重积分为累次积分、交换积分次序

1. 若 D 为 X-型区域 $\{(x,y)\mid a\leqslant x\leqslant b,\varphi_1(x)\leqslant y\leqslant\varphi_2(x)\}$:穿过 D 内部且平行于 y 轴的直线与 D 的边界的交点不多于两个,则
$$\iint\limits_{D}f(x,y)\mathrm{d}x\mathrm{d}y = \int_a^b\mathrm{d}x\int_{\varphi_1(x)}^{\varphi_2(x)}f(x,y)\mathrm{d}y.$$

2. 若 D 为 Y-型区域 $\{(x,y)\mid c\leqslant y\leqslant d,\varphi_1(y)\leqslant x\leqslant\varphi_2(y)\}$:穿过 D 内部且平行于 x 轴的直线与 D 的边界的交点不多于两个,则
$$\iint\limits_{D}f(x,y)\mathrm{d}x\mathrm{d}y = \int_c^d\mathrm{d}y\int_{\varphi_1(y)}^{\varphi_2(y)}f(x,y)\mathrm{d}x.$$

3. 交换积分次序.

先由所给积分的上、下限确定积分区域 D,再根据条件对 X-型区域与 Y-型区域进行相互转化.

三、在极坐标系中化二重积分为累次积分

$$\iint\limits_{D}f(x,y)\mathrm{d}\sigma = \iint\limits_{D'}f(r\cos\theta,r\sin\theta)r\mathrm{d}r\mathrm{d}\theta,$$

其中 D' 是将 D 变换成极坐标 (r,θ) 所对应的区域.

(1) 若极点 O 在区域 D' 外,且 D' 由射线 $\theta=\alpha,\theta=\beta$ 和两条连续曲线 $r=r_1(\theta)$,$r=r_2(\theta)$ 所围成:$D'=\{(r,\theta)\mid \alpha\leqslant\theta\leqslant\beta,r_1(\theta)\leqslant r\leqslant r_2(\theta)\}$,则
$$\iint\limits_{D'}f(r\cos\theta,r\sin\theta)r\mathrm{d}r\mathrm{d}\theta = \int_\alpha^\beta\mathrm{d}\theta\int_{r_1(\theta)}^{r_2(\theta)}f(r\cos\theta,r\sin\theta)r\mathrm{d}r.$$

(2) 若极点 O 在区域 D' 的边界上,且 D' 由射线 $\theta=\alpha,\theta=\beta$ 和连续曲线 $r=r(\theta)$ 所围成:$D'=\{(r,\theta)\mid \alpha\leqslant\theta\leqslant\beta,0\leqslant r\leqslant r(\theta)\}$,则
$$\iint\limits_{D'}f(r\cos\theta,r\sin\theta)r\mathrm{d}r\mathrm{d}\theta = \int_\alpha^\beta\mathrm{d}\theta\int_0^{r(\theta)}f(r\cos\theta,r\sin\theta)r\mathrm{d}r.$$

(3) 若极点 O 在区域 D' 内,且 D' 的边界曲线为连续封闭曲线 $r=r(\theta)$ ($0\leqslant\theta\leqslant 2\pi$):$D'=\{(r,\theta)\mid 0\leqslant\theta\leqslant 2\pi,0\leqslant r\leqslant r(\theta)\}$,则

$$\iint\limits_{D} f(r\cos\theta, r\sin\theta) r dr d\theta = \int_0^{2\pi} d\theta \int_0^{r(\theta)} f(r\cos\theta, r\sin\theta) r dr.$$

四、无界区域上简单的反常二重积分

$$\iint\limits_{D} f(x,y) d\sigma = \lim_{D_{\Gamma} \to D} \iint\limits_{D_{\Gamma}} f(x,y) d\sigma.$$

复习题 8

(A)

1. 将二重积分 $\iint\limits_{D} f(x,y) dx dy$ 化为二次积分(两种次序都要),其中积分区域 D 是:

   (1) $|x| \leqslant 1, |y| \leqslant 2$;

   (2) 由直线 $y=x$ 及抛物线 $y^2 = 4x$ 所围成.

2. 交换下列二次积分的次序:

   (1) $\int_0^1 dy \int_y^{\sqrt{y}} f(x,y) dx$;

   (2) $\int_0^{2a} dx \int_0^{\sqrt{2ax-x^2}} f(x,y) dy$;

   (3) $\int_0^1 dx \int_0^x f(x,y) dy + \int_1^2 dx \int_0^{2-x} f(x,y) dy$.

3. 计算下列二重积分:

   (1) $\iint\limits_{D} e^{x+y} d\sigma, D: |x| \leqslant 1, |y| \leqslant 1$;

   (2) $\iint\limits_{D} x^2 y dx dy, D$ 由直线 $y=1, x=2$ 及 $y=x$ 所围成;

   (3) $\iint\limits_{D} (x-1) dx dy, D$ 由 $y=x$ 和 $y=x^3$ 所围成;

   (4) $\iint\limits_{D} (x^2+y^2) dx dy, D: |x|+|y| \leqslant 1$;

   (5) $\iint\limits_{D} \frac{1}{y} \sin y d\sigma, D$ 由 $y^2 = \frac{\pi}{2} x$ 与 $y=x$ 所围成;

   (6) $\iint\limits_{D} (4-x-y) d\sigma, D$ 是圆域 $x^2+y^2 \leqslant R^2$.

4. 已知反常二重积分 $\iint\limits_{D} x e^{-y^3} d\sigma$ 收敛,求其值,其中 D 是由曲线 $y=4x^2$ 与 $y=9x^2$ 在第一象限所围成的区域.

5. 计算 $\int_{-\infty}^{+\infty} e^{-x^2} dx$.

6. 求由曲面 $z=4-x^2-y^2$ 及平面 $z=0$ 所围空间立体的体积.

7. 已知曲线 $y=\ln x$ 及过此曲线上点 $(e,1)$ 的切线 $y=\frac{1}{e}x$.

   (1) 求曲线 $y=\ln x$,直线 $y=\frac{1}{e}x$ 和 $y=0$ 所围成的平面图形 D 的面积;

(2) 求以平面图形 D 为底、以曲面 $z = e^y$ 为顶的曲顶柱体的体积.

（B）

1. 交换积分次序：

   (1) $\int_0^1 dx \int_{x^3}^x f(x,y) dy$; 　　(2) $\int_{-1}^0 dy \int_{1-y}^2 f(x,y) dx$;

   (3) $\int_{-\sqrt{2}}^{\sqrt{2}} dx \int_{x^2}^{4-x^2} f(x,y) dy$; 　　(4) $\int_0^1 dx \int_{\sqrt{x}}^{1+\sqrt{1-x^2}} f(x,y) dy$.

2. 计算积分 $\int_0^1 dx \int_{x^2}^x \dfrac{x}{x^2+y^2} dy$.

3. 计算积分 $\int_0^1 dy \int_y^1 \dfrac{y}{1+x^2+y^2} dx$.

4. 设函数 $f(x)$ 在区间 $[0,1]$ 上连续，且 $\int_0^1 f(x) dx = A$，求 $\int_0^1 dx \int_x^1 f(x)f(y) dy$.

5. 计算 $\iint_D x^2 y \, d\sigma$，其中 D 是由直线 $y=0, y=1$ 及双曲线 $x^2 - y^2 = 1$ 所围成的闭区域.

6. 计算 $\int_0^2 dx \int_x^2 e^{y^2} dy$.

7. 证明：
$$\int_a^b dx \int_a^x (x-y)^{n-2} f(y) dy = \frac{1}{n-1} \int_a^b (b-y)^{n-1} f(y) dy,$$
其中 n 为大于 1 的正整数.

别把数学想象为硬邦邦的、死搅蛮缠的、令人讨厌的、有悖于常识的东西,它只不过是赋予常识以灵性的东西.

——开尔文(Kelvin,英国物理学家)

第 9 章

无穷级数

无穷级数是微积分学的一个重要组成部分,本质上它是一种特殊数列的极限.它是用来表示函数、研究函数性质,以及进行数值计算的一种工具,对微积分的进一步发展及其在各种实际问题上的应用起着非常重要的作用.本章先讨论常数项级数,介绍级数的一些基本知识,然后讨论幂级数及其应用.

课程思政案例

知识框图

§9.1 常数项级数的概念和性质

9.1.1 常数项级数的概念

人们在研究事物数量方面的特性或进行数值计算时,往往要经历一个由近似到精确的逼近过程,其中会涉及有限个到无限个数量相加的问题.

例1 分数 $\frac{1}{3}$ 写成循环小数形式为 $0.333\cdots$,在近似计算中,可以根据不同的精确度要求,取小数点后的 n 位数作为 $\frac{1}{3}$ 的近似值. 因为

$$0.3=\frac{3}{10},\ 0.03=\frac{3}{10^2},\ 0.003=\frac{3}{10^3},\cdots,\underbrace{0.00\cdots03}_{n\text{个}}=\frac{3}{10^n},$$

所以有

$$\frac{1}{3}\approx\frac{3}{10}+\frac{3}{10^2}+\cdots+\frac{3}{10^n}.$$

显见,n 越大这个近似值就越接近 $\frac{1}{3}$,根据极限的概念可知

$$\frac{1}{3}=\lim_{n\to\infty}\left(\frac{3}{10}+\frac{3}{10^2}+\cdots+\frac{3}{10^n}\right).$$

从形式上看,上式也可写成

$$\frac{3}{10}+\frac{3}{10^2}+\cdots+\frac{3}{10^n}+\cdots=\frac{1}{3}.$$

上式左端称为一个级数.

定义1 给定数列 $\{u_n\}$,则表达式

$$u_1+u_2+\cdots+u_n+\cdots=\sum_{n=1}^{\infty}u_n \qquad (9-1)$$

称为一个**无穷级数**,简称为**级数**,其中 u_n 称为该级数的**通项**或**一般项**. 若级数(9-1)的每一项 u_n 都为常数,则称该级数为**常数项级数**(或**数项级数**);若级数(9-1)的每一项 $u_n=u_n(x)$,则称 $\sum_{n=1}^{\infty}u_n(x)$ 为**函数项级数**.

我们首先讨论常数项级数. 应该注意,无穷多个数相加可能是一个数,也可能不是一个数. 例如,$0+0+\cdots+0+\cdots$ 是一个数,而 $1+1+\cdots+1+\cdots$ 则不是一个数. 因此,应明确级数(9-1)何时表示一个数,何时不表示数. 为此,必须引入级数的收敛和发散

的概念.

记

$$S_1 = u_1, S_2 = u_1 + u_2, \cdots, S_n = u_1 + u_2 + \cdots + u_n = \sum_{k=1}^{n} u_k, \cdots,$$

称 S_n 为级数(9-1)的**前 n 项部分和**,称数列$\{S_n\}$为级数(9-1)的**部分和数列**,显然 $u_n = S_n - S_{n-1}$.

从形式上看,级数 $u_1 + u_2 + \cdots + u_n + \cdots$ 相当于和式 $u_1 + u_2 + \cdots + u_n$ 中项数无限增多的情形,即相当于 $\lim\limits_{n \to \infty}(u_1 + u_2 + \cdots + u_n) = \lim\limits_{n \to \infty} S_n$,因此可以用数列$\{S_n\}$的敛散性来定义级数(9-1)的敛散性.

定义 2 若级数 $\sum\limits_{n=1}^{\infty} u_n$ 的部分和数列$\{S_n\}$的极限存在,且等于 S,即

$$\lim_{n \to \infty} S_n = S,$$

则称**级数 $\sum\limits_{n=1}^{\infty} u_n$ 收敛**, S 称为**级数的和**,并记为 $S = \sum\limits_{n=1}^{\infty} u_n$,这时也称该**级数收敛于 S**. 若部分和数列的极限不存在,就称**级数 $\sum\limits_{n=1}^{\infty} u_n$ 发散**.

例 2 试讨论等比级数(或几何级数)

$$\sum_{n=0}^{\infty} ar^n = a + ar + ar^2 + \cdots + ar^n + \cdots \quad (a \neq 0)$$

的敛散性,其中 r 称为该级数的公比.

解 根据等比数列的求和公式可知,当 $r \neq 1$ 时,所给级数的部分和

$$S_n = a \cdot \frac{1-r^n}{1-r}.$$

于是,当 $|r| < 1$ 时,

$$\lim_{n \to \infty} S_n = \lim_{n \to \infty} a \cdot \frac{1-r^n}{1-r} = \frac{a}{1-r}.$$

由定义 2 知,该等比级数收敛,其和 $S = \dfrac{a}{1-r}$,即

$$\sum_{n=0}^{\infty} ar^n = \frac{a}{1-r} \quad (|r| < 1).$$

当 $|r| > 1$ 时,

$$\lim_{n \to \infty} S_n = \lim_{n \to \infty} a \cdot \frac{1-r^n}{1-r} = \infty,$$

所以该等比级数发散.

当 $r = 1$ 时,

$$S_n = na \to \infty \quad (当 n \to \infty 时),$$

因此该等比级数发散.

当 $r=-1$ 时,
$$S_n = a - a + a - \cdots + (-1)^n a = \begin{cases} 0, & n \text{ 为偶数}, \\ a, & n \text{ 为奇数}, \end{cases}$$
即部分和数列的极限不存在,故该等比级数发散.

综上所述可知,等比级数 $\sum_{n=0}^{\infty} ar^n (a \neq 0)$,当公比 $|r| < 1$ 时收敛;当公比 $|r| \geqslant 1$ 时发散.

例 3 求级数 $\sum_{n=1}^{\infty} \dfrac{1}{(n+2)(n+3)}$ 的和.

解 注意到
$$\frac{1}{(n+2)(n+3)} = \frac{1}{n+2} - \frac{1}{n+3},$$
因此
$$S_n = \sum_{k=1}^{n} \frac{1}{(k+2)(k+3)} = \sum_{k=1}^{n} \left(\frac{1}{k+2} - \frac{1}{k+3}\right)$$
$$= \frac{1}{3} - \frac{1}{n+3}.$$
所以该级数的和为
$$S = \lim_{n \to \infty} S_n = \lim_{n \to \infty} \left(\frac{1}{3} - \frac{1}{n+3}\right) = \frac{1}{3},$$
即
$$\sum_{n=1}^{\infty} \frac{1}{(n+2)(n+3)} = \frac{1}{3}.$$

例 4 判断级数 $\sum_{n=1}^{\infty} 2^{2n} 3^{1-n}$ 的敛散性.

解 因为 $u_n = 2^{2n} 3^{1-n} = 3\left(\dfrac{4}{3}\right)^n$,该级数为等比级数,公比 $r = \dfrac{4}{3} > 1$,所以原级数发散.

9.1.2 常数项级数的性质

根据数项级数收敛性的概念和极限运算法则,可以得出如下的基本性质.

性质 1 若级数 $\sum_{n=1}^{\infty} u_n$ 收敛,C 是任一常数,则级数 $\sum_{n=1}^{\infty} Cu_n$ 也收敛,且
$$\sum_{n=1}^{\infty} Cu_n = C \sum_{n=1}^{\infty} u_n.$$

证 设 $\sum_{n=1}^{\infty} u_n$ 的部分和为 S_n,且 $\lim_{n \to \infty} S_n = S$. 又设级数 $\sum_{n=1}^{\infty} Cu_n$ 的部分和为 S_n',显然有 $S_n' = C \cdot S_n$,于是

$$\lim_{n\to\infty}S'_n = \lim_{n\to\infty}CS_n = C\lim_{n\to\infty}S_n = C\cdot S,$$

即

$$\sum_{n=1}^{\infty}Cu_n = CS = C\sum_{n=1}^{\infty}u_n.$$

性质 2 若级数 $\sum_{n=1}^{\infty}u_n$ 与 $\sum_{n=1}^{\infty}v_n$ 都收敛,则 $\sum_{n=1}^{\infty}(u_n\pm v_n)$ 也收敛,且

$$\sum_{n=1}^{\infty}(u_n\pm v_n) = \sum_{n=1}^{\infty}u_n \pm \sum_{n=1}^{\infty}v_n.$$

证 设 $\sum_{n=1}^{\infty}u_n$ 与 $\sum_{n=1}^{\infty}v_n$ 的部分和分别为 A_n 和 B_n,且 $\lim_{n\to\infty}A_n = S_1, \lim_{n\to\infty}B_n = S_2$,则 $\sum_{n=1}^{\infty}(u_n\pm v_n)$ 的部分和为

$$S_n = \sum_{k=1}^{n}(u_k\pm v_k) = A_n \pm B_n.$$

于是

$$\lim_{n\to\infty}S_n = \lim_{n\to\infty}(A_n\pm B_n) = S_1 \pm S_2,$$

即

$$\sum_{n=1}^{\infty}(u_n\pm v_n) = \sum_{n=1}^{\infty}u_n \pm \sum_{n=1}^{\infty}v_n.$$

性质 2 的结论可推广到有限个收敛级数的情形.

性质 3 在一个级数中增加或删去有限个项不改变级数的敛散性,但一般会改变收敛级数的和.

证 我们不妨只考虑在级数中删去一项的情形.

设在 $\sum_{n=1}^{\infty}u_n$ 中删去第 k 项 u_k,得到新的级数

$$u_1 + u_2 + \cdots + u_{k-1} + u_{k+1} + \cdots + u_n + \cdots,$$

则新级数的部分和 S'_n 与原级数的部分和 S_n 之间有如下关系式:

$$S'_n = \begin{cases} S_n, & n \leqslant k-1, \\ S_{n+1} - u_k, & n \geqslant k. \end{cases}$$

从而数列 $\{S'_n\}$ 与 $\{S_n\}$ 具有相同的敛散性.

性质 4 收敛级数加括号后所成的级数仍收敛,且其和不变.

该性质的证明从略.

要注意的是:当加括号后的级数收敛时,不能断言原来未加括号的级数也收敛. 例如,级数

$$(1-1) + (1-1) + \cdots + (1-1) + \cdots$$

收敛于零,但级数

$$\sum_{n=0}^{\infty}(-1)^n = 1 - 1 + 1 - 1 + \cdots$$

是发散的. 这是因为 $S_n = \begin{cases} 1, & n\text{ 为偶数}, \\ 0, & n\text{ 为奇数}, \end{cases}$ 因而 $\{S_n\}$ 的极限不

存在.

由性质 4 可得结论:如果加括号后的级数发散,则原级数一定发散.

9.1.3 级数收敛的必要条件

若数项级数 $\sum\limits_{n=1}^{\infty} u_n$ 收敛于 S,那么由其部分和的概念,就有
$$u_n = S_n - S_{n-1},$$
于是
$$\lim_{n\to\infty} u_n = \lim_{n\to\infty}(S_n - S_{n-1}).$$

依据收敛级数的定义可知,$\lim\limits_{n\to\infty} S_n = \lim\limits_{n\to\infty} S_{n-1} = S$. 因此这时必有
$$\lim_{n\to\infty} u_n = 0,$$
这就是级数收敛的必要条件.

定理 若级数 $\sum\limits_{n=1}^{\infty} u_n$ 收敛,则 $\lim\limits_{n\to\infty} u_n = 0$.

需要特别指出的是,$\lim\limits_{n\to\infty} u_n = 0$ 仅是级数收敛的必要条件,绝不能由 $u_n \to 0$(当 $n\to\infty$ 时)就得出级数 $\sum\limits_{n=1}^{\infty} u_n$ 收敛的结论.

例如,调和级数 $\sum\limits_{n=1}^{\infty} \dfrac{1}{n}$,$u_n = \dfrac{1}{n} \to 0$(当 $n\to\infty$ 时),但调和级数 $\sum\limits_{n=1}^{\infty} \dfrac{1}{n}$ 是发散的.

事实上,当 $k \leqslant x \leqslant k+1$ 时,$\dfrac{1}{x} \leqslant \dfrac{1}{k}$,从而
$$\int_k^{k+1} \dfrac{1}{x}\mathrm{d}x \leqslant \int_k^{k+1} \dfrac{1}{k}\mathrm{d}x = \dfrac{1}{k},$$
于是
$$S_n = \sum_{k=1}^{n} \dfrac{1}{k} \geqslant \sum_{k=1}^{n} \int_k^{k+1} \dfrac{1}{x}\mathrm{d}x = \int_1^{n+1} \dfrac{1}{x}\mathrm{d}x$$
$$= \ln(n+1) \to +\infty \quad (n\to\infty),$$
所以 $\lim\limits_{n\to\infty} S_n = +\infty$,因此调和级数发散.

从级数收敛的必要条件可以得出如下推论,该推论可作为判定级数发散的方法.

推论 若 $\lim\limits_{n\to\infty} u_n \neq 0$,则级数 $\sum\limits_{n=1}^{\infty} u_n$ 发散.

事实上,如果 $\sum\limits_{n=1}^{\infty} u_n$ 收敛,必有 $\lim\limits_{n\to\infty} u_n = 0$,这与假设 $\lim\limits_{n\to\infty} u_n \neq 0$ 相矛盾,所以,若 $\lim\limits_{n\to\infty} u_n \neq 0$,则级数 $\sum\limits_{n=1}^{\infty} u_n$ 发散.

例5 试证明级数

$$\sum_{n=1}^{\infty} n\ln\frac{n}{n+1} = \ln\frac{1}{2} + 2\ln\frac{2}{3} + \cdots + n\ln\frac{n}{n+1} + \cdots$$

发散.

证 级数的通项 $u_n = n\ln\dfrac{n}{n+1}$，当 $n \to \infty$ 时，

$$\lim_{n\to\infty} n\ln\frac{n}{n+1} = \lim_{n\to\infty} \ln\frac{1}{\left(1+\dfrac{1}{n}\right)^n} = -1.$$

因为 $\lim\limits_{n\to\infty} u_n \neq 0$，所以该级数发散.

例6 试判别级数 $\sum\limits_{n=1}^{\infty} \sin\dfrac{n\pi}{2}$ 的敛散性.

解 注意到级数

$$\sum_{n=1}^{\infty} \sin\frac{n\pi}{2} = 1 + 0 - 1 + 0 + 1 + 0 - 1 + 0 + \cdots,$$

通项 $u_n = \sin\dfrac{n\pi}{2}$，当 $n \to \infty$ 时，其极限不存在，所以该级数发散.

注 在判定级数是否收敛时，我们往往先观察一下当 $n \to \infty$ 时，通项 u_n 的极限是否为零. 仅当 $\lim\limits_{n\to\infty} u_n = 0$ 时，再用其他方法来确定级数收敛或发散.

习题 9-1

1. 判定下列级数的收敛性：

   (1) $\sum\limits_{n=1}^{\infty}(\sqrt{n+1}-\sqrt{n})$；

   (2) $\sum\limits_{n=1}^{\infty}\dfrac{1}{n+3}$；

   (3) $\sum\limits_{n=1}^{\infty}\ln\dfrac{n}{n+1}$；

   (4) $\sum\limits_{n=1}^{\infty}(-1)^n 2$；

   (5) $\sum\limits_{n=1}^{\infty}\dfrac{n+1}{n}$；

   (6) $\sum\limits_{n=0}^{\infty}\dfrac{(-1)^n \cdot n}{2n+1}$.

2. 判别下列级数的收敛性；若收敛，则求其和：

   (1) $\sum\limits_{n=1}^{\infty}\left(\dfrac{1}{2^n}+\dfrac{1}{3^n}\right)$；

   (2) $\sum\limits_{n=1}^{\infty}\dfrac{1}{n(n+1)(n+2)}$；

   (3) $\sum\limits_{n=1}^{\infty} n\cdot\sin\dfrac{\pi}{2n}$；

   (4) $\sum\limits_{n=0}^{\infty}\cos\dfrac{n\pi}{2}$.

§9.2 正项级数及其审敛法

微课视频

正项级数是数项级数中比较简单,但又很重要的一种类型.

若级数 $\sum\limits_{n=1}^{\infty} u_n$ 中各项均为非负,即 $u_n \geqslant 0 (n=1,2,\cdots)$,则称该级数为**正项级数**. 这时,由于

$$u_n = S_n - S_{n-1},$$

因此有

$$S_n = S_{n-1} + u_n \geqslant S_{n-1},$$

即正项级数的部分和数列 $\{S_n\}$ 是一个单调增加数列.

我们知道,单调有界数列必有极限. 根据这一准则,可以得到判定正项级数收敛性的一个充分必要条件.

定理 1(正项级数的基本收敛定理) 正项级数 $\sum\limits_{n=1}^{\infty} u_n$ 收敛的充要条件是正项级数 $\sum\limits_{n=1}^{\infty} u_n$ 的部分和数列 $\{S_n\}$ 有界.

直接应用定理 1 来判定正项级数是否收敛,往往不太方便,但由定理 1 可以得到常用的正项级数的几个判别法.

定理 2(比较判别法) 设有两个正项级数 $\sum\limits_{n=1}^{\infty} u_n$ 和 $\sum\limits_{n=1}^{\infty} v_n$,且有 $u_n \leqslant v_n$ 成立,那么

(1) 若级数 $\sum\limits_{n=1}^{\infty} v_n$ 收敛,则级数 $\sum\limits_{n=1}^{\infty} u_n$ 也收敛;

(2) 若级数 $\sum\limits_{n=1}^{\infty} u_n$ 发散,则级数 $\sum\limits_{n=1}^{\infty} v_n$ 也发散.

证 不妨只对结论(1)的情形加以证明.

设 $\sum\limits_{n=1}^{\infty} u_n$ 的前 n 项和为 A_n,$\sum\limits_{n=1}^{\infty} v_n$ 的前 n 项和为 B_n,于是 $A_n \leqslant B_n$.

因为 $\sum\limits_{n=1}^{\infty} v_n$ 收敛,由定理 1 可知,存在常数 M,使得 $B_n \leqslant M (n=1,2,3,\cdots)$ 成立. 于是 $A_n \leqslant M (n=1,2,3,\cdots)$,即级数 $\sum u_n$ 的部分和数列有界,所以级数 $\sum\limits_{n=1}^{\infty} u_n$ 收敛.

证明结论(2)的方法与上面相同,读者不妨自行完成.

由 9.1.2 的性质 1 和性质 3,可减弱定理 2 的条件,得到如下的推论 1.

推论 1 设有两个正项级数 $\sum\limits_{n=1}^{\infty} u_n$ 和 $\sum\limits_{n=1}^{\infty} v_n$,且存在正数 $k >$

0,使得从某一项起(例如,从第 N 项起),总有 $u_n \leqslant kv_n$ 成立,那么

(1) 若级数 $\sum\limits_{n=1}^{\infty} v_n$ 收敛,则级数 $\sum\limits_{n=1}^{\infty} u_n$ 也收敛;

(2) 若级数 $\sum\limits_{n=1}^{\infty} u_n$ 发散,则级数 $\sum\limits_{n=1}^{\infty} v_n$ 也发散.

注 比较判别法是判断正项级数敛散性的一个重要方法. 对于给定的级数,需要通过观察,找到另一个已知级数进行比较,已知的重要级数包括等比级数、调和级数及 p-级数(例 2)等.

用比较判别法来判断给定级数的敛散性,必须找到一个已知级数的一般项与给定级数的一般项之间的不等式. 但有时这并非易事,为应用方便,给出如下的比较判别法的极限形式.

推论 2(比较判别法的极限形式) 若正项级数 $\sum\limits_{n=1}^{\infty} u_n$ 与 $\sum\limits_{n=1}^{\infty} v_n$ 满足:

$$\lim_{n\to\infty} \frac{u_n}{v_n} = \rho,$$

则

(1) 当 $0 < \rho < +\infty$ 时,$\sum u_n$ 与 $\sum v_n$ 具有相同的收敛性;

(2) 当 $\rho = 0$ 时,若 $\sum\limits_{n=1}^{\infty} v_n$ 收敛,则 $\sum\limits_{n=1}^{\infty} u_n$ 亦收敛;

(3) 当 $\rho = +\infty$ 时,若 $\sum\limits_{n=1}^{\infty} v_n$ 发散,则 $\sum\limits_{n=1}^{\infty} u_n$ 亦发散.

证 (1) 由于 $\lim\limits_{n\to\infty} \frac{u_n}{v_n} = \rho > 0$,取 $\varepsilon = \frac{\rho}{2} > 0$,则存在 $N > 0$,当 $n > N$ 时,有

$$\left|\frac{u_n}{v_n} - \rho\right| < \frac{\rho}{2}, \quad 即 \quad \left(\rho - \frac{\rho}{2}\right)v_n < u_n < \left(\rho + \frac{\rho}{2}\right)v_n.$$

由比较判别法知结论成立.

结论(2)、结论(3)的证明类似,请读者自己完成.

例 1 判断级数 $\sum\limits_{n=1}^{\infty} 2^n \sin\frac{1}{3^n}$ 的收敛性.

解 由于 $0 \leqslant 2^n \sin\frac{1}{3^n} < 2^n \cdot \frac{1}{3^n} = \left(\frac{2}{3}\right)^n$,而级数 $\sum\limits_{n=1}^{\infty} \left(\frac{2}{3}\right)^n$ 收敛,由比较判别法知,$\sum\limits_{n=1}^{\infty} 2^n \sin\frac{1}{3^n}$ 收敛.

例 2 讨论 p-级数 $\sum\limits_{n=1}^{\infty} \frac{1}{n^p}$ 的敛散性($p > 0$).

解 当 $0 < p \leqslant 1$ 时,$\frac{1}{n^p} \geqslant \frac{1}{n} > 0$,由 $\sum\limits_{n=1}^{\infty} \frac{1}{n}$ 发散及比较判别法知,$\sum\limits_{n=1}^{\infty} \frac{1}{n^p}$ 发散.

当 $p>1$ 时,对于 $k-1\leqslant x\leqslant k$,有 $\dfrac{1}{x^p}\geqslant\dfrac{1}{k^p}$,因此

$$\frac{1}{k^p}=\int_{k-1}^{k}\frac{1}{k^p}\mathrm{d}x\leqslant\int_{k-1}^{k}\frac{1}{x^p}\mathrm{d}x \quad (k=2,3,\cdots),$$

于是,p-级数的部分和

$$S_n=\sum_{k=1}^{n}\frac{1}{k^p}=1+\sum_{k=2}^{n}\frac{1}{k^p}\leqslant 1+\sum_{k=2}^{n}\int_{k-1}^{k}\frac{1}{x^p}\mathrm{d}x=1+\int_{1}^{n}\frac{1}{x^p}\mathrm{d}x$$

$$=1+\frac{1}{p-1}\left(1-\frac{1}{n^{p-1}}\right)<1+\frac{1}{p-1},$$

说明 $\{S_n\}$ 有界,因此级数 $\sum_{n=1}^{\infty}\dfrac{1}{n^p}$ 收敛.

综上所述,当 $p>1$ 时,$\sum_{n=1}^{\infty}\dfrac{1}{n^p}$ 收敛;当 $0<p\leqslant 1$ 时,$\sum_{n=1}^{\infty}\dfrac{1}{n^p}$ 发散.

例 3 判断级数 $\sum_{n=1}^{\infty}\dfrac{1}{\sqrt{n(n^2+1)}}$ 的敛散性.

解 因为

$$\lim_{n\to\infty}\frac{\dfrac{1}{\sqrt{n(n^2+1)}}}{\dfrac{1}{n^{\frac{3}{2}}}}=\lim_{n\to\infty}\frac{n^{\frac{3}{2}}}{\sqrt{n^3+n}}=\lim_{n\to\infty}\frac{1}{\sqrt{1+\dfrac{1}{n^2}}}=1,$$

而 p-级数 $\sum_{n=1}^{\infty}\dfrac{1}{n^{\frac{3}{2}}}$ 收敛$\left(p=\dfrac{3}{2}>1\right)$,故由推论 2 知,$\sum_{n=1}^{\infty}\dfrac{1}{\sqrt{n(n^2+1)}}$ 收敛.

例 4 试证明正项级数 $\sum_{n=1}^{\infty}\dfrac{n+1}{n^2+5n+2}$ 发散.

证 1 注意到

$$\frac{n+1}{n^2+5n+2}>\frac{n}{8n^2}=\frac{1}{8}\cdot\frac{1}{n} \quad (n=1,2,3,\cdots),$$

因调和级数 $\sum_{n=1}^{\infty}\dfrac{1}{n}$ 是发散的,由比较判别法知,$\sum_{n=1}^{\infty}\dfrac{n+1}{n^2+5n+2}$ 发散.

证 2 因为 $0<\lim\limits_{n\to\infty}\dfrac{\dfrac{n+1}{n^2+5n+2}}{\dfrac{1}{n}}=1<\infty$,且 $\sum_{n=1}^{\infty}\dfrac{1}{n}$ 发散,所以由比较判别法的极限

形式知,正项级数 $\sum_{n=1}^{\infty}\dfrac{n+1}{n^2+5n+2}$ 发散.

从例 3 与例 4 可以发现,如果正项级数的通项 u_n 是分式,而其分子分母都是 n 的多项式(常数是零次多项式),只要分母的最高次数高出分子的最高次数一次以上(不包括一次),该正项级数收敛,否则发散.

利用比较判别法或其极限形式,需要找到一个已知级数做比较,相对不太方便.下面介绍的两个判别法,不需要借助另外的级

数,只需利用自身的特点,就可判断级数的敛散性.

定理 3(达朗贝尔(d'Alembert)比值判别法) 设有正项级数 $\sum_{n=1}^{\infty} u_n$,如果极限

$$\lim_{n\to\infty}\frac{u_{n+1}}{u_n}=\rho,$$

那么

(1) 当 $\rho<1$ 时,级数收敛;

(2) 当 $\rho>1$(包括 $\rho=+\infty$)时,级数发散;

(3) 当 $\rho=1$ 时,级数可能收敛也可能发散(需另行判别).

证 (1) 由于 $\lim_{n\to\infty}\frac{u_{n+1}}{u_n}=\rho<1$,因此总可找到一个小正数 $\varepsilon_0>0$,使得 $\rho+\varepsilon_0=q<1$. 而对此给定的 ε_0,必存在正整数 N,当 $n\geqslant N$ 时,有不等式

$$\left|\frac{u_{n+1}}{u_n}-\rho\right|<\varepsilon_0$$

恒成立. 于是

$$\frac{u_{n+1}}{u_n}<\rho+\varepsilon_0=q.$$

这就是说,对于正项级数 $\sum_{n=1}^{\infty} u_n$,从第 N 项开始有

$$u_{N+1}<qu_N,\quad u_{N+2}<qu_{N+1}<q^2 u_N,\quad \cdots.$$

因此正项级数

$$u_N+u_{N+1}+u_{N+2}+\cdots=\sum_{n=N}^{\infty} u_n$$

的各项(除第一项外)都小于正项级数

$$u_N+qu_N+q^2 u_N+\cdots=\sum_{n=1}^{\infty}(u_N \cdot q^{n-1})$$

的各对应项. 而级数 $\sum_{n=1}^{\infty} u_N q^{n-1}$ 是公比的绝对值 $|q|<1$ 的等比级数,它是收敛的,于是由比较判别法可知,级数 $\sum_{n=N}^{\infty} u_n$ 收敛,由 9.1.2 性质 3 知,$\sum_{n=1}^{\infty} u_n$ 也收敛.

(2) 由于 $\lim_{n\to\infty}\frac{u_{n+1}}{u_n}=\rho>1$,可取 $\varepsilon_0>0$,使得 $\rho-\varepsilon_0>1$. 对此 ε_0,存在整数 $N>0$,当 $n\geqslant N$ 时,有

$$\left|\frac{u_{n+1}}{u_n}-\rho\right|<\varepsilon_0$$

恒成立. 于是

$$\frac{u_{n+1}}{u_n}>\rho-\varepsilon_0>1.$$

这就是说,正项级数 $\sum\limits_{n=1}^{\infty} u_n$ 从第 N 项开始,有 $u_{n+1} > u_n$,这表明 $\lim\limits_{n\to\infty} u_n \neq 0$. 因此,由级数收敛的必要条件可知,正项级数 $\sum\limits_{n=1}^{\infty} u_n$ 发散.

(3) 当 $\rho = 1$ 时,正项级数 $\sum\limits_{n=1}^{\infty} u_n$ 可能收敛,也可能发散. 这个结论从 p-级数就可以看出. 事实上,若 $\sum\limits_{n=1}^{\infty} u_n$ 为 p-级数,则对于任意实数 p,都有

$$\lim_{n\to\infty} \frac{u_{n+1}}{u_n} = \lim_{n\to\infty} \frac{\frac{1}{(n+1)^p}}{\frac{1}{n^p}} = 1,$$

但当 $p \leqslant 1$ 时,p-级数发散;$p > 1$ 时,p-级数收敛.

例 5 判断级数 $\sum\limits_{n=1}^{\infty} \frac{n!}{2^n}$ 的敛散性.

解 因为

$$\lim_{n\to\infty} \frac{u_{n+1}}{u_n} = \lim_{n\to\infty} \frac{(n+1)!}{2^{n+1}} \cdot \frac{2^n}{n!} = \lim_{n\to\infty} \frac{n+1}{2} = +\infty,$$

所以由比值判别法知,级数 $\sum\limits_{n=1}^{\infty} \frac{n!}{2^n}$ 发散.

例 6 试证明正项级数 $\sum\limits_{n=1}^{\infty} 2^n \tan \frac{\pi}{3^n}$ 收敛.

证 因为

$$\lim_{n\to\infty} \frac{u_{n+1}}{u_n} = \lim_{n\to\infty} \frac{2^{n+1} \cdot \tan \frac{\pi}{3^{n+1}}}{2^n \cdot \tan \frac{\pi}{3^n}} = \frac{2}{3} < 1,$$

所以由比值判别法知,级数 $\sum\limits_{n=1}^{\infty} 2^n \tan \frac{\pi}{3^n}$ 收敛.

例 7 讨论级数 $\sum\limits_{n=1}^{\infty} n! \left(\frac{x}{n}\right)^n (x > 0)$ 的敛散性.

解 因为

$$\lim_{n\to\infty} \frac{u_{n+1}}{u_n} = \lim_{n\to\infty} \frac{(n+1)! \left(\frac{x}{n+1}\right)^{n+1}}{n! \left(\frac{x}{n}\right)^n} = \lim_{n\to\infty} \frac{x}{\left(1+\frac{1}{n}\right)^n} = \frac{x}{e},$$

所以,当 $x < e$,即 $\frac{x}{e} < 1$ 时,级数收敛;当 $x > e$,即 $\frac{x}{e} > 1$ 时,级数发散.

当 $x = e$ 时,虽然不能由比值判别法直接得出级数收敛或发散的结论,但是,由于数列 $\left\{\left(1+\frac{1}{n}\right)^n\right\}$ 是一个单调增加而有上界的数列,即 $\left(1+\frac{1}{n}\right)^n \leqslant e\ (n=1,2,3,\cdots)$,因此

对于任意有限的 n，有

$$\frac{u_{n+1}}{u_n} = \frac{x}{\left(1+\frac{1}{n}\right)^n} = \frac{\mathrm{e}}{\left(1+\frac{1}{n}\right)^n} > 1.$$

于是可知，级数的后项总是大于前项，故 $\lim\limits_{n\to\infty} u_n \neq 0$，所以级数发散.

定理 4（柯西（Cauchy）根值判别法） 设正项级数 $\sum\limits_{n=1}^{\infty} u_n$ 满足：

$$\lim_{n\to\infty} \sqrt[n]{u_n} = \rho,$$

那么

(1) 当 $\rho < 1$ 时，$\sum\limits_{n=1}^{\infty} u_n$ 收敛；

(2) 当 $\rho > 1$（包括 $\rho = +\infty$）时，$\sum\limits_{n=1}^{\infty} u_n$ 发散；

(3) 当 $\rho = 1$ 时，$\sum\limits_{n=1}^{\infty} u_n$ 可能收敛，也可能发散.

它的证明与定理 3 的证明完全相仿，从略.

例 8 判别级数 $\sum\limits_{n=1}^{\infty} \left(\frac{x}{a}\right)^n$ 的敛散性，其中 x, a 为正常数.

解 因为

$$\lim_{n\to\infty} \sqrt[n]{\left(\frac{x}{a}\right)^n} = \lim_{n\to\infty} \frac{x}{a} = \frac{x}{a},$$

所以当 $x > a$ 时，$\frac{x}{a} > 1$，级数发散；当 $0 < x < a$ 时，$\frac{x}{a} < 1$，级数收敛；当 $x = a$ 时，一般项 $u_n = 1$ 不趋于零，级数发散.

习题 9-2

1. 判定下列正项级数的敛散性：

(1) $\sum\limits_{n=1}^{\infty} \frac{1}{(n+1)(n+2)}$；

(2) $\sum\limits_{n=1}^{\infty} \frac{1}{\sqrt{n(n^2+5)}}$；

(3) $\sum\limits_{n=1}^{\infty} \frac{1}{1+a^n} \quad (a > 0)$；

(4) $\sum\limits_{n=1}^{\infty} \frac{n+1}{2n^4-1}$；

(5) $\sum\limits_{n=1}^{\infty} \frac{3^n}{n \cdot 2^n}$；

(6) $\sum\limits_{n=1}^{\infty} \frac{n^n}{n!}$；

(7) $\sum\limits_{n=1}^{\infty} \frac{3 \cdot 5 \cdot 7 \cdot \cdots \cdot (2n+1)}{4 \cdot 7 \cdot 10 \cdot \cdots \cdot (3n+1)}$；

(8) $\sum\limits_{n=1}^{\infty} \frac{n}{3^n}$；

(9) $\sum_{n=1}^{\infty} \frac{(n!)^2}{2^{n^2}}$;

(10) $\sum_{n=1}^{\infty} \left(\frac{n}{2n+1}\right)^n$;

(11) $\sum_{n=1}^{\infty} 2^n \sin \frac{\pi}{3^n}$;

(12) $\sum_{n=1}^{\infty} \frac{n \cdot \cos^2 \frac{n\pi}{3}}{2^n}$.

§9.3 任意项级数

任意项级数是较为复杂的数项级数,它是指在级数 $\sum_{n=1}^{\infty} u_n$ 中,总含有无穷多个正项和负项.例如,数项级数 $\sum_{n=1}^{\infty} (-1)^n \frac{n^2}{2^n}$ 是任意项级数.在任意项级数中,比较常见和重要的是交错级数.

9.3.1 交错级数及其审敛法

如果在任意项级数 $\sum_{n=1}^{\infty} u_n$ 中,正负号相间出现,这样的任意项级数就称为**交错级数**.它的一般形式为

$$\sum_{n=1}^{\infty} (-1)^{n-1} u_n = u_1 - u_2 + u_3 - \cdots + (-1)^{n-1} u_n + \cdots,$$

其中 $u_n > 0 (n=1,2,3,\cdots)$.

交错级数的审敛法由下面的定理给出.

定理 1(莱布尼兹判别法) 设交错级数 $\sum_{n=1}^{\infty} (-1)^{n-1} u_n$ 满足:

(1) $u_n \geqslant u_{n+1}$ $(n=1,2,3,\cdots)$;

(2) $\lim_{n \to \infty} u_n = 0$,

则级数 $\sum_{n=1}^{\infty} (-1)^{n-1} u_n$ 收敛,且其和 $S \leqslant u_1$.

证 根据项数 n 是奇数或偶数分别考察 S_n.

设 n 为偶数,于是

$$S_n = S_{2m} = u_1 - u_2 + u_3 - \cdots + u_{2m-1} - u_{2m},$$

将其每两项括在一起,

$$S_{2m} = (u_1 - u_2) + (u_3 - u_4) + \cdots + (u_{2m-1} - u_{2m}).$$

由条件(1)可知,每个括号内的值都是非负的.如果把每个括号看成是一项,这就是一个正项级数的前 m 项部分和.显然,它是随着 m 的增加而单调增加的.

另外,如果把部分和 S_{2m} 改写为

$$S_{2m} = u_1 - (u_2 - u_3) - \cdots - (u_{2m-2} - u_{2m-1}) - u_{2m},$$

数学家简介

由条件(1)可知，$S_{2m} \leqslant u_1$，即部分和数列有界.

于是
$$\lim_{m \to \infty} S_{2m} = S.$$

当 n 为奇数时，我们总可把部分和写为
$$S_n = S_{2m+1} = S_{2m} + u_{2m+1},$$

再由条件(2)可得
$$\lim_{n \to \infty} S_n = \lim_{m \to \infty} S_{2m+1} = \lim_{m \to \infty}(S_{2m} + u_{2m+1}) = S.$$

这就说明，不管 n 为奇数还是偶数，都有
$$\lim_{n \to \infty} S_n = S.$$

故交错级数 $\sum_{n=1}^{\infty}(-1)^{n-1}u_n$ 收敛.

由于 $S_{2m} \leqslant u_1$，而 $\lim_{m \to \infty} S_{2m} = S$，因此根据极限的保号性可知，有 $S \leqslant u_1$.

例 1 ▶ 判定级数 $\sum_{n=1}^{\infty}(-1)^{n-1}\dfrac{1}{n}$ 的敛散性.

解 这是一个交错级数，$u_n = \dfrac{1}{n}$，且 $u_n = \dfrac{1}{n} > u_{n+1} = \dfrac{1}{n+1}$，
$$\lim_{n \to \infty} u_n = \lim_{n \to \infty} \frac{1}{n} = 0.$$

故由莱布尼兹判别法知，$\sum_{n=1}^{\infty}(-1)^{n-1}\dfrac{1}{n}$ 收敛.

例 2 ▶ 试判定交错级数 $\sum_{n=1}^{\infty}(-1)^{n-1}\dfrac{n}{2^n}$ 的敛散性.

解 因为 $u_n = \dfrac{n}{2^n}$，$u_{n+1} = \dfrac{n+1}{2^{n+1}}$，而
$$u_n - u_{n+1} = \frac{n}{2^n} - \frac{n+1}{2^{n+1}} = \frac{n-1}{2^{n+1}} \geqslant 0 \quad (n = 1, 2, 3, \cdots),$$

即
$$u_n \geqslant u_{n+1} \quad (n = 1, 2, 3, \cdots).$$

又
$$\lim_{n \to \infty} u_n = \lim_{n \to \infty} \frac{n}{2^n} = 0,$$

所以由交错级数审敛法可知，$\sum_{n=1}^{\infty}(-1)^{n-1}\dfrac{n}{2^n}$ 收敛.

9.3.2 绝对收敛与条件收敛

现在讨论正负项可以任意出现的级数. 首先引入绝对收敛的概念.

定义 对于级数 $\sum_{n=1}^{\infty} u_n$，若 $\sum_{n=1}^{\infty} |u_n|$ 收敛，则称级数 $\sum_{n=1}^{\infty} u_n$ **绝对收敛**；如果 $\sum_{n=1}^{\infty} |u_n|$ 发散，但 $\sum_{n=1}^{\infty} u_n$ 本身收敛，则称级数 $\sum_{n=1}^{\infty} u_n$ **条件收敛**.

条件收敛的级数是存在的，例如，级数 $\sum_{n=1}^{\infty} (-1)^{n-1} \frac{1}{n}$ 就是条件收敛.

绝对收敛与收敛之间有着下面的重要关系.

定理 2 若 $\sum_{n=1}^{\infty} |u_n|$ 收敛，则 $\sum_{n=1}^{\infty} u_n$ 收敛.

证 因为
$$u_n \leqslant |u_n|,$$
所以
$$0 \leqslant |u_n| + u_n \leqslant 2|u_n|.$$
已知 $\sum_{n=1}^{\infty} |u_n|$ 收敛，由正项级数的比较判别法知，$\sum_{n=1}^{\infty} (|u_n| + u_n)$ 收敛，从而 $\sum_{n=1}^{\infty} u_n = \sum_{n=1}^{\infty} [(|u_n| + u_n) - |u_n|]$ 收敛.

由定义可见，判别一个级数 $\sum_{n=1}^{\infty} u_n$ 是否绝对收敛，实际上，就是判别一个正项级数 $\sum_{n=1}^{\infty} |u_n|$ 的收敛性. 但要注意，当 $\sum_{n=1}^{\infty} |u_n|$ 发散时，我们只能判定 $\sum u_n$ 非绝对收敛，而不能判定 $\sum u_n$ 本身也是发散的. 例如，$\sum_{n=1}^{\infty} \left| (-1)^{n-1} \frac{1}{n} \right| = \sum_{n=1}^{\infty} \frac{1}{n}$ 虽然发散，但 $\sum_{n=1}^{\infty} (-1)^{n-1} \frac{1}{n}$ 却是收敛的.

特别值得注意的是，当我们运用达朗贝尔比值判别法或柯西根值判别法，判断出正项级数 $\sum_{n=1}^{\infty} |u_n|$ 发散时，可以断言，$\sum u_n$ 也一定发散. 这是因为此时有 $\lim_{n \to \infty} |u_n| \neq 0$，从而有 $\lim_{n \to \infty} u_n \neq 0$.

例 3 判定下列级数是否收敛，如果是收敛级数，指出其是绝对收敛还是条件收敛：

(1) $\sum_{n=1}^{\infty} \frac{\sin n}{n^2}$； (2) $\sum_{n=2}^{\infty} \frac{(-1)^n}{\ln n}$.

解 (1) $u_n = \frac{\sin n}{n^2}$，$0 \leqslant |u_n| = \left| \frac{\sin n}{n^2} \right| \leqslant \frac{1}{n^2}$.

因为 $\sum_{n=1}^{\infty} \frac{1}{n^2}$ 收敛，所以由比较判别法知，级数 $\sum_{n=1}^{\infty} \frac{\sin n}{n^2}$ 绝对收敛.

(2) $\sum_{n=2}^{\infty} \frac{(-1)^n}{\ln n}$ 为交错级数，满足莱布尼兹判别法，所以收敛. 而

$$|u_n| = \left|\frac{(-1)^n}{\ln n}\right| = \frac{1}{\ln n} > \frac{1}{n},$$

且级数 $\sum_{n=1}^{\infty} \frac{1}{n}$ 发散，因此级数 $\sum_{n=2}^{\infty} \frac{(-1)^n}{\ln n}$ 条件收敛.

例 4 判别级数 $\sum_{n=1}^{\infty} (-1)^n \frac{x^n}{n} (x > 0)$ 的收敛性.

解 记 $u_n = (-1)^n \frac{x^n}{n}$，则

$$\lim_{n\to\infty}\left|\frac{u_{n+1}}{u_n}\right| = \lim_{n\to\infty}\frac{x \cdot n}{n+1} = x.$$

由达朗贝尔比值判别法知，当 $x < 1$ 时，$\sum_{n=1}^{\infty} (-1)^n \frac{x^n}{n}$ 绝对收敛；当 $x > 1$ 时，$\sum_{n=1}^{\infty} (-1)^n \frac{x^n}{n}$ 发散；而当 $x = 1$ 时，$\sum_{n=1}^{\infty}\left|(-1)^n \frac{x^n}{n}\right| = \sum_{n=1}^{\infty}\left|(-1)^n \frac{1}{n}\right|$ 发散，$\sum_{n=1}^{\infty} (-1)^n \frac{1}{n}$ 收敛，故 $\sum_{n=1}^{\infty} (-1)^n \frac{x^n}{n}$ 条件收敛.

习题 9-3

1. 判定下列级数是否收敛，如果是收敛级数，指出其是绝对收敛还是条件收敛：

(1) $\sum_{n=1}^{\infty} (-1)^n \frac{1}{2n-1}$;

(2) $\sum_{n=1}^{\infty} \frac{(-1)^n + 2}{(-1)^{n-1} \cdot 2^n}$;

(3) $\sum_{n=1}^{\infty} \frac{\sin nx}{n^2}$;

(4) $\sum_{n=1}^{\infty} (-1)^{n+1} \frac{1}{\pi n} \sin \frac{\pi}{n}$;

(5) $\sum_{n=1}^{\infty} \left(\frac{1}{2^n} - \frac{1}{10^{2n-1}}\right)$;

(6) $\sum_{n=1}^{\infty} \frac{(-1)^n}{n+x}$;

(7) $\sum_{n=1}^{\infty} \frac{\sin(2^n \cdot x)}{n!}$;

(8) $\sum_{n=1}^{\infty} (-1)^{n-1} \frac{\ln n}{n}$.

2. 设级数 $\sum_{n=1}^{\infty} a_n^2$ 及 $\sum_{n=1}^{\infty} b_n^2$ 都收敛，证明级数 $\sum_{n=1}^{\infty} a_n b_n$ 及 $\sum_{n=1}^{\infty} (a_n + b_n)^2$ 也都收敛.

§9.4 幂 级 数

9.4.1 函数项级数

一般地，由定义在某一区间 I 上的函数序列构成的无穷级数

$$\sum_{n=1}^{\infty} u_n(x) = u_1(x) + u_2(x) + \cdots + u_n(x) + \cdots \quad (9-2)$$

称为**函数项级数**.

在函数项级数(9-2)中,若令 x 取定义区间中某一确定值 x_0,则得到一个数项级数

$$\sum_{n=1}^{\infty} u_n(x_0) = u_1(x_0) + u_2(x_0) + \cdots + u_n(x_0) + \cdots. \quad (9-3)$$

若数项级数(9-3)收敛,则称点 x_0 为函数项级数(9-2)的一个**收敛点**. 反之,若数项级数(9-3)发散,则称点 x_0 为函数项级数(9-2)的一个**发散点**. 收敛点的全体构成的集合,称为函数项级数的**收敛域**.

若 x_0 是收敛域内的一个值,则必有一个和 $S(x_0)$ 与之对应,即

$$S(x_0) = \sum_{n=1}^{\infty} u_n(x_0) = u_1(x_0) + u_2(x_0) + \cdots + u_n(x_0) + \cdots.$$

当 x_0 在收敛域内变动时,由对应关系,就得到一个定义在收敛域上的函数 $S(x)$,使得

$$S(x) = \sum_{n=1}^{\infty} u_n(x) = u_1(x) + u_2(x) + \cdots + u_n(x) + \cdots.$$

这个函数 $S(x)$ 就称为函数项级数的**和函数**.

如果仿照数项级数的情形,将函数项级数(9-2)的前 n 项和记为 $S_n(x)$,且称为**部分和函数**,即

$$S_n(x) = \sum_{k=1}^{n} u_k(x) = u_1(x) + u_2(x) + \cdots + u_n(x),$$

那么在函数项级数的收敛域内,有

$$\lim_{n \to \infty} S_n(x) = S(x).$$

若以 $r_n(x)$ 记余项,即

$$r_n(x) = S(x) - S_n(x),$$

则在收敛域内,有

$$\lim_{n \to \infty} r_n(x) = 0.$$

例 1 试求函数项级数 $\sum_{n=0}^{\infty} x^n$ 的收敛域.

解 因为

$$S_n(x) = 1 + x + x^2 + \cdots + x^{n-1} = \frac{1-x^n}{1-x},$$

所以,当 $|x| < 1$ 时,

$$\lim_{n \to \infty} S_n(x) = \lim_{n \to \infty} \frac{1-x^n}{1-x} = \frac{1}{1-x}.$$

级数在区间 $(-1,1)$ 内收敛. 易知,当 $|x| \geqslant 1$ 时,级数发散. 故级数的收敛域为 $(-1,1)$.

在函数项级数中,比较常见的是幂级数与三角级数. 这里,我们只讨论幂级数.

9.4.2 幂级数及其敛散性

定义　具有下列形式的函数项级数

$$\sum_{n=0}^{\infty} a_n(x-x_0)^n = a_0 + a_1(x-x_0) + a_2(x-x_0)^2 + \cdots + a_n(x-x_0)^n + \cdots$$

称为**在 $x=x_0$ 处的幂级数**或 **$(x-x_0)$ 的幂级数**,其中 $a_0, a_1, \cdots$, $a_n, \cdots$ 称为**幂级数的系数**.

特别地,若 $x_0 = 0$,则称

$$\sum_{n=0}^{\infty} a_n x^n = a_0 + a_1 x + \cdots + a_n x^n + \cdots$$

为在 $x=0$ 处的幂级数或 x 的幂级数.下面主要讨论这种形式的幂级数,因为令 $t = x - x_0$,则

$$\sum_{n=0}^{\infty} a_n(x-x_0)^n = \sum_{n=0}^{\infty} a_n t^n.$$

显然,幂级数是一种简单的函数项级数,且 $x=0$ 时,级数 $\sum_{n=0}^{\infty} a_n x^n$ 收敛.为了求幂级数的收敛域,我们给出如下定理.

定理 1(阿贝尔(Abel)定理)

(1) 若幂级数 $\sum_{n=0}^{\infty} a_n x^n$ 在点 $x = x_0 (x_0 \neq 0)$ 处收敛,则对于满足 $|x| < |x_0|$ 的一切 x,$\sum a_n x^n$ 均绝对收敛;

(2) 若幂级数 $\sum_{n=0}^{\infty} a_n x^n$ 在点 $x = x_0$ 处发散,则对于满足 $|x| > |x_0|$ 的一切 x,$\sum a_n x^n$ 均发散.

证　(1) 设 $\sum_{n=0}^{\infty} a_n x_0^n$ 收敛,由级数收敛的必要条件知,$\lim_{n \to \infty} a_n x_0^n = 0$,故存在常数 $M > 0$,使得

$$|a_n x_0^n| \leqslant M \quad (n = 0, 1, 2, \cdots),$$

于是

$$|a_n x^n| = \left| a_n x_0^n \cdot \frac{x^n}{x_0^n} \right| = |a_n x_0^n| \cdot \left| \frac{x}{x_0} \right|^n \leqslant M \left| \frac{x}{x_0} \right|^n.$$

当 $|x| < |x_0|$ 时,$\left| \frac{x}{x_0} \right| < 1$,故级数 $\sum_{n=0}^{\infty} M \left| \frac{x}{x_0} \right|^n$ 收敛.由正项级数的比较判别法知,幂级数 $\sum_{n=0}^{\infty} a_n x^n$ 绝对收敛.

(2) 设 $\sum\limits_{n=0}^{\infty} a_n x_0^n$ 发散,运用反证法可以证明,对所有满足 $|x| > |x_0|$ 的 x, $\sum\limits_{n=0}^{\infty} a_n x^n$ 均发散.事实上,若存在 x_1,满足 $|x_1| > |x_0|$, 但 $\sum\limits_{n=0}^{\infty} a_n x_1^n$ 收敛,则由(1)的证明可知,$\sum\limits_{n=0}^{\infty} a_n x_0^n$ 绝对收敛,这与已知矛盾.于是定理得证.

阿贝尔定理告诉我们:若 x_0 是 $\sum\limits_{n=0}^{\infty} a_n x^n$ 的收敛点,则该幂级数在 $(-|x_0|, |x_0|)$ 内绝对收敛;若 x_0 是 $\sum\limits_{n=0}^{\infty} a_n x^n$ 的发散点,则该幂级数在 $(-\infty, -|x_0|) \cup (|x_0|, +\infty)$ 内发散.由此可知,对幂级数 $\sum\limits_{n=0}^{\infty} a_n x^n$ 而言,存在关于原点对称的两个点 $x = \pm R (R > 0)$,它们将幂级数的收敛点与发散点分隔开来,在 $(-R, R)$ 内的点都是收敛点,而在 $[-R, R]$ 以外的点均为发散点,在分界点 $x = \pm R$ 处,幂级数可能收敛,也可能发散.称正数 R 为幂级数 $\sum\limits_{n=0}^{\infty} a_n x^n$ 的**收敛半径**,由幂级数在 $x = \pm R$ 处的收敛性就可以确定它在区间 $(-R, R), [-R, R), (-R, R], [-R, R]$ 之一上收敛,即该区间为幂级数 $\sum\limits_{n=0}^{\infty} a_n x^n$ 的收敛域.

特别地,当幂级数 $\sum\limits_{n=0}^{\infty} a_n x^n$ 仅在 $x = 0$ 处收敛时,规定其收敛半径为 $R = 0$;当 $\sum\limits_{n=0}^{\infty} a_n x^n$ 在整个数轴上都收敛时,规定其收敛半径为 $R = +\infty$,此时的收敛域为 $(-\infty, +\infty)$.

定理 2 设 R 是幂级数 $\sum\limits_{n=0}^{\infty} a_n x^n$ 的收敛半径,而 $\sum\limits_{n=0}^{\infty} a_n x^n$ 的系数满足:

$$\lim_{n \to \infty} \left| \frac{a_{n+1}}{a_n} \right| = \rho,$$

则

(1) 当 $0 < \rho < +\infty$ 时,$R = \dfrac{1}{\rho}$;

(2) 当 $\rho = 0$ 时,$R = +\infty$;

(3) 当 $\rho = +\infty$ 时,$R = 0$.

证 因为对于正项级数

$$\sum_{n=0}^{\infty} |a_n x^n| = |a_0| + |a_1 x| + \cdots + |a_n x^n| + \cdots,$$

有

$$\lim_{n \to \infty} \left| \frac{a_{n+1} x^{n+1}}{a_n x^n} \right| = \lim_{n \to \infty} \left| \frac{a_{n+1}}{a_n} \right| \cdot |x| = \rho |x|,$$

所以

(1) 若 $0<\rho<+\infty$，由达朗贝尔比值判别法知，当 $\rho|x|<1$，即 $|x|<\dfrac{1}{\rho}$ 时，$\sum\limits_{n=0}^{\infty}|a_n x^n|$ 收敛，即 $\sum\limits_{n=0}^{\infty}a_n x^n$ 绝对收敛；当 $|x|>\dfrac{1}{\rho}$ 时，$\sum\limits_{n=0}^{\infty}a_n x^n$ 发散. 故幂级数 $\sum\limits_{n=0}^{\infty}a_n x^n$ 的收敛半径 $R=\dfrac{1}{\rho}$.

(2) 若 $\rho=0$，则 $\rho|x|=0<1$，则对任意 $x\in(-\infty,+\infty)$，$\sum\limits_{n=0}^{\infty}|a_n x^n|$ 收敛，从而 $\sum\limits_{n=0}^{\infty}a_n x^n$ 绝对收敛，即幂级数 $\sum\limits_{n=0}^{\infty}a_n x^n$ 的收敛半径 $R=+\infty$.

(3) 若 $\rho=+\infty$，则对任意 $x\neq 0$，当 n 充分大时，必有 $\left|\dfrac{a_{n+1}x^{n+1}}{a_n x^n}\right|>1$，从而由达朗贝尔判别法知，$\sum\limits_{n=0}^{\infty}a_n x^n$ 发散，故幂级数仅在 $x=0$ 处收敛，其收敛半径 $R=0$.

例 2 求下列幂级数的收敛半径及收敛域：

(1) $\sum\limits_{n=1}^{\infty}\dfrac{x^n}{n!}$； (2) $\sum\limits_{n=1}^{\infty}n^n x^n$.

解 (1) 因

$$\rho=\lim_{n\to\infty}\left|\dfrac{a_{n+1}}{a_n}\right|=\lim_{n\to\infty}\dfrac{n!}{(n+1)!}=\lim_{n\to\infty}\dfrac{1}{n+1}=0,$$

故收敛半径 $R=+\infty$，收敛域为 $(-\infty,+\infty)$.

(2) 因

$$\rho=\lim_{n\to\infty}\left|\dfrac{a_{n+1}}{a_n}\right|=\lim_{n\to\infty}\dfrac{(n+1)^{n+1}}{n^n}=\lim_{n\to\infty}(n+1)\left(1+\dfrac{1}{n}\right)^n=+\infty,$$

故收敛半径为 0.

例 3 求 $\sum\limits_{n=1}^{\infty}\dfrac{(-x)^n}{3^{n-1}\cdot\sqrt{n}}$ 的收敛半径和收敛域.

解 因

$$\rho=\lim_{n\to\infty}\left|\dfrac{a_{n+1}}{a_n}\right|=\lim_{n\to\infty}\dfrac{3^{n-1}\cdot\sqrt{n}}{3^n\cdot\sqrt{n+1}}=\dfrac{1}{3},$$

故收敛半径 $R=\dfrac{1}{\rho}=3$.

当 $x=-3$ 时，原级数为 $\sum\limits_{n=1}^{\infty}\dfrac{3}{\sqrt{n}}$，由 p-级数的收敛性知，此时原级数发散.

当 $x=3$ 时，原级数为 $\sum\limits_{n=1}^{\infty}\dfrac{(-1)^n\cdot 3}{\sqrt{n}}$，由莱布尼兹判别法知，此时原级数收敛.

综上所述，原级数的收敛半径 $R=3$，收敛域为 $(-3,3]$.

例 4 求幂级数 $\sum\limits_{n=0}^{\infty}\dfrac{1}{4^n}(x-1)^{2n}$ 的收敛半径及收敛域.

解 此级数为 $(x-1)$ 的幂级数，且缺少 $(x-1)$ 的奇次幂的项，不能直接运用定理 2 来求它的收敛半径，但可以运用达朗贝尔比值判别法来求它的收敛半径.

令 $u_n = \dfrac{1}{4^n}(x-1)^{2n}$,则

$$\lim_{n\to\infty}\left|\dfrac{u_{n+1}}{u_n}\right| = \lim_{n\to\infty}\left|\dfrac{4^n(x-1)^{2n+2}}{4^{n+1}(x-1)^{2n}}\right| = \dfrac{1}{4}(x-1)^2.$$

于是,当 $\dfrac{1}{4}(x-1)^2 < 1$,即 $|x-1| < 2$ 时,原级数绝对收敛;

当 $\dfrac{1}{4}(x-1)^2 > 1$,即 $|x-1| > 2$ 时,原级数发散;

当 $|x-1| = 2$,即 $x = -1$ 或 $x = 3$ 时,原级数为 $\sum\limits_{n=0}^{\infty}1$,它是发散的.

综上所述,原级数的收敛半径 $R = 2$,收敛域为 $(-1, 3)$.

9.4.3 幂级数的运算

设幂级数 $\sum\limits_{n=0}^{\infty}a_n x^n$ 与 $\sum\limits_{n=0}^{\infty}b_n x^n$ 的收敛半径分别为 R_1 与 R_2,它们的和函数分别为 $S_1(x)$ 与 $S_2(x)$,在两个幂级数收敛的公共区间内可进行如下运算.

(1) 加法运算:

$$\sum_{n=0}^{\infty}a_n x^n \pm \sum_{n=0}^{\infty}b_n x^n = \sum_{n=0}^{\infty}(a_n \pm b_n)x^n = S_1(x) \pm S_2(x),$$

其中 $x \in (-R, R)$,$R = \min\{R_1, R_2\}$.

(2) 乘法运算:

$$\left(\sum_{n=0}^{\infty}a_n x^n\right) \cdot \left(\sum_{n=0}^{\infty}b_n x^n\right) = \sum_{n=0}^{\infty}c_n x^n = S_1(x) \cdot S_2(x),$$

其中 $x \in (-R, R)$,$R = \min\{R_1, R_2\}$,

$$c_n = \sum_{k=0}^{n}a_k b_{n-k} = a_0 b_n + a_1 b_{n-1} + \cdots + a_k b_{n-k} + \cdots + a_n b_0.$$

(3) 逐项求导:

若幂级数 $\sum\limits_{n=0}^{\infty}a_n x^n$ 的收敛半径为 R,则在 $(-R, R)$ 内,和函数 $S(x)$ 可导,且有

$$S'(x) = \left(\sum_{n=0}^{\infty}a_n x^n\right)' = \sum_{n=0}^{\infty}(a_n x^n)' = \sum_{n=1}^{\infty}a_n n x^{n-1}.$$

所得幂级数的收敛半径仍为 R,但在收敛区间端点处的收敛性可能改变.

(4) 逐项积分:

设幂级数 $\sum\limits_{n=0}^{\infty}a_n x^n$ 的和函数为 $S(x)$,收敛半径为 R,则和函数在 $(-R, R)$ 内可积,且有

$$\int_0^x S(x)\mathrm{d}x = \int_0^x \sum_{n=0}^{\infty} a_n x^n \mathrm{d}x = \sum_{n=0}^{\infty} \int_0^x a_n x^n \mathrm{d}x = \sum_{n=0}^{\infty} \frac{a_n}{n+1} x^{n+1}.$$

所得幂级数的收敛半径仍为 R，但在收敛区间端点处的收敛性可能改变.

以上结论证明从略.

例 5 求幂级数 $\sum_{n=0}^{\infty} (n+1)x^n$ 的和函数.

解 所给幂级数的收敛半径 $R=1$，收敛域为 $(-1,1)$. 注意到
$$(n+1)x^n = (x^{n+1})',$$
故
$$\sum_{n=0}^{\infty} (n+1)x^n = \sum_{n=0}^{\infty} (x^{n+1})' = \Big(\sum_{n=0}^{\infty} x^{n+1}\Big)' = \Big(\frac{x}{1-x}\Big)'$$
$$= \frac{1}{(1-x)^2}, \quad x \in (-1,1).$$

例 6 求幂级数 $\sum_{n=1}^{\infty} \frac{x^n}{n}$ 的和函数.

解 所给幂级数的收敛半径 $R=1$，收敛域为 $[-1,1)$，在收敛域 $[-1,1)$ 内，有
$$\sum_{n=1}^{\infty} \frac{x^n}{n} = \sum_{n=1}^{\infty} \int_0^x t^{n-1} \mathrm{d}t = \int_0^x \Big(\sum_{n=1}^{\infty} t^{n-1}\Big) \mathrm{d}t = \int_0^x \frac{1}{1-t} \mathrm{d}t$$
$$= -\ln(1-x), \quad x \in [-1,1).$$

例 7 求 $\sum_{n=1}^{\infty} n(n+2)x^n$ 在 $(-1,1)$ 内的和函数.

解
$$\sum_{n=1}^{\infty} n(n+2)x^n = \sum_{n=1}^{\infty} n(n+1)x^n + \sum_{n=1}^{\infty} nx^n = x\sum_{n=1}^{\infty} n(n+1)x^{n-1} + x\sum_{n=1}^{\infty} nx^{n-1}$$
$$= x\Big(\sum_{n=1}^{\infty} x^{n+1}\Big)'' + x\Big(\sum_{n=1}^{\infty} x^n\Big)' = x\Big(\frac{x^2}{1-x}\Big)'' + x\Big(\frac{x}{1-x}\Big)'$$
$$= \frac{2x}{(1-x)^3} + \frac{x}{(1-x)^2} = \frac{x(3-x)}{(1-x)^3} \quad (-1 < x < 1).$$

习题 9-4

1. 求下列幂级数的收敛域：

   (1) $\sum_{n=1}^{\infty} nx^n$;

   (2) $\sum_{n=1}^{\infty} \frac{n!}{n^n} x^n$;

   (3) $\sum_{n=1}^{\infty} \frac{x^n}{2^n \cdot n^2}$;

   (4) $\sum_{n=0}^{\infty} (-1)^n \frac{x^{2n+1}}{2n+1}$;

   (5) $\sum_{n=1}^{\infty} \frac{(x+2)^n}{2^n \cdot n}$;

   (6) $\sum_{n=1}^{\infty} \frac{2^n}{n} (x-1)^n$.

2. 求下列幂级数的和函数：

(1) $\sum_{n=1}^{\infty}(-1)^n\frac{x^n}{n}$; (2) $\sum_{n=0}^{\infty}(2n+1)x^n$.

3. 求下列级数的和：

(1) $\sum_{n=1}^{\infty}\frac{1}{(2n-1)2^n}$; (2) $\sum_{n=1}^{\infty}\frac{n(n+1)}{2^n}$.

§9.5　函数展开为幂级数

在上一节中，我们讨论了幂级数的收敛性，在其收敛域内，幂级数总是收敛于一个和函数. 对于一些简单的幂级数，还可以借助逐项求导或求积分的方法，求出这个和函数. 但在实际应用中常常提出相反的问题，对于给定的函数 $f(x)$，能否在某个区间内用幂级数表示？又如何表示？本节将讨论并解决这一问题.

9.5.1　泰勒级数

在上册第 4 章 §4.2，我们已经看到，如果函数 $f(x)$ 在点 $x=x_0$ 的某一邻域内，有直到 $n+1$ 阶的导数，则在这个邻域内有 $f(x)$ 的 n 阶泰勒公式：

$$f(x)=f(x_0)+f'(x_0)(x-x_0)+\frac{f''(x_0)}{2!}(x-x_0)^2+\cdots$$
$$+\frac{f^{(n)}(x_0)}{n!}(x-x_0)^n+R_n(x), \qquad (9-4)$$

其中

$$R_n(x)=\frac{f^{(n+1)}(\xi)}{(n+1)!}(x-x_0)^{n+1} \quad (\xi \text{ 在 } x_0 \text{ 与 } x \text{ 之间}),$$

称 $R_n(x)$ 为拉格朗日型余项.

如果令 $x_0=0$，就得到 $f(x)$ 的 n 阶麦克劳林公式：

$$f(x)=f(0)+f'(0)x+\frac{f''(0)}{2!}x^2+\cdots+\frac{f^{(n)}(0)}{n!}x^n+R_n(x),$$
$$(9-5)$$

此时，

$$R_n(x)=\frac{f^{(n+1)}(\xi)}{(n+1)!}x^{n+1}=\frac{f^{(n+1)}(\theta x)}{(n+1)!}x^{n+1} \quad (0<\theta<1).$$

如果函数 $f(x)$ 在点 $x=x_0$ 的某一邻域内有任意阶导数，则称幂级数

$$f(x_0)+f'(x_0)(x-x_0)+\frac{f''(x_0)}{2!}(x-x_0)^2+\cdots$$
$$+\frac{f^{(n)}(x_0)}{n!}(x-x_0)^n+\cdots \qquad (9-6)$$

为 $f(x)$ 的**泰勒级数**.

当 $x_0 = 0$ 时,幂级数

$$f(0) + f'(0)x + \frac{f''(0)}{2!}x^2 + \cdots + \frac{f^{(n)}(0)}{n!}x^n + \cdots \quad (9-7)$$

又称为 $f(x)$ 的**麦克劳林级数**. 那么,它是否以 $f(x)$ 为和函数呢?

若令麦克劳林级数(9-7)的前 $n+1$ 项和为 $S_{n+1}(x)$,即

$$S_{n+1}(x) = f(0) + \frac{f'(0)}{1!}x + \frac{f''(0)}{2!}x^2 + \cdots + \frac{f^{(n)}(0)}{n!}x^n,$$

那么,级数(9-7)收敛于函数 $f(x)$ 的条件为

$$\lim_{n\to\infty} S_{n+1}(x) = f(x).$$

注意到麦克劳林公式(9-5)与麦克劳林级数(9-7)的关系,可知

$$f(x) = S_{n+1}(x) + R_n(x).$$

于是,当

$$\lim_{n\to\infty} R_n(x) = 0$$

时,有

$$\lim_{n\to\infty} S_{n+1}(x) = f(x).$$

反之亦然,即若

$$\lim_{n\to\infty} S_{n+1}(x) = f(x),$$

则必有

$$\lim_{n\to\infty} R_n(x) = 0.$$

这表明,麦克劳林级数(9-7)以 $f(x)$ 为和函数的充分必要条件是:麦克劳林公式(9-5)中的余项

$$R_n(x) \to 0 \quad (n \to \infty).$$

这样,我们就得到了函数 $f(x)$ 的幂级数展开式:

$$\begin{aligned}f(x) &= \sum_{n=0}^{\infty} \frac{f^{(n)}(0)}{n!}x^n \\ &= f(0) + \frac{f'(0)}{1!}x + \frac{f''(0)}{2!}x^2 + \cdots + \frac{f^{(n)}(0)}{n!}x^n + \cdots.\end{aligned}$$
$$(9-8)$$

它就是函数 $f(x)$ 的幂级数表达式,也就是说,函数的幂级数展开式是唯一的. 事实上,假设函数 $f(x)$ 可以表示为幂级数

$$f(x) = \sum_{n=0}^{\infty} a_n x^n = a_0 + a_1 x + \cdots + a_n x^n + \cdots, \quad (9-9)$$

那么,根据幂级数在收敛域内可逐项求导的性质,再令 $x=0$(幂级数显然在 $x=0$ 处收敛),就容易得到

$$a_0 = f(0), \quad a_1 = f'(0), \quad a_2 = \frac{f''(0)}{2!}, \quad \cdots, \quad a_n = \frac{f^{(n)}(0)}{n!}, \quad \cdots.$$

将它们代入式(9-9),所得结果与 $f(x)$ 的麦克劳林展开式(9-8)完全相同.

综上所述,如果函数 $f(x)$ 在包含零的某区间内有任意阶导

数,且在此区间内的麦克劳林公式中的余项以零为极限(当 $n\to\infty$ 时),那么函数 $f(x)$ 就可展开成形如式(9-8)的幂级数.

9.5.2 函数展开为幂级数

利用麦克劳林公式将函数 $f(x)$ 展开成幂级数的方法,称为**直接展开法**.

例 1 试将函数 $f(x) = e^x$ 展开成 x 的幂级数.

解 因为
$$f^{(n)}(x) = e^x \quad (n = 1, 2, \cdots),$$
所以
$$f(0) = f'(0) = f''(0) = \cdots = f^{(n)}(0) = 1,$$
于是我们得到幂级数
$$1 + x + \frac{1}{2!}x^2 + \cdots + \frac{1}{n!}x^n + \cdots. \tag{9-10}$$
显然,该幂级数的收敛区间为 $(-\infty, +\infty)$,至于它是否以 $f(x) = e^x$ 为和函数,即它是否收敛于 $f(x) = e^x$,还要考察余项 $R_n(x)$.

因为
$$R_n(x) = \frac{e^{\theta x}}{(n+1)!} x^{n+1} \quad (0 < \theta < 1),$$
即 $\theta x \leqslant |\theta x| < |x|$,所以
$$|R_n(x)| = \frac{e^{\theta x}}{(n+1)!} |x|^{n+1} < \frac{e^{|x|}}{(n+1)!} |x|^{n+1}.$$
注意到对任一确定的 x 值,$e^{|x|}$ 是一个确定的常数,而级数 $\sum_{n=1}^{\infty} \frac{e^{|x|}}{(n+1)!} |x|^{n+1}$ 是绝对收敛的,因此当 $n\to\infty$ 时,其一般项 $\frac{|x|^{n+1}}{(n+1)!} \to 0$.

由此可知,$\lim_{n\to\infty} R_n(x) = 0$.这表明级数(9-10)确实收敛于 $f(x) = e^x$,因此有
$$e^x = 1 + x + \frac{1}{2!}x^2 + \cdots + \frac{1}{n!}x^n + \cdots \quad (-\infty < x < +\infty).$$

例 2 试将函数 $f(x) = \sin x$ 展开成 x 的幂级数.

解 因为
$$f^{(n)}(x) = \sin\left(x + \frac{n\pi}{2}\right) \quad (n = 1, 2, \cdots),$$
所以
$$f(0) = 0, \ f'(0) = 1, \ f''(0) = 0, \ f'''(0) = -1, \cdots,$$
$$f^{(2n)}(0) = 0, \ f^{(2n+1)}(0) = (-1)^n.$$
于是,得到幂级数
$$x - \frac{1}{3!}x^3 + \frac{1}{5!}x^5 - \cdots + (-1)^n \frac{x^{2n+1}}{(2n+1)!} + \cdots,$$
且它的收敛区间为 $(-\infty, +\infty)$.

又因
$$R_n(x) = \frac{\sin\left[\theta x + \frac{(n+1)\pi}{2}\right]}{(n+1)!} x^{n+1},$$

故可以推知
$$|R_n(x)| = \frac{\left|\sin\left[\theta x + \frac{(n+1)\pi}{2}\right]\right|}{(n+1)!} |x|^{n+1}$$
$$\leqslant \frac{|x|^{n+1}}{(n+1)!} \to 0 \quad (\text{当 } n \to \infty \text{ 时}),$$

因此有
$$\sin x = x - \frac{1}{3!}x^3 + \frac{1}{5!}x^5 - \cdots + (-1)^n \frac{x^{2n+1}}{(2n+1)!} + \cdots \quad (-\infty < x < +\infty).$$

这种运用麦克劳林公式将函数展开成幂级数的方法,虽然程序明确,但是运算往往过于烦琐,因此人们普遍采用下面这种比较简便的幂级数展开法.

在此之前,已经得到了函数 $\frac{1}{1-x}$, e^x 及 $\sin x$ 的幂级数展开式,利用已知的展开式,通过幂级数的运算,可以得到其他函数的幂级数展开式. 这种求函数的幂级数展开式的方法称为**间接展开法**.

例 3 试求函数 $f(x) = \cos x$ 在 $x = 0$ 处的幂级数展开式.

解 因为
$$(\sin x)' = \cos x,$$
而
$$\sin x = x - \frac{1}{3!}x^3 + \frac{1}{5!}x^5 - \cdots + (-1)^n \frac{x^{2n+1}}{(2n+1)!} + \cdots \quad (-\infty < x < +\infty),$$
所以根据幂级数可逐项求导的法则,可得
$$\cos x = 1 - \frac{1}{2!}x^2 + \frac{1}{4!}x^4 - \cdots + (-1)^n \frac{x^{2n}}{(2n)!} + \cdots \quad (-\infty < x < +\infty).$$

例 4 将函数 $f(x) = \ln(1+x)$ 展开成 x 的幂级数.

解 注意到
$$\ln(1+x) = \int_0^x \frac{1}{1+t} dt,$$
而
$$\frac{1}{1+x} = \frac{1}{1-(-x)} = 1 - x + x^2 - \cdots + (-1)^n x^n + \cdots \quad (|x| < 1).$$
将上式两边同时积分,得
$$\ln(1+x) = x - \frac{1}{2}x^2 + \frac{1}{3}x^3 - \cdots + (-1)^n \frac{1}{n+1}x^{n+1} + \cdots$$
$$= \sum_{n=0}^{\infty} (-1)^n \frac{1}{n+1} x^{n+1} = \sum_{n=1}^{\infty} (-1)^{n-1} \frac{1}{n} x^n.$$

因为幂级数逐项积分后收敛半径 R 不变,所以上式右边级数的收敛半径仍为 $R=1$. 而当 $x=-1$ 时,该级数发散;当 $x=1$ 时,该级数收敛. 故收敛域为 $(-1,1]$.

例 5 试求函数 $f(x)=\arctan x$ 在 $x=0$ 处的幂级数展开式.

解 因为
$$\arctan x = \int_0^x \frac{1}{1+t^2} \mathrm{d}t,$$

而
$$\frac{1}{1+x^2} = \frac{1}{1-(-x^2)} = 1-x^2+x^4-\cdots+(-1)^n x^{2n}+\cdots \quad (|x|<1).$$

将上式两边同时积分,可得
$$\arctan x = x - \frac{1}{3}x^3 + \frac{1}{5}x^5 - \cdots + (-1)^n \frac{x^{2n+1}}{2n+1} + \cdots \quad (|x|\leqslant 1).$$

例 6 试将函数 $f(x)=\dfrac{1}{x^2-3x+2}$ 展开成 x 的幂级数.

解 因为
$$f(x) = \frac{1}{x^2-3x+2} = \frac{1}{(1-x)(2-x)} = \frac{1}{1-x} - \frac{1}{2-x},$$

而
$$\frac{1}{2-x} = \frac{1}{2} \cdot \frac{1}{1-\frac{x}{2}} = \frac{1}{2}\left[1+\frac{x}{2}+\left(\frac{x}{2}\right)^2+\cdots+\left(\frac{x}{2}\right)^n+\cdots\right] \quad (|x|<2).$$

所以
$$\begin{aligned}
f(x) &= \frac{1}{1-x} - \frac{1}{2-x} \\
&= (1+x+x^2+\cdots+x^n+\cdots) - \frac{1}{2}\left[1+\frac{x}{2}+\left(\frac{x}{2}\right)^2+\cdots+\left(\frac{x}{2}\right)^n+\cdots\right] \\
&= \sum_{n=0}^{\infty} x^n - \frac{1}{2}\sum_{n=0}^{\infty} \frac{1}{2^n}x^n = \sum_{n=0}^{\infty}\left(1-\frac{1}{2^{n+1}}\right)x^n \\
&= \sum_{n=0}^{\infty} \frac{2^{n+1}-1}{2^{n+1}} x^n.
\end{aligned}$$

根据幂级数和的运算法则,其收敛半径应取较小的一个,故 $R=1$,因此所得级数的收敛区间为 $(-1,1)$.

最后,我们将几个常用的函数的幂级数展开式列在下面,以便于读者查用.

$$\mathrm{e}^x = 1 + x + \frac{1}{2!}x^2 + \cdots + \frac{1}{n!}x^n + \cdots \quad (-\infty < x < +\infty);$$

$$\ln(1+x) = x - \frac{1}{2}x^2 + \frac{1}{3}x^3 - \cdots + (-1)^n \frac{1}{n+1}x^{n+1} + \cdots$$
$$(-1 < x \leqslant 1);$$

$$\sin x = x - \frac{1}{3!}x^3 + \frac{1}{5!}x^5 - \cdots + (-1)^n \frac{1}{(2n+1)!}x^{2n+1} + \cdots$$
$$(-\infty < x < +\infty);$$

$$\cos x = 1 - \frac{1}{2!}x^2 + \frac{1}{4!}x^4 - \cdots + (-1)^n \frac{1}{(2n)!}x^{2n} + \cdots$$
$$(-\infty < x < +\infty);$$

$$\arctan x = x - \frac{1}{3}x^3 + \frac{1}{5}x^5 - \cdots + (-1)^n \frac{1}{2n+1}x^{2n+1} + \cdots$$
$$(-1 \leqslant x \leqslant 1);$$

$$(1+x)^\alpha = 1 + \alpha x + \frac{\alpha(\alpha-1)}{2!}x^2 + \cdots$$
$$+ \frac{\alpha(\alpha-1)\cdots(\alpha-n+1)}{n!}x^n + \cdots \quad (-1 < x < 1).$$

习题 9-5

1. 将下列函数展开成 x 的幂级数：

   (1) $\cos^2 \frac{x}{2}$；　　　　　　　　(2) $\sin \frac{x}{2}$；

   (3) $x\mathrm{e}^{-x^2}$；　　　　　　　　(4) $\frac{1}{1-x^2}$；

   (5) $\frac{1}{2}(\mathrm{e}^x - \mathrm{e}^{-x})$；　　　　　　(6) $\arcsin x$.

2. 将下列函数在指定点处展开成幂级数，并求其收敛区间：

   (1) $\frac{1}{3-x}$，在 $x_0 = 1$；　　　　(2) $\cos x$，在 $x_0 = \frac{\pi}{3}$；

   (3) $\frac{1}{x^2+4x+3}$，在 $x_0 = 1$；　　(4) $\frac{1}{x^2}$，在 $x_0 = 3$.

§9.6　级数的应用

9.6.1　巧智的农夫分牛问题

著名的农夫分牛问题，在许多趣味数学书中都有收录，但是很少给出具体解题的思路和背后隐藏的数学问题.

农夫分牛问题的意思是：农夫养牛 17 头，临死前要把这 17 头牛分给自己的 3 个儿子. 遗嘱是这样的：老大得 $\frac{1}{2}$，老二得 $\frac{1}{3}$，老三得 $\frac{1}{9}$. 既不能把牛杀死，也不能卖了分钱. 农夫去世后，农夫的 3 个儿子怎么也想不出办法. 兄弟 3 人只好向邻居请教, 邻居想了想说:"我借给你们一头牛, 就好分了." 这样, 老大得到 18 的 $\frac{1}{2}$ 为 9 头, 老二得到 $\frac{1}{3}$ 为 6 头, 老三得到 $\frac{1}{9}$ 为 2 头, 合计刚好为 17 头, 剩下 1 头牛还给邻居.

农夫的问题得到解决, 邻居的聪明才智令人赞扬.

我们再细细思考一下, 这样分牛合理吗? 也就是说, 老大、老二和老三得到的牛数是否真的按农夫的遗嘱丝毫不差?

我们来仔细分析并计算这个问题.

假设就按 17 头牛进行分配, 第一次分后, 老大得到 $17 \times \frac{1}{2}$ 头牛, 老二得到 $17 \times \frac{1}{3}$ 头牛, 老三得到 $17 \times \frac{1}{9}$ 头牛.

由于牛不能分割, 分数的分法在这里不起作用. 这就是农夫儿子想不出办法的原因.

为什么会出现分数而不是整数呢? 问题就出在这里. 按照农夫的遗嘱, 第一次分牛后不能够把 17 头牛完全分完, 还剩下 $\frac{17}{18}$ 头牛, 每个人必须按照遗嘱继续分掉剩下的牛. 第二次分后, 牛也没有分完, 还剩下 $\frac{17}{18^2}$ 头牛, 每个人按照遗嘱继续分牛. 继续分下去, 这就是一个收敛的无穷级数. 因此, 老大得到的牛头数为

$$17 \times \frac{1}{2} + \frac{17}{18} \times \frac{1}{2} + \frac{17}{18^2} \times \frac{1}{2} + \frac{17}{18^3} \times \frac{1}{2} + \cdots;$$

老二得到的牛头数为

$$17 \times \frac{1}{3} + \frac{17}{18} \times \frac{1}{3} + \frac{17}{18^2} \times \frac{1}{3} + \frac{17}{18^3} \times \frac{1}{3} + \cdots;$$

老三得到的牛头数为

$$17 \times \frac{1}{9} + \frac{17}{18} \times \frac{1}{9} + \frac{17}{18^2} \times \frac{1}{9} + \frac{17}{18^3} \times \frac{1}{9} + \cdots.$$

计算级数

$$\frac{1}{18} + \frac{1}{18^2} + \frac{1}{18^3} + \cdots = \frac{1}{17};$$

于是, 老大得到的牛头数为

$$17 \times \frac{1}{2} + 17 \times \frac{1}{2} \times \frac{1}{17} = 9;$$

老二得到的牛头数为

$$17 \times \frac{1}{3} + 17 \times \frac{1}{3} \times \frac{1}{17} = 6;$$

老三得到的牛头数为

$$17 \times \frac{1}{9} + 17 \times \frac{1}{9} \times \frac{1}{17} = 2.$$

可以看到, 经过级数计算的结果与邻居分牛的结果完全一致.

9.6.2 近似计算

在上册第 3 章 §3.4 中,已经学过应用微分进行近似计算,在上册第 4 章 §4.2 中也学过应用麦克劳林公式进行近似计算,这里再介绍应用级数进行近似计算.

在函数的幂级数展开式中,取前面有限项,就可得到函数的近似公式,这对于计算复杂函数的函数值是非常方便的,可以把函数近似表示为 x 的多项式,而多项式的计算只需用到四则运算,非常简便.

例 1 ▶ 计算 $\sqrt[5]{245}$ 的近似值,要求误差不超过 0.000 1.

解 由二项展开式

$$(1+x)^\alpha = 1 + \alpha x + \frac{\alpha(\alpha-1)}{2!}x^2 + \cdots \quad (-1 < x < 1),$$

$\sqrt[5]{245} = \sqrt[5]{3^5+2} = 3\left(1+\frac{2}{3^5}\right)^{\frac{1}{5}}$,取 $\alpha = \frac{1}{5}, x = \frac{2}{3^5}$,可得

$$\sqrt[5]{245} = 3\left(1+\frac{2}{3^5}\right)^{\frac{1}{5}} = 3\left[1 + \frac{1}{5}\cdot\frac{2}{3^5} + \frac{1}{5}\left(\frac{1}{5}-1\right)\cdot\frac{1}{2!}\cdot\left(\frac{2}{3^5}\right)^2 + \cdots\right]$$

$$= 3\left(1 + \frac{1}{5}\cdot\frac{2}{3^5} - \frac{1}{5}\cdot\frac{4}{5}\cdot\frac{1}{2!}\cdot\frac{4}{3^{10}} + \cdots\right).$$

这个级数从第二项开始为交错级数,收敛很快,根据莱布尼兹判别法,取前两项的和作为 $\sqrt[5]{245}$ 的近似值,其误差为

$$|R_2| \leqslant \frac{1}{5}\cdot\frac{4}{5}\cdot\frac{1}{2!}\cdot\frac{4}{3^{10}} = \frac{8}{5^2\cdot 3^{10}} < 0.000\ 1,$$

故取近似式为 $\sqrt[5]{245} \approx 3\left(1+\frac{1}{5}\cdot\frac{2}{3^5}\right)$.

为了使误差不超过 0.000 1,计算过程应取五位小数,然后再四舍五入.因此最后得到 $\sqrt[5]{245} \approx 3.004\ 9$.

例 2 ▶ 计算 ln2 的近似值(误差不超过 10^{-4}).

解 函数 $\ln(1+x)$ 的幂级数展开式为

$$\ln(1+x) = x - \frac{x^2}{2} + \frac{x^3}{3} - \frac{x^4}{4} + \cdots + (-1)^n\frac{x^{n+1}}{n+1} + \cdots \quad (-1 < x \leqslant 1),$$

在上式中,令 $x = 1$ 可得

$$\ln 2 = 1 - \frac{1}{2} + \frac{1}{3} - \cdots + (-1)^{n-1}\frac{1}{n} + \cdots.$$

如果取这级数前 n 项和作为 ln2 的近似值,由莱布尼兹判别法,可得其误差为

$$|R_n| \leqslant \frac{1}{n+1}.$$

为了保证误差不超过 10^{-4},就需要取级数的前 10 000 项进行计算.这样做计算量太大了,故必须用收敛较快的级数来代替它.

把展开式

$$\ln(1+x) = x - \frac{x^2}{2} + \frac{x^3}{3} - \frac{x^4}{4} + \cdots + (-1)^n \frac{x^{n+1}}{n+1} + \cdots \quad (-1 < x \leqslant 1)$$

中的 x 换成 $-x$，得

$$\ln(1-x) = -x - \frac{x^2}{2} - \frac{x^3}{3} - \frac{x^4}{4} - \cdots \quad (-1 \leqslant x < 1).$$

两式相减，得到不含有偶次幂的展开式

$$\ln \frac{1+x}{1-x} = \ln(1+x) - \ln(1-x) = 2\left(x + \frac{1}{3}x^3 + \frac{1}{5}x^5 + \cdots\right) \quad (-1 < x < 1).$$

令 $\frac{1+x}{1-x} = 2$，解出 $x = \frac{1}{3}$. 以 $x = \frac{1}{3}$ 代入最后一个展开式，得

$$\ln 2 = 2\left(\frac{1}{3} + \frac{1}{3} \cdot \frac{1}{3^3} + \frac{1}{5} \cdot \frac{1}{3^5} + \frac{1}{7} \cdot \frac{1}{3^7} + \cdots\right).$$

如果取前四项作为 $\ln 2$ 的近似值，则误差为

$$|R_4| = 2\left(\frac{1}{9} \cdot \frac{1}{3^9} + \frac{1}{11} \cdot \frac{1}{3^{11}} + \frac{1}{13} \cdot \frac{1}{3^{13}} + \cdots\right)$$

$$< \frac{2}{3^{11}}\left[1 + \frac{1}{9} + \left(\frac{1}{9}\right)^2 + \cdots\right]$$

$$= \frac{2}{3^{11}} \cdot \frac{1}{1 - \frac{1}{9}} = \frac{1}{4 \cdot 3^9} < \frac{1}{70\,000}.$$

于是取

$$\ln 2 \approx 2\left(\frac{1}{3} + \frac{1}{3} \cdot \frac{1}{3^3} + \frac{1}{5} \cdot \frac{1}{3^5} + \frac{1}{7} \cdot \frac{1}{3^7}\right).$$

考虑到舍入误差，计算时应取五位小数：

$$\frac{1}{3} \approx 0.333\,33, \quad \frac{1}{3} \cdot \frac{1}{3^3} \approx 0.012\,35,$$

$$\frac{1}{5} \cdot \frac{1}{3^5} \approx 0.000\,82, \quad \frac{1}{7} \cdot \frac{1}{3^7} \approx 0.000\,07.$$

因此得 $\ln 2 \approx 0.693\,1$.

例 3 ▶ 计算定积分 $\frac{2}{\sqrt{\pi}} \int_0^{\frac{1}{2}} e^{-x^2} dx$ 的近似值，要求误差不超过 $0.000\,1$（取 $\frac{1}{\sqrt{\pi}} \approx 0.564\,19$）.

解 由于 e^{-x^2} 不存在初等原函数，因此无法直接用定积分的计算求值，利用指数函数 e^x 的幂级数展开式，将 x 替换成 x^2，可得

$$e^{-x^2} = \sum_{n=0}^{\infty} \frac{(-1)^n}{n!} x^{2n} \quad (-\infty < x < +\infty).$$

在收敛区间内逐项积分，得

$$\frac{2}{\sqrt{\pi}} \int_0^{\frac{1}{2}} e^{-x^2} dx = \frac{2}{\sqrt{\pi}} \int_0^{\frac{1}{2}} \left[\sum_{n=0}^{\infty} \frac{(-1)^n}{n!} x^{2n}\right] dx$$

$$= \frac{2}{\sqrt{\pi}} \sum_{n=0}^{\infty} \frac{(-1)^n}{n!} \int_0^{1/2} x^{2n} dx$$

$$= \frac{1}{\sqrt{\pi}}\left(1 - \frac{1}{2^2 \cdot 3} + \frac{1}{2^4 \cdot 5 \cdot 2!} - \frac{1}{2^6 \cdot 7 \cdot 3!} + \cdots\right).$$

取前四项的和作为近似值,则其误差为
$$|R_4| \leqslant \frac{1}{\sqrt{\pi}} \frac{1}{2^8 \cdot 9 \cdot 4!} < \frac{1}{90\,000},$$
故所求近似值为
$$\frac{2}{\sqrt{\pi}} \int_0^{\frac{1}{2}} e^{-x^2} dx \approx \frac{1}{\sqrt{\pi}} \left(1 - \frac{1}{2^2 \cdot 3} + \frac{1}{2^4 \cdot 5 \cdot 2!} - \frac{1}{2^6 \cdot 7 \cdot 3!}\right) \approx 0.520\,5.$$

9.6.3 经济学上的应用

例 4 ▶ (奖励基金创立问题) 为了创立某奖励基金,需要筹集资金,现假定该基金从创立之日起,每年需要支付 4 百万元作为奖励,设基金的利率为每年 5%,分别以(1) 年复利计算利息;(2) 连续复利计算利息. 问需要筹集的资金为多少?

解 (1) 以年复利计算利息,则
第一次奖励发生在创立之日,
$$\text{第一次所需要筹集的资金(单位:百万元)} = 4;$$
第二次奖励发生一年后时,
$$\text{第二次所需要筹集的资金(单位:百万元)} = \frac{4}{1+0.05} = \frac{4}{1.05};$$
第三次奖励发生二年后,
$$\text{第三次所需要筹集的资金(单位:百万元)} = \frac{4}{(1+0.05)^2} = \frac{4}{1.05^2}.$$
一直延续下去,则
总所需要筹集的资金(单位:百万元)
$$= 4 + \frac{4}{1.05} + \frac{4}{1.05^2} + \cdots + \frac{4}{1.05^n} + \cdots.$$
这是一个公比为 $\frac{1}{1.05}$ 的等比级数,收敛于 $\frac{4}{1 - \frac{1}{1.05}} = 84.$

因此,以年复利计算利息时,需要筹集资金 8 400 万元来创立该奖励基金.

(2) 以连续复利计算利息时,由上册第 2 章 §2.5 知道:
第一次所需要筹集的资金(单位:百万元) = 4;
第二次所需要筹集的资金(单位:百万元) = $4e^{-0.05}$;
第三次所需要筹集的资金(单位:百万元) = $4(e^{-0.05})^2$.
一直延续下去,则
总所需要筹集的资金(单位:百万元)
$$= 4 + 4e^{-0.05} + 4(e^{-0.05})^2 + 4(e^{-0.05})^3 + \cdots.$$
这是一个公比为 $e^{-0.05}$ 的等比级数,收敛于 $\frac{4}{1-e^{-0.05}} \approx 82.02.$

因此,以连续复利计算利息时,需要筹集 8 202 万元的资金来创立该奖励基金.

例5 (合同订立问题) 某演艺公司与某位演员签订一份合同,合同规定演艺公司在第 n 年末必须支付该演员或其后代 n 万元($n=1,2,\cdots$),假定银行存款按 4% 的年复利计算利息,问演艺公司需要在签约当天存入银行的资金为多少?

解 设 $r=4\%$ 为年复利率,因第 n 年末必须支付 n 万元($n=1,2,\cdots$),故在银行存入的资金总额为

$$\frac{1}{1+r}+\frac{2}{(1+r)^2}+\cdots+\frac{n}{(1+r)^n}+\cdots=\sum_{n=1}^{\infty}\frac{n}{(1+r)^n}.$$

为了求出该级数的和,先考察幂级数

$$\sum_{n=1}^{\infty}nx^n=x+2x^2+3x^3+\cdots+nx^n+\cdots,$$

该幂级数的收敛域为 $(-1,1)$. 由于当 $r=4\%$ 时,$\frac{1}{1+r}\in(-1,1)$,因此,只要求出幂级数 $\sum_{n=1}^{\infty}nx^n$ 的和函数 $S(x)$,则 $S\left(\frac{1}{1+r}\right)$ 即为所求的资金总额 $\sum_{n=1}^{\infty}\frac{n}{(1+r)^n}$.

由 $S(x)=\sum_{n=1}^{\infty}nx^n=x\sum_{n=1}^{\infty}nx^{n-1}$,令 $f(x)=\sum_{n=1}^{\infty}nx^{n-1}$,即 $S(x)=xf(x)$,则

$$\int_0^x f(t)\mathrm{d}t=\int_0^x\left(\sum_{n=1}^{\infty}nt^{n-1}\right)\mathrm{d}t=\sum_{n=1}^{\infty}\int_0^x nt^{n-1}\mathrm{d}t$$
$$=\sum_{n=1}^{\infty}x^n=\frac{x}{1-x}.$$

因此 $f(x)=\left(\frac{x}{1-x}\right)'=\frac{1}{(1-x)^2}$,于是 $S(x)=xf(x)=\frac{x}{(1-x)^2}$,从而

$$S\left(\frac{1}{1+r}\right)=\frac{\frac{1}{1+r}}{\left(1-\frac{1}{1+r}\right)^2}=\frac{1+r}{r^2}.$$

将 $r=4\%$ 代入上式,即可求得演艺公司需要在签约当天存入银行的资金为

$$S\left(\frac{1}{1+4\%}\right)=\frac{1+0.04}{0.04^2}=650(万元).$$

习题9-6

1. 利用幂级数的展开式,求下列各数的近似值:
   (1) $\sqrt[5]{240}$(误差不超过 10^{-4});
   (2) $\ln 3$(误差不超过 10^{-4});
   (3) $\sin 9°$(误差不超过 10^{-5}).

2. 计算 $\int_0^1\frac{\sin x}{x}\mathrm{d}x$ 的近似值,精确到 10^{-4}.

3. 假定银行的年存款利率为 5%,若以年复利计算利息,那么某公司应在银行中一次存入多少资金,才能保证从存入之日起,以后每年能从银行提取 300 万元作为职工的福利直至永远?

本章小结

一、常数项级数概念与性质

1. 常数项级数的收敛与发散的概念.

常数项级数：$\sum_{n=1}^{\infty} u_n = u_1 + u_2 + \cdots + u_n + \cdots$.

记部分和 $S_n = \sum_{k=1}^{n} u_k$. 若 $\lim\limits_{n\to\infty} S_n = S$, 则称级数 $\sum_{n=1}^{\infty} u_n$ 收敛, S 称为级数的和, 记为 $S = \sum_{n=1}^{\infty} u_n$; 若 $\lim\limits_{n\to\infty} S_n$ 不存在, 则称级数 $\sum_{n=1}^{\infty} u_n$ 发散.

2. 级数的基本性质与收敛的必要条件.

(1) 若 $\sum_{n=1}^{\infty} u_n$ 与 $\sum_{n=1}^{\infty} v_n$ 都收敛, α, β 为常数, 则 $\sum_{n=1}^{\infty} (\alpha u_n + \beta v_n)$ 收敛, 且

$$\sum_{n=1}^{\infty} (\alpha u_n + \beta v_n) = \alpha \sum_{n=1}^{\infty} u_n + \beta \sum_{n=1}^{\infty} v_n.$$

(2) 在一个级数中, 增加或删去有限个项不改变级数的敛散性.

(3) 收敛级数加括号后所成的级数仍收敛, 且其和不变.

(4) 级数 $\sum_{n=1}^{\infty} u_n$ 收敛的必要条件是 $\lim\limits_{n\to\infty} u_n = 0$.

若 $\lim\limits_{n\to\infty} u_n \neq 0$, 则可判断级数 $\sum_{n=1}^{\infty} u_n$ 发散. 注意不能由 $\lim\limits_{n\to\infty} u_n = 0$, 判断 $\sum_{n=1}^{\infty} u_n$ 收敛.

3. 几何级数与 p-级数及其收敛性.

(1) 几何级数(等比级数) $\sum_{n=0}^{\infty} ar^n (a \neq 0)$, 当公比 $|r| < 1$ 时, 收敛; 当公比 $|r| \geq 1$ 时, 发散.

(2) p-级数 $\sum_{n=1}^{\infty} \frac{1}{n^p}$, 当 $p > 1$ 时, 收敛; 当 $p \leq 1$ 时, 发散.

二、正项级数审敛法(该部分的级数均为正项级数)

1. 比较判别法.

设 $u_n \leq v_n$, (1) 若 $\sum_{n=1}^{\infty} v_n$ 收敛, 则 $\sum_{n=1}^{\infty} u_n$ 也收敛; (2) 若 $\sum_{n=1}^{\infty} u_n$ 发散, 则 $\sum_{n=1}^{\infty} v_n$ 也发散.

2. 比较判别法的极限形式.

设 $\lim\limits_{n\to\infty} \frac{u_n}{v_n} = \rho$, 则

(1) 当 $0 < \rho < +\infty$ 时, $\sum_{n=1}^{\infty} u_n$ 与 $\sum_{n=1}^{\infty} v_n$ 具有相同的收敛性;

(2) 当 $\rho = 0$ 时, 若 $\sum_{n=1}^{\infty} v_n$ 收敛, 则 $\sum_{n=1}^{\infty} u_n$ 亦收敛;

(3) 当 $\rho = +\infty$ 时, 若 $\sum_{n=1}^{\infty} v_n$ 发散, 则 $\sum_{n=1}^{\infty} u_n$ 亦发散.

3. 比值判别法.

设 $\lim\limits_{n\to\infty} \frac{u_{n+1}}{u_n} = \rho$, 则

(1) 当 $0 < \rho < 1$ 时，$\sum\limits_{n=1}^{\infty} u_n$ 收敛；

(2) 当 $\rho > 1$（包括 $\rho = +\infty$）时，$\sum\limits_{n=1}^{\infty} u_n$ 发散；

(3) 当 $\rho = 1$ 时，不能判断 $\sum\limits_{n=1}^{\infty} u_n$ 的收敛性.

4. 根值判别法.

设 $\lim\limits_{n \to \infty} \sqrt[n]{u_n} = \rho$，则

(1) 当 $0 < \rho < 1$ 时，$\sum\limits_{n=1}^{\infty} u_n$ 收敛；

(2) 当 $\rho > 1$（包括 $\rho = +\infty$）时，$\sum\limits_{n=1}^{\infty} u_n$ 发散；

(3) 当 $\rho = 1$ 时，不能判断 $\sum\limits_{n=1}^{\infty} u_n$ 的收敛性.

三、任意项级数

1. 交错级数的莱布尼兹判别法.

设交错级数 $\sum\limits_{n=1}^{\infty} (-1)^{n-1} u_n$ 满足：

(1) $u_n \geqslant u_{n+1}$ $(n = 1, 2, 3, \cdots)$；

(2) $\lim\limits_{n \to \infty} u_n = 0$，

则级数 $\sum\limits_{n=1}^{\infty} (-1)^{n-1} u_n$ 收敛，且其和 $S \leqslant u_1$.

2. 绝对收敛与条件收敛.

(1) 若 $\sum\limits_{n=1}^{\infty} |u_n|$ 收敛，则 $\sum\limits_{n=1}^{\infty} u_n$ 一定收敛；若 $\sum\limits_{n=1}^{\infty} u_n$ 收敛，则 $\sum\limits_{n=1}^{\infty} |u_n|$ 不一定收敛.

(2) 若 $\sum\limits_{n=1}^{\infty} |u_n|$ 收敛，则称 $\sum\limits_{n=1}^{\infty} u_n$ 绝对收敛；若 $\sum\limits_{n=1}^{\infty} u_n$ 收敛，而 $\sum\limits_{n=1}^{\infty} |u_n|$ 发散，则称 $\sum\limits_{n=1}^{\infty} u_n$ 条件收敛.

四、幂级数

1. 幂级数的概念.

(1) 在 $x = x_0$ 处的幂级数或 $(x - x_0)$ 的幂级数：

$$\sum_{n=0}^{\infty} a_n (x - x_0)^n = a_0 + a_1(x - x_0) + a_2(x - x_0)^2 + \cdots + a_n(x - x_0)^n + \cdots;$$

(2) 在 $x = 0$ 处的幂级数或 x 的幂级数：

$$\sum_{n=0}^{\infty} a_n x^n = a_0 + a_1 x + \cdots + a_n x^n + \cdots.$$

2. 幂级数 $\sum\limits_{n=0}^{\infty} a_n x^n$ 的收敛半径、收敛区间和收敛域.

(1) 收敛半径 $R = +\infty$，则 $\sum\limits_{n=0}^{\infty} a_n x^n$ 在整个数轴上都收敛，收敛域为 $(-\infty, +\infty)$.

(2) 收敛半径 $R = 0$，则 $\sum\limits_{n=0}^{\infty} a_n x^n$ 仅在 $x = 0$ 处收敛.

(3) 收敛半径 $R > 0$，则 $\sum\limits_{n=0}^{\infty} a_n x^n$ 的收敛域为以下 4 种区间之一：$(-R,R)$，$[-R,R)$，$(-R,R]$，$[-R,R]$。

3. 幂级数 $\sum\limits_{n=0}^{\infty} a_n x^n$ 的收敛半径求法.

设 $\lim\limits_{n\to\infty}\left|\dfrac{a_{n+1}}{a_n}\right| = \rho$，则

(1) 当 $0 < \rho < +\infty$ 时，$R = \dfrac{1}{\rho}$；

(2) 当 $\rho = 0$ 时，$R = +\infty$；

(3) 当 $\rho = +\infty$ 时，$R = 0$。

4. 幂级数在其收敛区间内的基本运算性质.

加法、乘法、逐项求导、逐项积分（详见 9.4.3 节）。

5. 简单幂级数的和函数求法.

(1) 用逐项求导、逐项积分的方法及等比级数的求和公式.

(2) 把已知函数的幂级数展开式反过来用.

五、函数展开成幂级数

1. 泰勒级数与麦克劳林级数.

(1) $f(x)$ 的泰勒级数：

$$f(x_0) + f'(x_0)(x - x_0) + \dfrac{f''(x_0)}{2!}(x - x_0)^2 + \cdots + \dfrac{f^{(n)}(x_0)}{n!}(x - x_0)^n + \cdots.$$

(2) $f(x)$ 的麦克劳林级数：

$$f(0) + f'(0)x + \dfrac{f''(0)}{2!}x^2 + \cdots + \dfrac{f^{(n)}(0)}{n!}x^n + \cdots.$$

2. 函数 $f(x)$ 展开成幂级数的方法.

(1) 直接展开法：套用麦克劳林级数展开式.

(2) 间接展开法：利用已知的展开式，通过变形、变量代换，以及加法、逐项求导和逐项积分等幂级数的运算.

3. 6 个常用的初等函数 $e^x, \ln(1+x), \sin x, \cos x, \arctan x, (1+x)^\alpha$ 的幂级数展开式（详见 9.5.2 节）.

复习题 9

(A)

1. 判别下列正项级数的敛散性：

(1) $\sum\limits_{n=1}^{\infty} \dfrac{1}{\ln^2 n}$；

(2) $\sum\limits_{n=1}^{\infty} \dfrac{1}{n\sqrt[n]{n}}$；

(3) $\sum_{n=1}^{\infty}\left(1-\cos\frac{2}{n}\right)$; (4) $\sum_{n=1}^{\infty}\frac{n^n}{(n!)^2}$.

2. 设正项级数 $\sum_{n=1}^{\infty}u_n, \sum_{n=1}^{\infty}v_n$ 都收敛,试证明级数 $\sum_{n=1}^{\infty}(u_n+v_n)^2$ 也收敛.

3. 判别下列级数是绝对收敛,条件收敛,还是发散:

(1) $\sum_{n=1}^{\infty}\frac{(-1)^{n-1}}{\ln(2+n)}$; (2) $\sum_{n=1}^{\infty}\frac{n^{10}}{(-3)^n}$;

(3) $\sum_{n=1}^{\infty}(-1)^n\frac{n}{n+1}$; (4) $\sum_{n=1}^{\infty}(-1)^n\frac{(n+1)!}{n^{n+1}}$.

4. 求下列幂级数的收敛域:

(1) $\sum_{n=0}^{\infty}(2n)!x^n$; (2) $\sum_{n=1}^{\infty}\frac{x^{2n}}{(2n-1)!}$;

(3) $\sum_{n=1}^{\infty}\frac{3^n+5^n}{n}x^n$; (4) $\sum_{n=1}^{\infty}\frac{(x+4)^n}{n}$;

(5) $\sum_{n=0}^{\infty}10^n(x-1)^n$; (6) $\sum_{n=1}^{\infty}\frac{(-1)^n}{n^2}(x-3)^n$.

5. 求下列幂级数的收敛域及其和函数:

(1) $\sum_{n=1}^{\infty}n^2x^{n-1}$; (2) $\sum_{n=0}^{\infty}(n+1)x^{n+1}$;

(3) $\sum_{n=0}^{\infty}\frac{1}{2^{n-1}}x^n$; (4) $\sum_{n=1}^{\infty}\frac{1}{n(n+1)}x^{n+1}$.

6. 将下列函数展开成 x 的幂级数:

(1) 3^x; (2) $\frac{x^2}{1+x^2}$;

(3) $\ln(1+x-2x^2)$; (4) $\frac{1}{(x-1)(x-2)}$;

(5) $\int_0^x\frac{\sin t}{t}dt$; (6) $\int_0^x e^{t^2}dt$.

7. 求下列函数在指定点处的幂级数展开式:

(1) $f(x)=e^x, x_0=1$; (2) $f(x)=\frac{1}{x}, x_0=2$.

(B)

1. 讨论级数 $\sum_{n=1}^{\infty}\frac{(n+1)!}{n^{n+1}}$ 的敛散性.

2. 已知正项级数 $\sum_{n=1}^{\infty}u_n$ 收敛,证明级数 $\sum_{n=1}^{\infty}u_n^2$ 也收敛. 反之,若 $\sum_{n=1}^{\infty}u_n^2$ 收敛, $\sum_{n=1}^{\infty}u_n$ 是否一定收敛?

3. 已知级数 $\sum_{n=1}^{\infty}u_n^2$ 收敛,证明级数 $\sum_{n=1}^{\infty}\frac{u_n}{n}$ 绝对收敛.

4. 求幂级数 $\sum_{n=1}^{\infty}(-1)^{n-1}\frac{(3x-2)^n}{2n+1}$ 的收敛半径和收敛域.

5. 将函数 $f(x)=\arctan\frac{1+x}{1-x}$ 展开为 x 的幂级数,并求其收敛域.

6. 利用幂级数展开式,求下列级数的和:

(1) $\sum_{n=2}^{\infty}\frac{1}{(n^2-1)2^n}$; (2) $\sum_{n=1}^{\infty}(-1)^n\frac{n(n+1)}{2^{2n}}$.

7. 利用级数敛散性,证明 $\lim_{n\to\infty}\frac{c^n}{n!}=0$,其中 $c>1$ 是常数.

8. 设数列 $\{na_n\}$ 有界,证明级数 $\sum_{n=1}^{\infty}a_n^2$ 收敛.

> 一个国家只有数学蓬勃地发展,才能展现它国力的强大. 数学的发展和至善,与国家的繁荣昌盛密切相关.
>
> —— 拿破仑(Napoleon,法国军事家)

第 10 章 微分方程与差分方程初步

微分方程就是含有自变量、未知函数及未知函数的导数或微分的方程. 在经济管理、科学技术、军事等学科领域中的大量问题,一旦加以较为精确的描述,就会出现微分方程. 微分方程是数学联系实际并应用于实际的重要途径和桥梁,是各个学科进行科学研究的强有力工具.

微分方程已成为有重要理论意义与应用价值的数学分支. 本章主要介绍微分方程的基本概念、几种常用的微分方程的求解方法及线性微分方程解的相关理论.

在经济管理等实际问题中,大多数数据是以等时间间隔进行处理的,例如,银行中的定期存款按所设定的时间等间隔计息,国家财政预算按年制定等. 因此,本章后两节专门介绍与此相关的差分方程的知识.

课程思政案例

知识框图

§10.1 微分方程的基本概念

10.1.1 典型实例

从以下几个典型的实例中可体会到微分方程的概念及应用.

例1 (商品的价格调整模型) 如果设某商品在时刻 t 的售价为 P,社会对该商品的需求量和供给量分别是 P 的函数 $D(P),S(P)$,则在时刻 t 的价格 P 对于时间 t 的变化率可认为与该商品在同时刻的超额需求量 $D(P)-S(P)$ 成正比,即有

$$\frac{\mathrm{d}P}{\mathrm{d}t}=k[D(P)-S(P)] \quad (k>0).$$

在 $D(P)$ 和 $S(P)$ 确定的情况下,可解出 P 与 t 的函数关系,这就是**商品的价格调整模型**.

例2 (几何问题) 如果一条曲线通过点 $(1,0)$,且在该曲线上任一点 $M(x,y)$ 处的切线的斜率恰好与其横坐标相等,求这条曲线的方程.

解 设所求的曲线为 $y=y(x)$,则根据已知条件,有

$$y'=x,$$

这就是一个微分方程. 显然,函数

$$y=\frac{1}{2}x^2+C \quad (C\text{ 为任意常数})$$

满足方程 $y'=x$. 由于曲线通过点 $(1,0)$,故将 $x=1,y=0$ 代入上式,得

$$C=-\frac{1}{2}.$$

因此,所求曲线为

$$y=\frac{1}{2}x^2-\frac{1}{2}.$$

例3 (推广普通话问题) 在某地区推广普通话(简称推普),已知该地区需要推普的人数为 N,设 t 时刻已掌握普通话的人数为 $p(t)$,推普的速度与已推普的人数和还未推普的人数之积成正比,比例常数为 $k>0$,于是得到

$$\frac{\mathrm{d}p}{\mathrm{d}t}=kp(N-p).$$

此方程称为**逻辑斯蒂(Logistic)方程**,在经济学、生物学等学科领域有着广泛应用.

例4 (跳伞问题) 运动员(质量为 m kg)在跳伞塔上以初速度 $v(0)=v_0$ 起跳下落,所受空气阻力与速度 $v(t)$ 成正比(设比例常数为 k). 问该运动员在跳下 t s 后下降了多少米?

解 设重力加速度为常数 g,则由牛顿第二定律 $F=ma$,可知

$$mg-kv=m\frac{\mathrm{d}v}{\mathrm{d}t}, \quad \text{即} \quad mv'(t)=mg-kv(t).$$

可以验证 $v(t) = \dfrac{mg}{k} + C\mathrm{e}^{-\frac{k}{m}t}$（$C$ 为任意常数）满足上面的等式（至于 $v(t)$ 是怎样求出来的，这正是后面将要解决的问题）．

因为 $v(0) = v_0$，所以 $C = v_0 - \dfrac{mg}{k}$，则
$$v(t) = \frac{mg}{k} + \left(v_0 - \frac{mg}{k}\right)\mathrm{e}^{-\frac{k}{m}t}.$$

设运动员在跳下 t s 后下降了 $h(t)$ m，则
$$h(t) = \int_0^t v(x)\mathrm{d}x = \int_0^t \left[\frac{mg}{k} + \left(v_0 - \frac{mg}{k}\right)\mathrm{e}^{-\frac{k}{m}x}\right]\mathrm{d}x$$
$$= \frac{mg}{k}t + \left(v_0 - \frac{mg}{k}\right)\left[\frac{m}{k}(1 - \mathrm{e}^{-\frac{k}{m}t})\right].$$

可见，若要求出运动员到达地面的准确时间，则相应地必须以一定的初速度 v_0 起跳．

10.1.2　基本概念

在上述典型实例中，都涉及了微分方程．

定义 1　含有未知函数的导数（或微分）的方程称为微分方程．未知函数为一元函数的微分方程称为常微分方程，简称为微分方程．

例如，
$$\frac{\mathrm{d}P}{\mathrm{d}t} = k[D(P) - S(P)] \quad (k > 0),$$
$$y' = x,$$
$$\frac{\mathrm{d}p}{\mathrm{d}t} = kp(N - p),$$
$$L\frac{\mathrm{d}^2 Q}{\mathrm{d}t^2} + R\frac{\mathrm{d}Q}{\mathrm{d}t} + \frac{Q}{C} = 0,$$
$$xy''' + 2y'' + x^2 y = 0$$

等都是微分方程．

微分方程中未知函数的导数的最高阶数称为微分方程的阶．

例如，上述 5 个方程中，第一至第三个是一阶方程，第四个是二阶方程，第五个是三阶方程．

n 阶微分方程有下面两种一般形式：
$$F(x, y, y', \cdots, y^{(n)}) = 0,$$
$$y^{(n)} = f(x, y, y', \cdots, y^{(n-1)}),$$

其中 x 是自变量，y 是未知函数，F 和 f 是已知函数，且 $y^{(n)}$ 必须出现．

定义 2　如果函数 $y = y(x)$ 代入微分方程能使两端恒等，则称函数 $y = y(x)$ 为该微分方程的解．

由例 2 可知道，微分方程的解可能含有任意常数，也可能不含

任意常数.

定义 3 若微分方程的解中含有相互独立的任意常数,且任意常数的个数与微分方程的阶数相等,称这样的解为微分方程的**通解**(或**一般解**). 而称不含任意常数的解为方程的**特解**.

用于确定通解中任意常数值的条件称为**初始条件**. 求微分方程满足初始条件的解的问题称为**初值问题**.

微分方程的解的图形是一条曲线,称为微分方程的**积分曲线**.

注 这里所说的相互独立的任意常数,是指它们不能通过合并而使得通解中的任意常数的个数减少. 所谓通解的意思是指,当其中的任意常数取遍所有实数时,就可以得到微分方程的所有解(至多有个别例外).

在例 2 中,$y = \dfrac{1}{2}x^2 + C$ 是方程的通解. 一般地,方程 $y' = f(x)$ 的通解为 $y = \int f(x)\mathrm{d}x + C$(积分后不再加任意常数).

在例 2 中,$y = \dfrac{1}{2}x^2 - \dfrac{1}{2}$ 是由初始条件 $y(1) = 0$ 所确定的特解. 一般地,为了确定方程的特解,先要求出方程的通解,再由初始条件求出任意常数的值,从而得到特解.

$y = \dfrac{1}{2}x^2 + C$ 是一族积分曲线,$y = \dfrac{1}{2}x^2 - \dfrac{1}{2}$ 是其中的一条积分曲线.

例 5 验证函数 $x(t) = C_1 \cos t + C_2 \sin t$ 是微分方程 $x''(t) + x = 0$ 的通解,并求满足初始条件 $x(t)\big|_{t=0} = 1, x'(t)\big|_{t=0} = 3$ 的特解.

解 要验证一个函数是否是方程的通解,只要将函数代入方程,看是否恒等,再看函数式中所含的独立的任意常数的个数是否与方程的阶数相同.

对 $x(t)$ 求导,得
$$x'(t) = -C_1 \sin t + C_2 \cos t, \quad x''(t) = -C_1 \cos t - C_2 \sin t.$$
将 $x = C_1 \cos t + C_2 \sin t$ 和 $x''(t) = -C_1 \cos t - C_2 \sin t$ 代入原方程,得
$$x''(t) + x(t) = -(C_1 \cos t + C_2 \sin t) + (C_1 \cos t + C_2 \sin t) = 0.$$
故含有两个独立的任意常数的函数 $x(t) = C_1 \cos t + C_2 \sin t$ 是原方程的通解.

把 $x(t)\big|_{t=0} = 1, x'(t)\big|_{t=0} = 3$ 分别代入 $x(t) = C_1 \cos t + C_2 \sin t$ 和 $x'(t) = -C_1 \sin t + C_2 \cos t$,得
$$C_1 = 1, \quad C_2 = 3.$$
故所求特解为
$$x(t) = \cos t + 3\sin t.$$

习题 10-1

1. 指出下列方程的阶数：
   (1) $x^4 y''' - y'' + 2xy^6 = 0$;
   (2) $L\dfrac{d^2 Q}{dt^2} + R\dfrac{dQ}{dt} + \dfrac{Q}{C} = 0$;
   (3) $\dfrac{d\rho}{d\theta} + \rho = \cos^2\theta$;
   (4) $(y - xy)dx + 2x^2 dy = 0$.

2. 验证下列给出的函数是否为相应方程的解：
   (1) $xy' = 2y$, $y = Cx^2$;
   (2) $(x+1)dy = y^2 dx$, $y = x+1$;
   (3) $y'' + 2y' + y = 0$, $y = xe^{-x}$;
   (4) $\dfrac{d^2 s}{dt^2} = -0.4$, $s = -0.2t^2 + C_1 t + C_2$.

3. 验证函数 $x = C_1 \cos kt + C_2 \sin kt \,(k \neq 0)$ 是微分方程
$$\dfrac{d^2 x}{dt^2} + k^2 x = 0$$
的通解.

4. 已知函数 $x = C_1 \cos kt + C_2 \sin kt \,(k \neq 0)$ 是微分方程 $\dfrac{d^2 x}{dt^2} + k^2 x = 0$ 的通解，求满足初始条件 $x\big|_{t=0} = 2, x'\big|_{t=0} = 0$ 的特解.

§10.2 一阶微分方程的分离变量法

一阶微分方程的一般形式为
$$F(x, y, y') = 0$$
或
$$y' = f(x, y),$$
其中 $F(x, y, y')$ 是 x, y, y' 的已知函数，$f(x, y)$ 是 x, y 的已知函数. 本节介绍求解特殊形式的一阶微分方程的一种有效方法——**分离变量法**.

10.2.1 可分离变量的微分方程

如果要求微分方程 $y' = 2xy^2$ 的通解，由于 y 是未知的，所以积分 $\int 2xy^2 dx$ 无法进行，即方程两边直接积分不能求出通解.

为求通解,当 $y \neq 0$ 时,可将方程变为 $\frac{1}{y^2}\mathrm{d}y = 2x\mathrm{d}x$,两边积分,得
$$-\frac{1}{y} = x^2 + C \text{ 或 } y = -\frac{1}{x^2 + C},$$
可以验证函数 $y = -\frac{1}{x^2 + C}$ 是原方程的通解. 显然,$y = 0$ 亦为方程的解.

定义 如果一个一阶微分方程能写成
$$\psi(y)\mathrm{d}y = \varphi(x)\mathrm{d}x \quad (\text{或写成 } y' = f(x)g(y)) \quad (10-1)$$
的形式,那么原方程就称为**可分离变量的微分方程**.

注 可分离变量的微分方程意味着能把微分方程写成一端只含 y 的函数和 $\mathrm{d}y$,另一端只含 x 的函数和 $\mathrm{d}x$.

例 1 下列方程中,哪些是可分离变量的微分方程?
(1) $y' = 1 + x + y^2 + xy^2$;   (2) $(x^2 + y^2)\mathrm{d}x - xy\mathrm{d}y = 0$;
(3) $y' = 10^{x+y}$;   (4) $y' = \frac{x}{y} + \frac{y}{x}$.

解 (1) 是. 方程可化为 $y' = (1+x)(1+y^2)$.
(2) 不是.
(3) 是. 方程可化为 $10^{-y}\mathrm{d}y = 10^x\mathrm{d}x$.
(4) 不是.

分离变量法是解可分离变量方程的有效方法,其求解方法是:先分离变量,使方程的一端只含 y 的函数及 $\mathrm{d}y$,另一端只含 x 的函数及 $\mathrm{d}x$,然后两端积分,即可求得方程的通解. 具体的求解步骤如下:

第一步,分离变量,
$$\frac{1}{g(y)}\mathrm{d}y = f(x)\mathrm{d}x.$$

第二步,对上式两端分别积分,
$$\int \frac{1}{g(y)}\mathrm{d}y = \int f(x)\mathrm{d}x,$$
得到通解
$$G(y) = F(x) + C,$$
其中 $G(y)$ 与 $F(x)$ 分别是 $\frac{1}{g(y)}$ 与 $f(x)$ 的一个原函数,C 是任意常数,上式就是原方程的隐式通解.

第三步,由于第一步是用 $g(y)$ 除方程的两边,而 $g(y) = 0$ 是不能作除数的,因此对 $g(y) = 0$ 要单独考虑. 由 $g(y) = 0$ 解出的 y 是常数,它显然满足原方程,是原方程的特解,这种特解可能包

含在所求出的通解中,也可能不包含在所求出的通解中(此时要把它单独列出).

例 2 求方程 $y' = 2xy$ 的通解.

解 方程两边同除以 y,再乘 $\mathrm{d}x$,得
$$\frac{1}{y}\mathrm{d}y = 2x\mathrm{d}x.$$

两端分别积分,得
$$\int \frac{1}{y}\mathrm{d}y = \int 2x\mathrm{d}x,$$

即
$$\ln|y| = x^2 + C_1.$$

由上式可得
$$y = \pm \mathrm{e}^{x^2 + C_1} = \pm \mathrm{e}^{C_1} \cdot \mathrm{e}^{x^2}.$$

记常数 $C = \pm \mathrm{e}^{C_1}$,则原方程的通解为
$$y = C\mathrm{e}^{x^2}.$$

又 $y = 0$ 显然是方程的解,且它已包含在通解中(当 $C = 0$ 时),故原方程的通解为 $y = C\mathrm{e}^{x^2}$.

需要指出的是,$\ln|y| = x^2 + C_1$ 也是方程的通解,是其**隐式通解**,而 $y = C\mathrm{e}^{x^2}$ 是**显式通解**(并不是每个方程都能求出显式通解,如果在这种情况下,则只需写出隐式通解).

例 3 求微分方程 $\dfrac{\mathrm{d}y}{\mathrm{d}x} = 1 + x + y^2 + xy^2$ 的通解.

解 方程可化为
$$\frac{\mathrm{d}y}{\mathrm{d}x} = (1+x)(1+y^2),$$

分离变量,得
$$\frac{1}{1+y^2}\mathrm{d}y = (1+x)\mathrm{d}x,$$

两端分别积分,得
$$\int \frac{1}{1+y^2}\mathrm{d}y = \int (1+x)\mathrm{d}x, \quad 即 \quad \arctan y = \frac{1}{2}x^2 + x + C.$$

于是原方程的通解为 $y = \tan\left(\dfrac{1}{2}x^2 + x + C\right)$.

例 4 求方程 $y' = y^2 \cos x$ 的通解及满足初始条件 $y(0) = 1$ 的特解.

解 分离变量,得
$$\frac{1}{y^2}\mathrm{d}y = \cos x \mathrm{d}x,$$

两端分别积分,得

$$\int \frac{1}{y^2}dy = \int \cos x \, dx,$$

即

$$-\frac{1}{y} = \sin x + C.$$

由 $y^2 = 0$,知 $y = 0$,它也是原方程的解,且不包含在通解中,但不满足初始条件.
将 $y(0) = 1$ 代入通解中,求得 $C = -1$. 故所求特解为

$$-\frac{1}{y} = \sin x - 1 \quad \text{或} \quad y = \frac{1}{1 - \sin x}.$$

例 5 求逻辑斯蒂方程 $\dfrac{dp}{dt} = kp(N-p)$ 的解,其中 $N, k > 0$,且 $0 < p < N$.

解 分离变量,得

$$\frac{dp}{p(N-p)} = k\,dt.$$

两端分别积分,得

$$\frac{1}{N}\int \left(\frac{1}{p} + \frac{1}{N-p}\right)dp = \int k\,dt,$$

即

$$\frac{1}{N}\ln\left|\frac{p}{N-p}\right| = kt + C_1.$$

对上式做如下的整理:

$$\ln\left|\frac{p}{N-p}\right| = Nkt + NC_1,$$

$$\left|\frac{p}{N-p}\right| = e^{Nkt+NC_1} = e^{NC_1}e^{Nkt},$$

$$\frac{p}{N-p} = \pm e^{NC_1}e^{Nkt} = Ce^{Nkt},$$

$$p = \frac{CNe^{Nkt}}{1+Ce^{Nkt}}.$$

故所求的通解为

$$p = \frac{CNe^{Nkt}}{1+Ce^{Nkt}}.$$

在上述计算过程中,用 $p(N-p)$ 除方程的两边,而 $p = 0$ 和 $p = N$ 显然也是方程的解,且 $p = N$ 不包含在通解中.

例 6 某公司 t 年净资产有 $W(t)$(百万元),并且资产本身以每年 5% 的速度连续增长,同时该公司每年要以 3 千万元的数额连续支付职工工资.
(1) 给出描述净资产 $W(t)$ 的微分方程;
(2) 求解方程,假设初始净资产为 W_0;
(3) 讨论在 $W_0 = 500, 600, 700$ 这 3 种情况下,$W(t)$ 变化的特点.

解 (1) 利用平衡法,即由公式

净资产增长速度 = 资产本身增长速度 − 职工工资支付速度,

得到所求微分方程

$$\frac{dW}{dt} = 0.05W - 30.$$

(2) 分离变量，得

$$\frac{dW}{W-600} = 0.05 dt.$$

两边积分，得

$$\ln|W-600| = 0.05t + \ln C_1 \quad (C_1 \text{ 为正常数}),$$

于是

$$|W-600| = C_1 e^{0.05t} \quad \text{或} \quad W-600 = C e^{0.05t} \quad (C = \pm C_1).$$

将 $W(0) = W_0$ 代入，得方程通解

$$W = 600 + (W_0 - 600)e^{0.05t}.$$

在上述推导过程中 $W \neq 600$，但当 $W = 600$ 时，$\frac{dW}{dt} = 0$，仍包含在通解表达式中.

将 $W_0 = 600$ 称为**平衡解**.

(3) 由通解表达式可知，当 $W_0 = 500$ 时，净资产额单调递减，公司将在第 36 年破产；当 $W_0 = 600$ 时，公司将收支平衡，资产将保持在 600 不变；当 $W_0 = 700$ 时，公司净资产将按指数不断增大.

10.2.2 齐次方程

如果函数 $f(x, y)$ 满足：

$$f(\lambda x, \lambda y) = \lambda^n f(x, y),$$

则称其为 *n* **次齐次函数**.

形如

$$\frac{dy}{dx} = f\left(\frac{y}{x}\right) \tag{10-2}$$

的方程称为**零次齐次微分方程**，简称**齐次方程**.

对于齐次方程(10-2)，可通过变量代换将其化为可分离变量的方程进行求解.

令 $u = \frac{y}{x}$，则 $y = xu$，$\frac{dy}{dx} = u + x\frac{du}{dx}$. 代入齐次方程(10-2)，得

$$u + x\frac{du}{dx} = f(u).$$

分离变量并对两边积分，得

$$\int \frac{du}{f(u) - u} = \int \frac{1}{x} dx.$$

由上式解出 $u = u(x, C)$，即可得到齐次方程(10-2)的通解

$$y = xu(x, C).$$

例7 求微分方程 $y' = \dfrac{y}{x+y}$ 的通解.

解 把原方程化为

$$\frac{\mathrm{d}y}{\mathrm{d}x} = \frac{\dfrac{y}{x}}{1+\dfrac{y}{x}}.$$

令 $u = \dfrac{y}{x}$，则 $y = xu$，$\dfrac{\mathrm{d}y}{\mathrm{d}x} = u + x\dfrac{\mathrm{d}u}{\mathrm{d}x}$. 代入上式并整理，得

$$\frac{1+u}{u^2}\mathrm{d}u = -\frac{1}{x}\mathrm{d}x.$$

两端分别积分，得

$$-\frac{1}{u} + \ln|u| = -\ln|x| + C.$$

将 $u = \dfrac{y}{x}$ 回代到上式，得通解

$$-\frac{x}{y} + \ln\left|\frac{y}{x}\right| = -\ln|x| + C$$

或

$$x - Cy - y\ln|y| = 0.$$

例8 求微分方程 $x(\ln x - \ln y)\mathrm{d}y - y\mathrm{d}x = 0$ 的通解，并解其初值问题 $y(1) = 1$.

解 原方程变形为 $\ln\dfrac{y}{x}\mathrm{d}y + \dfrac{y}{x}\mathrm{d}x = 0$，令 $u = \dfrac{y}{x}$，则 $\dfrac{\mathrm{d}y}{\mathrm{d}x} = u + x\dfrac{\mathrm{d}u}{\mathrm{d}x}$，代入原方程并整理，得

$$\frac{\ln u}{u(\ln u + 1)}\mathrm{d}u = -\frac{\mathrm{d}x}{x}.$$

两边积分，得

$$\ln u - \ln(\ln u + 1) = -\ln x + \ln C, \quad 即 \quad y = C(\ln u + 1).$$

变量回代，得所求通解

$$y = C\left(\ln\frac{y}{x} + 1\right).$$

由 $y(1) = 1$ 代入通解，得 $C = 1$，故所求初值问题的解为

$$y = \ln\frac{y}{x} + 1.$$

例9 设商品 A 和商品 B 的售价分别为 P_1, P_2，已知价格 P_1 与 P_2 相关，且价格 P_1 相对 P_2 的弹性为 $\dfrac{P_2 \mathrm{d}P_1}{P_1 \mathrm{d}P_2} = \dfrac{P_2 - P_1}{P_2 + P_1}$，求 P_1 与 P_2 的函数关系式.

解 所给方程为齐次方程，整理得

$$\frac{\mathrm{d}P_1}{\mathrm{d}P_2} = \frac{1-\dfrac{P_1}{P_2}}{1+\dfrac{P_1}{P_2}} \cdot \frac{P_1}{P_2}.$$

令 $u = \dfrac{P_1}{P_2}$，则

$$u + P_2 \frac{du}{dP_2} = \frac{1-u}{1+u} \cdot u.$$

分离变量,得

$$\left(-\frac{1}{u} - \frac{1}{u^2}\right) du = 2 \frac{dP_2}{P_2},$$

两边积分,得

$$\frac{1}{u} - \ln u = \ln (C_1 P_2)^2.$$

将 $u = \dfrac{P_1}{P_2}$ 回代,则得到所求通解(即 P_1 与 P_2 的函数关系式)为

$$\frac{P_2}{P_1} e^{\frac{P_2}{P_1}} = CP_2^2 \quad (C = C_1^2 \text{ 为任意正常数}).$$

*10.2.3 可化为齐次方程的方程

对于形如

$$\frac{dy}{dx} = f\left(\frac{a_1 x + b_1 y + c_1}{a_2 x + b_2 y + c_2}\right)$$

的方程,可化为齐次方程.

其做法是:先求出平面直角坐标系中两条直线

$$a_1 x + b_1 y + c_1 = 0, \quad a_2 x + b_2 y + c_2 = 0$$

的交点 (x_0, y_0),然后做平移变换

$$\begin{cases} X = x - x_0, \\ Y = y - y_0, \end{cases} \quad \text{即} \quad \begin{cases} x = X + x_0, \\ y = Y + y_0. \end{cases}$$

这时,$\dfrac{dy}{dx} = \dfrac{dY}{dX}$,于是原方程就化为齐次方程

$$\frac{dY}{dX} = f\left(\frac{a_1 X + b_1 Y}{a_2 X + b_2 Y}\right).$$

例 10 求方程 $\dfrac{dy}{dx} = \dfrac{x-y+1}{x+y-3}$ 的通解.

解 直线 $x - y + 1 = 0$ 和 $x + y - 3 = 0$ 的交点是 $(1, 2)$,因此做变换 $x = X + 1$,$y = Y + 2$.代入题设方程,得

$$\frac{dY}{dX} = \frac{X-Y}{X+Y} = \left(1 - \frac{Y}{X}\right) \Big/ \left(1 + \frac{Y}{X}\right).$$

令 $u = \dfrac{Y}{X}$,则 $Y = uX$,$\dfrac{dY}{dX} = u + X\dfrac{du}{dX}$,代入上式,得

$$u + X \frac{du}{dX} = \frac{1-u}{1+u},$$

分离变量,得

$$\frac{1+u}{1-2u-u^2} du = \frac{1}{X} dX,$$

两边积分,得
$$-\frac{1}{2}\ln|1-2u-u^2| = \ln|X| + \ln C_1.$$
用 $u = \dfrac{Y}{X}$ 回代,得
$$X^2 - 2XY - Y^2 = C.$$
再将 $X = x-1, Y = y-2$ 回代,并整理得到所求题设方程的通解
$$x^2 - 2xy - y^2 + 2x + 6y = C.$$

注 由此可见,将一个方程化为齐次方程的做法是通过变量代换进行转化.

例 11 利用变量代换法求方程 $\dfrac{dy}{dx} = (y+x)^2$ 的通解.

解 令 $y + x = u$,则 $\dfrac{dy}{dx} = \dfrac{du}{dx} - 1$,代入原方程,得
$$\frac{du}{dx} = 1 + u^2,$$
分离变量,得
$$\frac{du}{1+u^2} = dx,$$
两边积分,得
$$\arctan u = x + C,$$
回代,得
$$\arctan(x+y) = x + C.$$
故原方程的通解为
$$y = \tan(x+C) - x.$$

例 12 解方程 $\dfrac{dy}{dx} = \dfrac{1}{x+y}$.

解 若把所给方程变形为
$$\frac{dx}{dy} = x + y,$$
即为一阶线性方程,则可按一阶线性方程的解法求得通解.

这里用变量代换来解所给方程. 令 $x + y = u$,则原方程化为
$$\frac{du}{dx} - 1 = \frac{1}{u}, \quad 即 \quad \frac{du}{dx} = \frac{u+1}{u}.$$
分离变量,得
$$\frac{u}{u+1} du = dx,$$
两端积分,得
$$u - \ln|u+1| = x - \ln|C|.$$
以 $u = x + y$ 代入上式,得通解

或
$$y - \ln|x+y+1| = -\ln|C|$$

$$x = Ce^y - y - 1.$$

习题 10-2

1. 求下列微分方程的通解：
   (1) $(y+1)^2 y' + x^3 = 0$;
   (2) $y' = 2^{x+y}$;
   (3) $\sin x \cos y \, dy = \sin y \cos x \, dx$;
   (4) $dx + xy\,dy = y^2 dx + y\,dy$;
   (5) $y^2 + x^2 \dfrac{dy}{dx} = xy \dfrac{dy}{dx}$;
   (6) $\dfrac{dy}{dx} = \dfrac{x-y}{x+y}$;
   (7) $\dfrac{dy}{dx} = \dfrac{y^2}{xy + x^2}$;
   (8) $y' = \dfrac{1}{2}\tan^2(x+2y)$.

2. 求下列微分方程满足所给初始条件的特解：
   (1) $y' = y^3 \sin x, y(0) = 1$;
   (2) $y' = \dfrac{x(y^2+1)}{(x^2+1)^2}, y(0) = 0$;
   (3) $\dfrac{dy}{dx} = \dfrac{y}{x} + \tan\dfrac{y}{x}, y(1) = \dfrac{\pi}{6}$;
   *(4) $\dfrac{dx}{x^2 - xy + y^2} = \dfrac{dy}{2y^2 - xy}, y(0) = 1$.

3. 一曲线在两坐标轴间的任一切线线段均被切点所平分，且通过点(1,2)，求该曲线方程.

4. 物体冷却的数学模型在多个领域有广泛的应用. 例如，警方破案时，法医要根据尸体当时的温度推断这个人的死亡时间，就可以利用这个模型来计算解决. 现设一物体的温度为100℃，将其放置在空气温度为20℃的环境中冷却. 试求物体温度 T 随时间 t 的变化规律.

§10.3 一阶线性微分方程

10.3.1 一阶线性微分方程及其解法

形如
$$\dfrac{dy}{dx} + P(x)y = Q(x) \quad (10-3)$$

的方程称为**一阶线性微分方程**，其中函数 $P(x), Q(x)$ 是某一区间 I 上的连续函数. 当 $Q(x)$ 不恒为 0 时，方程(10-3)称为**一阶非齐次线性微分方程**.

当 $Q(x) \equiv 0$ 时,方程(10-3)变成
$$\frac{dy}{dx} + P(x)y = 0. \tag{10-4}$$
这个方程称为**一阶齐次线性微分方程**.

注 这里所说的齐次方程与 §10.2 中所说的齐次方程完全不同!

显然,一阶齐次线性微分方程是可分离变量的方程.分离变量,得
$$\frac{dy}{y} = -P(x)dx,$$
两边积分,得
$$\ln|y| = -\int P(x)dx + C_1,$$
即
$$y = Ce^{-\int P(x)dx}, \tag{10-5}$$
这就是齐次线性微分方程(10-4)的通解($C = \pm e^{C_1}$,积分后,不再加任意常数).

对齐次线性微分方程(10-4),显然有**解的迭加原理**,即若 $y_1(x), y_2(x)$ 是方程(10-4)的解,则对任意常数 C_1, C_2,
$$y = C_1 y_1(x) + C_2 y_2(x)$$
也是方程(10-4)的解.

求解一阶非齐次线性微分方程可采用巧妙的**常数变易法**,其方法步骤如下:

第一步,先求其对应的齐次方程 $y' + P(x)y = 0$ 的通解,得到式(10-5);

第二步,将式(10-5)中的常数 C 换成函数 $C(x)$,猜想方程的通解为 $y = C(x)e^{-\int Pdx}$,将其代入 $y' + P(x)y = Q(x)$,得
$$C'(x)e^{-\int Pdx} + C(x)e^{-\int Pdx} \cdot (-P) + P \cdot C(x)e^{-\int Pdx} = Q.$$
整理得 $C'(x) = Qe^{\int Pdx}$,因此得到
$$C(x) = \int Qe^{\int Pdx}dx + C.$$
故一阶非齐次线性微分方程 $y' + P(x)y = Q(x)$ 的通解为
$$y = e^{-\int Pdx}\left(\int Qe^{\int Pdx}dx + C\right). \tag{10-6}$$
若把通解形式(10-6)写成
$$y = Ce^{-\int Pdx} + e^{-\int Pdx}\int Qe^{\int Pdx}dx,$$
则上式右边第二项是方程(10-3)的一个特解(即在通解中取 $C = 0$),而且对方程(10-3)的任何一个特解 y^*,$y = Ce^{-\int Pdx} + y^*$ 都是方程(10-3)的解(可直接代入验证).所以有下面的结构定理.

定理（结构定理） 一阶非齐次线性微分方程 $y' + P(x)y = Q(x)$ 的通解有如下的结构特征：

通解 ＝ 对应齐次方程的通解 ＋ 一个特解.

例1 求方程 $\dfrac{dy}{dx} - \dfrac{2y}{x+1} = (x+1)^{\frac{5}{2}}$ 的通解.

解 这是一个非齐次线性方程，先求对应的齐次线性方程 $\dfrac{dy}{dx} - \dfrac{2y}{x+1} = 0$ 的通解. 分离变量，得

$$\frac{dy}{y} = \frac{2dx}{x+1},$$

两边积分，得

$$\ln|y| = 2\ln|x+1| + \ln|C|,$$

故齐次线性方程的通解为

$$y = C(x+1)^2.$$

用常数变易法，把 C 换成 $C(x)$，即令 $y = C(x) \cdot (x+1)^2$，代入所给非齐次线性方程，得

$$C'(x) \cdot (x+1)^2 + 2C(x) \cdot (x+1) - \frac{2}{x+1}C(x) \cdot (x+1)^2 = (x+1)^{\frac{5}{2}},$$

即

$$C'(x) = (x+1)^{\frac{1}{2}},$$

两边积分，得

$$C(x) = \frac{2}{3}(x+1)^{\frac{3}{2}} + C.$$

再把上式代入 $y = C(x)(x+1)^2$ 中，即得所求方程的通解为

$$y = (x+1)^2 \left[\frac{2}{3}(x+1)^{\frac{3}{2}} + C\right].$$

注 若不用常数变易法，亦可直接应用通解形式(10-6)进行求解.

例2 求微分方程 $xy' + y = \cos x$ 的通解及满足初始条件 $y(\pi) = 1$ 的特解.

解 把方程化为标准形式

$$y' + \frac{y}{x} = \frac{\cos x}{x},$$

于是 $P(x) = \dfrac{1}{x}, Q(x) = \dfrac{\cos x}{x}$.

首先求出 $\int P dx = \int \dfrac{1}{x} dx = \ln|x|$（积分后，不再加任意常数），然后用公式(10-6)可得所求通解为

$$y = e^{-\ln|x|}\left(\int \frac{\cos x}{x} \cdot e^{\ln|x|} dx + C\right)$$

$$= \frac{1}{|x|}\left(\int \frac{\cos x}{x} \cdot |x| dx + C\right).$$

当 $x > 0$ 时,

$$y = \frac{1}{x}\left(\int \cos x dx + C\right) = \frac{1}{x}(\sin x + C);$$

当 $x < 0$ 时,

$$y = -\frac{1}{x}\left[\int (-\cos x) dx + C_1\right] = \frac{1}{x}(\sin x + C).$$

综上所述,原方程的通解为

$$y = \frac{1}{x}\left(\int \cos x dx + C\right) = \frac{1}{x}(\sin x + C).$$

将初始条件 $y(\pi) = 1$ 代入上式,可得 $C = \pi$,故所求特解为

$$y = \frac{1}{x}(\sin x + \pi).$$

注 有些方程本身并非线性方程,但经过适当变形后可转化为线性方程.

例3 求微分方程 $y' = \dfrac{y}{x - y^3}$ 的通解及满足初始条件 $y(2) = 1$ 的特解.

解 这个方程不是一阶线性微分方程,不便求解. 如果将 x 看作 y 的函数,即对 $x = x(y)$ 进行求解,可将原方程化为未知函数 $x = x(y)$ 的线性方程

$$\frac{dx}{dy} = \frac{x - y^3}{y}, \quad 即 \quad \frac{dx}{dy} - \frac{x}{y} = -y^2.$$

于是 $P(y) = -\dfrac{1}{y}, Q(y) = -y^2$.

首先求出 $\int P dy = -\int \dfrac{1}{y} dy = -\ln y$,然后代入通解公式,可得所求通解为

$$x = e^{\ln y}\left(-\int y^2 \cdot e^{-\ln y} dy + C\right) = y\left(-\int y dy + C\right) = Cy - \frac{1}{2}y^3.$$

将初始条件 $y(2) = 1$ 代入上式,可得 $C = \dfrac{5}{2}$. 故所求特解为

$$x = \frac{5y - y^3}{2}.$$

例4 设某企业在 t 时刻产值 $y(t)$ 的增长率与产值及新增投资 $2bt$ 有关,并有如下关系:

$$y' = -2aty + 2bt,$$

其中 a, b 均为正常数,$y(0) = y_0 < b$,求产值函数 $y(t)$.

解 方程 $y' = -2aty + 2bt$ 是一阶非齐次线性方程,化为标准形式

$$\frac{dy}{dt} + 2aty = 2bt,$$

于是 $P(t)=2at, Q(t)=2bt$.

由 $\int P\mathrm{d}t = \int 2at\,\mathrm{d}t = at^2$，代入通解公式，可得通解为

$$y = \mathrm{e}^{-at^2}\left(\int 2bt\cdot \mathrm{e}^{at^2}\mathrm{d}t + C\right) = \mathrm{e}^{-at^2}\left(\frac{b}{a}\int \mathrm{e}^{at^2}\mathrm{d}(at^2) + C\right) = C\mathrm{e}^{-at^2} + \frac{b}{a}.$$

将初始条件 $y(0)=y_0$ 代入上式，可得 $C = y_0 - \dfrac{b}{a}$. 故所求产值函数为

$$y(t) = \left(y_0 - \frac{b}{a}\right)\mathrm{e}^{-at^2} + \frac{b}{a}.$$

10.3.2 伯努利方程及其解法

形如

$$\frac{\mathrm{d}y}{\mathrm{d}x} + P(x)y = Q(x)y^n \tag{10-7}$$

的方程称为**伯努利(Bernoulli)方程**，其中 n 为常数，且 $n \neq 0, 1$.

伯努利方程是一类非线性方程，但是通过适当的变换，就可以把它化为线性方程. 事实上，在方程(10-7)两端除以 y^n，得

$$y^{-n}\frac{\mathrm{d}y}{\mathrm{d}x} + P(x)y^{1-n} = Q(x)$$

或

$$\frac{1}{1-n}\cdot (y^{1-n})' + P(x)y^{1-n} = Q(x).$$

于是，令 $z = y^{1-n}$，就得到关于变量 z 的一阶线性方程

$$\frac{\mathrm{d}z}{\mathrm{d}x} + (1-n)P(x)z = (1-n)Q(x).$$

利用非齐次线性方程的求解方法求出通解后，再回代原变量，便可得到伯努利方程(10-7)的通解为

$$y^{1-n} = \mathrm{e}^{-\int(1-n)P(x)\mathrm{d}x}\left(\int Q(x)(1-n)\mathrm{e}^{\int(1-n)P(x)\mathrm{d}x}\mathrm{d}x + C\right).$$

例5 求方程 $\dfrac{\mathrm{d}y}{\mathrm{d}x} + \dfrac{y}{x} = y^2\ln x$ 的通解.

解 以 y^2 除方程的两端，得

$$y^{-2}\frac{\mathrm{d}y}{\mathrm{d}x} + \frac{1}{x}y^{-1} = \ln x, \quad \text{即} \quad -\frac{\mathrm{d}(y^{-1})}{\mathrm{d}x} + \frac{1}{x}y^{-1} = \ln x,$$

令 $z = y^{-1}$，则上述方程变为

$$\frac{\mathrm{d}z}{\mathrm{d}x} - \frac{1}{x}z = -\ln x.$$

解此线性微分方程(过程略)，可得

$$z = x\left[C - \frac{1}{2}(\ln x)^2\right].$$

以 y^{-1} 代 z，得所求通解为

$$xy\left[C-\frac{1}{2}(\ln x)^2\right]=1.$$

注 经过变量代换，某些方程可以化为已知其求解方法的方程.

例 6 求方程 $\dfrac{\mathrm{d}y}{\mathrm{d}x}+x(y-x)+x^3(y-x)^2=1$ 的通解.

解 令 $y-x=u$，则 $\dfrac{\mathrm{d}y}{\mathrm{d}x}=\dfrac{\mathrm{d}u}{\mathrm{d}x}+1$，于是得到伯努利方程

$$\frac{\mathrm{d}u}{\mathrm{d}x}+xu=-x^3u^2.$$

再令 $z=u^{1-2}=\dfrac{1}{u}$，上式即变为一阶线性方程

$$\frac{\mathrm{d}z}{\mathrm{d}x}-xz=x^3,$$

其通解为

$$z=\mathrm{e}^{\frac{x^2}{2}}\left(\int x^3\mathrm{e}^{-\frac{x^2}{2}}\mathrm{d}x+C\right)=C\mathrm{e}^{\frac{x^2}{2}}-x^2-2.$$

回代原变量，即得到方程的通解

$$y=x+\frac{1}{z}=x+\frac{1}{C\mathrm{e}^{\frac{x^2}{2}}-x^2-2}.$$

习题 10-3

1. 求下列微分方程的通解：
   (1) $y'+y\sin x=\mathrm{e}^{\cos x}$；
   (2) $2y'-y=\mathrm{e}^x$；
   (3) $xy'=(x-1)y+\mathrm{e}^{2x}$；
   (4) $y^2\mathrm{d}x+(x-2xy-y^2)\mathrm{d}y=0$；
   (5) $(x-\mathrm{e}^y)y'=1$；
   (6) $y'=\dfrac{y}{2(x-1)}+\dfrac{3(x-1)}{2y}$.

2. 求解下列初值问题：
   (1) $(y-2xy)\mathrm{d}x+x^2\mathrm{d}y=0, y\Big|_{x=1}=\mathrm{e}$；
   (2) $xy'+y=\sin x, y(\pi)=1$；
   (3) $y'=\dfrac{y}{x-y^2}, y(2)=1$；
   (4) $y'-y=xy^5, y(0)=1$.

3. 通过适当变换求下列微分方程的通解：
   (1) $\dfrac{\mathrm{d}y}{\mathrm{d}x}-\dfrac{1}{x-y}=1$；
   (2) $\dfrac{\mathrm{d}y}{\mathrm{d}x}-\dfrac{4}{x}y=x^2\sqrt{y}$.

4. 求过原点的曲线，使其每一点的切线斜率等于横坐标的 2 倍与纵坐标之和.

§10.4 可降阶的高阶微分方程

二阶及二阶以上的微分方程统称为 **高阶微分方程**. 对于高阶方程,没有普遍有效的实际解法. 本节仅介绍 3 种特殊类型的高阶方程,都是采取逐步降低方程阶数的方法 —— **降阶法** 进行求解.

10.4.1 类型 I $y^{(n)} = f(x)$

解法:相继积分 n 次即可求出通解.

例1 求方程 $y'' = e^{2x} - \cos x$ 的通解.

解 对所给方程相继积分两次,得
$$y' = \frac{1}{2}e^{2x} - \sin x + C_1,$$
$$y = \frac{1}{4}e^{2x} + \cos x + C_1 x + C_2,$$

上式即为所求通解.

例2 求方程 $y''' = \sin x + 24x$ 的通解及满足条件 $y(0) = 1, y'(0) = y''(0) = -1$ 的特解.

解 相继积分三次,得
$$y'' = \int (\sin x + 24x) dx = -\cos x + 12x^2 + 2C_1,$$
$$y' = \int (-\cos x + 12x^2 + 2C_1) dx = -\sin x + 4x^3 + 2C_1 x + C_2,$$
$$y = \int (-\sin x + 4x^3 + 2C_1 x + C_2) dx = \cos x + x^4 + C_1 x^2 + C_2 x + C_3,$$

后者即为方程的通解,其中 C_1, C_2, C_3 为任意常数. 第一次积分后的任意常数写作 $2C_1$,是为了使最终结果更整齐,并保证符号的统一性.

以 $y(0) = 1, y'(0) = y''(0) = -1$ 代入后,可得出 $C_1 = 0, C_2 = -1, C_3 = 0$,于是所求特解为
$$y = \cos x + x^4 - x.$$

10.4.2 类型 II (不显含 y 的方程) $y'' = f(x, y')$

解法:令 $y' = p$,则 $y'' = \dfrac{dp}{dx}$,将原方程化为关于 p 的一阶微分方程 $p' = f(x, p)$,求出该方程的通解为

$$p = \varphi(x, C_1),$$

然后再根据关系式 $y' = p$，又得到一个一阶微分方程

$$\frac{\mathrm{d}y}{\mathrm{d}x} = \varphi(x, C_1).$$

对它积分一次即可得出原方程的通解：

$$y = \int \varphi(x, C_1)\mathrm{d}x + C_2.$$

例 3 求方程 $xy'' + y' = 0$ 的通解.

解 该方程是不显含 y 的方程，令 $y' = p$，则 $y'' = p'$，原方程化为一阶微分方程

$$xp' + p = 0.$$

分离变量，得

$$\frac{1}{p}\mathrm{d}p = -\frac{1}{x}\mathrm{d}x,$$

两边积分，得 $p = \dfrac{C_1}{x}$. 再积分一次即得原方程的通解为

$$y = C_1 \ln|x| + C_2.$$

需要提醒读者注意的是，在解题过程中曾以 p 作为除数，而由 $p = 0$ 得到的解 $y = C$ (任意常数) 已包含在通解中 ($C_1 = 0$).

例 4 求解微分方程的初值问题：

$$(1+x^2)y'' = 2xy', \quad y\big|_{x=0} = 1, \quad y'\big|_{x=0} = 3.$$

解 题设方程属 $y'' = f(x, y')$ 型. 令 $y' = p$，代入方程并分离变量后，有

$$\frac{\mathrm{d}p}{p} = \frac{2x}{1+x^2}\mathrm{d}x.$$

两端积分，得

$$\ln|p| = \ln(1+x^2) + C, \quad 即 \quad p = y' = C_1(1+x^2), \quad C_1 = \pm e^C.$$

由条件 $y'\big|_{x=0} = 3$，得 $C_1 = 3$，所以 $y' = 3(1+x^2)$. 两端再积分，得

$$y = x^3 + 3x + C_2.$$

又由条件 $y\big|_{x=0} = 1$，得 $C_2 = 1$. 于是所求初值问题的解为

$$y = x^3 + 3x + 1.$$

10.4.3 类型 Ⅲ（不显含 x 的方程） $y'' = f(y, y')$

解法：把 y 暂时看作自变量，并做变换 $y' = p(y)$，于是由复合函数的求导法则，有

$$y'' = \frac{\mathrm{d}p}{\mathrm{d}x} = \frac{\mathrm{d}p}{\mathrm{d}y}\frac{\mathrm{d}y}{\mathrm{d}x} = p\frac{\mathrm{d}p}{\mathrm{d}y}.$$

这样就将原方程化为关于 p 的一阶微分方程

$$p\frac{\mathrm{d}p}{\mathrm{d}y} = f(y,p).$$

求出该方程的通解为

$$y' = p = \varphi(y, C_1),$$

这是可分离变量的方程,对其积分即得到原方程的通解为

$$\int \frac{\mathrm{d}y}{\varphi(y, C_1)} = x + C_2.$$

例 5 求方程 $yy'' - (y')^2 = 0$ 的通解.

解 该方程是不显含 x 的方程,令 $y' = p$,则 $y'' = p\dfrac{\mathrm{d}p}{\mathrm{d}y}$,原方程化为

$$y \cdot p\frac{\mathrm{d}p}{\mathrm{d}y} - p^2 = 0.$$

分离变量,得 $\dfrac{\mathrm{d}p}{p} = \dfrac{\mathrm{d}y}{y}$,两边积分,得

$$\ln|p| = \ln|y| + \ln|C_1| = \ln|C_1 y|,$$

即

$$p = C_1 y, \quad C_1 \neq 0.$$

再由 $\dfrac{\mathrm{d}y}{\mathrm{d}x} = C_1 y$,解得 $y = C_2 \mathrm{e}^{C_1 x}$.

在分离变量时,以 py 除方程两边.若 $p = 0$ 或 $y = 0$,得 $y = C$,它显然是原方程的解,已包含在通解中(如果能取 $C_1 = 0$).还要说明一点的是,上面用到的常数 $\ln|C_1|$ 能取 $(-\infty, +\infty)$ 中的任何值,所以是任意常数.综上所述,所求的通解为

$$y = C_2 \mathrm{e}^{C_1 x}, \quad C_1, C_2 \text{ 为任意常数}.$$

例 6 求微分方程 $yy'' = 2(y'^2 - y')$ 满足初始条件 $y(0) = 1, y'(0) = 2$ 的特解.

解 令 $y' = p$,将 $y'' = p\dfrac{\mathrm{d}p}{\mathrm{d}y}$ 代入方程并化简,得

$$y\frac{\mathrm{d}p}{\mathrm{d}y} = 2(p - 1).$$

上式为可分离变量的一阶微分方程,解得 $p = y' = Cy^2 + 1$.再分离变量,得

$$\frac{\mathrm{d}y}{Cy^2 + 1} = \mathrm{d}x,$$

由初始条件 $y(0) = 1, y'(0) = 2$,得 $C = 1$,从而

$$\frac{\mathrm{d}y}{1 + y^2} = \mathrm{d}x,$$

两边积分,得

$$\arctan y = x + C_1 \text{ 或 } y = \tan(x + C_1).$$

由 $y(0) = 1$,得 $C_1 = \arctan 1 = \dfrac{\pi}{4}$,从而所求特解为

$$y = \tan\left(x + \frac{\pi}{4}\right).$$

习题 10-4

1. 求下列微分方程的通解：
   (1) $y'' = \sin x - 2x$;
   (2) $y''' = e^{2x} - \cos x$;
   (3) $xy'' - 2y' = 0$;
   (4) $xy'' + y' = 4x$;
   (5) $y'' = 2(y')^2$;
   (6) $y^3 y'' = 1$.

2. 求解下列初值问题：
   (1) $y''' = 12x + \cos x, y(0) = -1, y'(0) = y''(0) = 1$;
   (2) $x^2 y'' + xy' = 1, y\big|_{x=1} = 0, y'\big|_{x=1} = 1$;
   (3) $yy'' = (y')^2, y(0) = y'(0) = 1$.

3. 已知平面曲线 $y = f(x)$ 的曲率为 $\dfrac{y''}{(1+y'^2)^{3/2}}$，求具有常曲率 $K(K>0)$ 的曲线方程.

§10.5 二阶常系数线性微分方程

在多数实际问题中，应用得较多的高阶微分方程是**二阶常系数线性微分方程**，它的一般形式是
$$y'' + py' + qy = f(x), \tag{10-8}$$
其中 p, q 为常数，$f(x)$ 为已知函数. 当方程右端 $f(x) \equiv 0$ 时，方程称为**齐次**的，否则称为**非齐次**的.

10.5.1 二阶常系数齐次线性微分方程解的结构

二阶常系数齐次线性微分方程的形式是
$$y'' + py' + qy = 0. \tag{10-9}$$
在 §10.3 中我们学习了一阶线性微分方程，知道其解有很特殊的结构，这是由其线性的特点决定的. 二阶线性微分方程也有类似的结论.

定理 1（解的迭加原理） 如果函数 $y_1(x)$ 与 $y_2(x)$ 都是二阶常系数齐次线性方程 (10-9) 的解，则其线性组合
$$y = C_1 y_1(x) + C_2 y_2(x)$$
也是方程 (10-9) 的解，其中 C_1, C_2 是任意常数.

证 将 $y = C_1 y_1(x) + C_2 y_2(x)$ 代入方程 (10-9) 的左边，得

$$(C_1y_1+C_2y_2)''+p(C_1y_1+C_2y_2)'+q(C_1y_1+C_2y_2)$$
$$=C_1(y_1''+py_1'+qy_1)+C_2(y_2''+py_2'+qy_2)$$
$$=C_1\cdot 0+C_2\cdot 0=0.$$

所以 $y=C_1y_1(x)+C_2y_2(x)$ 是方程(10-9)的解.

由此提出问题:既然 $y=C_1y_1(x)+C_2y_2(x)$ 是方程(10-9)的解又含有两个任意常数,那么它是否就是方程的通解呢?我们看一个简单的例子.

例 1 验证 $y_1=e^x, y_2=2e^x$ 是方程
$$y''-y=0$$
的解,但 $y=C_1y_1+C_2y_2$ 不是方程的通解.

证 将 $y_1=e^x, y_2=2e^x$ 代入,易知其均为方程的解,从而 $y=C_1y_1+C_2y_2$ 也是方程的解.但由于
$$C_1y_1+C_2y_2=C_1e^x+2C_2e^x=(C_1+2C_2)e^x=Ce^x, \quad C=C_1+2C_2,$$
这里的 $y=C_1y_1+C_2y_2$ 实质上只有一个任意常数,因此不能作为方程的通解.

这个例子表明,不能将方程任意两个解的组合 $y=C_1y_1+C_2y_2$ 作为通解,但在一定条件下,这种组合确实是通解.

定义(函数的线性相关性) 如果存在不全为零的常数 a_1,a_2,使得
$$a_1y_1(x)+a_2y_2(x)=0,$$
则称 y_1 与 y_2 **线性相关**.

当且仅当 $a_1=a_2=0$ 时,$a_1y_1(x)+a_2y_2(x)=0$ 才成立,则称 y_1 与 y_2 **线性无关**.

注 判断两个函数是线性相关还是线性无关,只要看它们的比是否为一个常数.

在例 1 中,$y_1=e^x$ 与 $y_2=2e^x$ 是线性相关的,因为 $2y_1-y_2=0$. 可以验证 $y_1=e^x$ 与 $y_2=e^{-x}$ 是方程 $y''-y=0$ 的两个线性无关的特解,此时 $y=C_1y_1+C_2y_2$ 就是方程的通解.

定理 2 如果函数 $y_1(x)$ 与 $y_2(x)$ 是二阶常系数齐次线性方程(10-9)的两个线性无关的特解,则 $y=C_1y_1+C_2y_2$ 是此方程的通解.

注 定理 1 和定理 2 对于一般的二阶齐次线性方程(系数不一定是常数)的情形也成立.

10.5.2 二阶常系数齐次线性微分方程的通解求法

由定理 2 可知,要求二阶常系数齐次线性方程
$$y''+py'+qy=0$$

的通解,就归结为如何求方程的两个线性无关的特解.

因为方程左端的系数都是常数,y'' 和 y' 都应该是 y 的同类项,而 $y=e^{rx}$ 的一阶和二阶导数恰有此性质,所以,可猜想方程有形如 $y=e^{rx}$ 的特解,其中 r 是待定系数.

将 $y=e^{rx}$,$y'=re^{rx}$,$y''=r^2e^{rx}$ 代入方程(10-9),得
$$e^{rx}(r^2+pr+q)=0.$$
因为 $e^{rx}\neq 0$,所以有
$$r^2+pr+q=0. \tag{10-10}$$

一元二次方程(10-10)称为方程 $y''+py'+qy=0$ 的**特征方程**,特征方程的解称为**特征根**.

由于特征方程的特征根有 3 种不同情形,因此需要分 3 种情形讨论方程 $y''+py'+qy=0$ 的通解.

1. 特征根是两个不相等的实根的情形

当特征方程的判别式 $\Delta=p^2-4q>0$ 时,有两个不相等的实根:
$$r_1=\frac{-p+\sqrt{p^2-4q}}{2},\quad r_2=\frac{-p-\sqrt{p^2-4q}}{2}.$$

这时,方程 $y''+py'+qy=0$ 有两个线性无关的特解:
$$y_1=e^{r_1x},\quad y_2=e^{r_2x},$$
因此方程的通解为
$$y=C_1e^{r_1x}+C_2e^{r_2x}.$$

例 2 求方程 $y''-5y'+6y=0$ 的通解.

解 特征方程为
$$r^2-5r+6=0,$$
即
$$(r-2)(r-3)=0,$$
则特征根为 $r_1=2$,$r_2=3$.

故所求微分方程的通解为
$$y=C_1e^{2x}+C_2e^{3x}.$$

2. 特征根是重根的情形

当特征方程的判别式 $\Delta=p^2-4q=0$ 时,有重根:
$$r_1=r_2=\frac{-p}{2}=r.$$

这时,方程 $y''+py'+qy=0$ 只有一个特解:$y_1=e^{rx}$.为了得到另一个与 $y_1=e^{rx}$ 线性无关的特解,可设 $y_2=u(x)e^{rx}$($u(x)$ 是待定的函数).将 $y_2=u(x)e^{rx}$ 代入原方程,得
$$(ue^{rx})''+p(ue^{rx})'+q(ue^{rx})$$

$$= e^{rx}(u'' + 2ru' + r^2 u) + pe^{rx}(u' + ru) + que^{rx}$$
$$= e^{rx}[u'' + (2r+p)u' + (r^2 + pr + q)u] = 0,$$

约去 e^{rx}, 且因 r 是特征方程的重根, 因此 $2r + p = 0, r^2 + pr + q = 0$.

于是得到 $u'' = 0$, 由于 $u(x)$ 不能是常数, 故选取最简单的一个函数 $u(x) = x$. 所以 $y_2 = xe^{rx}$ 也是方程 $y'' + py' + qy = 0$ 的解, 且 $\dfrac{y_2}{y_1} = \dfrac{xe^{rx}}{e^{rx}} = x$ 不是常数.

因此方程 $y'' + py' + qy = 0$ 的通解为
$$y = C_1 e^{rx} + C_2 x e^{rx}.$$

例 3 求方程 $y'' - 4y' + 4y = 0$ 的通解及满足条件 $y(0) = y'(0) = 1$ 的特解.

解 特征方程为
$$r^2 - 4r + 4 = 0,$$
特征根为重根 $r_1 = r_2 = 2$.

故所求微分方程的通解为
$$y = (C_1 + C_2 x)e^{2x}.$$

由 $y(0) = 1$ 代入上式, 得 $C_1 = 1$, 从而 $y = (1 + C_2 x)e^{2x}$. 再求导, 得
$$y' = (C_2 + 2 + 2C_2 x)e^{2x}.$$

将 $y'(0) = 1$ 代入上式, 得 $C_2 = -1$.

故所求特解为
$$y = (1 - x)e^{2x}.$$

3. 特征根是一对共轭复根的情形

当特征方程的判别式 $\Delta = p^2 - 4q < 0$ 时, 有一对共轭复根:
$$r_1 = \alpha + i\beta, \quad r_2 = \alpha - i\beta.$$

这时, 方程 $y'' + py' + qy = 0$ 的两个线性无关的特解为
$$y_1 = e^{(\alpha + i\beta)x}, \quad y_2 = e^{(\alpha - i\beta)x}.$$

为了得到实数解, 由
$$y_1 = e^{\alpha x}(\cos\beta x + i\sin\beta x), \quad y_2 = e^{\alpha x}(\cos\beta x - i\sin\beta x),$$
进行代数运算, 可知
$$\bar{y}_1 = e^{\alpha x}\cos\beta x, \quad \bar{y}_2 = e^{\alpha x}\sin\beta x$$
是方程 $y'' + py' + qy = 0$ 的两个线性无关的解. 故通解为
$$y = e^{\alpha x}(C_1 \cos\beta x + C_2 \sin\beta x).$$

例 4 求方程 $y'' - 4y' + 13y = 0$ 的通解.

解 从特征方程 $r^2 - 4r + 13 = 0$ 得出 $r_{1,2} = 2 \pm 3i$.

故所求通解为
$$y = e^{2x}(C_1 \cos 3x + C_2 \sin 3x).$$

综上所述，二阶常系数齐次线性微分方程 $y'' + py' + qy = 0$ 的通解求法如下：

第一步，写出微分方程的特征方程 $r^2 + pr + q = 0$；

第二步，求特征方程的根；

第三步，根据 3 种不同情形按表 10-1 写出微分方程的通解.

表 10 - 1

特征方程 $r^2 + pr + q = 0$ 根的情形	微分方程 $y'' + py' + qy = 0$ 的通解
(1) 有两个不相等的实根 $r_1 \neq r_2$	$y = C_1 e^{r_1 x} + C_2 e^{r_2 x}$
(2) 重根 $r_1 = r_2 = r$	$y = (C_1 + C_2 x) e^{rx}$
(3) 一对共轭复根 $r_{1,2} = \alpha \pm i\beta$	$y = e^{\alpha x}(C_1 \cos\beta x + C_2 \sin\beta x)$

10.5.3 二阶常系数非齐次线性微分方程解的结构

二阶常系数非齐次线性微分方程的一般形式是
$$y'' + py' + qy = f(x), \quad (10-11)$$
其中 p,q 为常数，且 $f(x)$ 不恒为 0. 通常，称方程 $y'' + py' + qy = 0$ 为方程(10-11)对应的**齐次方程**.

与一阶线性微分方程解的结构类似，方程(10-11) 的通解也由两部分构成：一部分是对应的齐次方程的通解，另一部分是非齐次方程本身的一个特解.

定理 3　设 y^* 是方程(10-11) 的一个特解，Y 是方程(10-11) 对应的齐次方程的通解，则方程(10-11) 的通解为
$$y = Y + y^*.$$

证　因为 y^* 是方程(10-11) 的一个特解，所以
$$(y^*)'' + p(y^*)' + qy^* = f(x).$$
又 Y 是对应的齐次方程的通解，因此
$$Y'' + pY' + qY = 0.$$
将 $y = Y + y^*$ 代入方程(10-11) 的左端，得
$$(Y + y^*)'' + p(Y + y^*)' + q(Y + y^*)$$
$$= (Y'' + pY' + qY) + [(y^*)'' + p(y^*)' + qy^*]$$
$$= f(x),$$
所以 $y = Y + y^*$ 是方程(10-11) 的通解.

定理 4（迭加原理）　设 y_1, y_2 分别是方程
$$y'' + py' + qy = f_1(x), \quad y'' + py' + qy = f_2(x)$$
的解，则 $y = y_1 + y_2$ 是方程
$$y'' + py' + qy = f_1(x) + f_2(x)$$
的解.

证　将 $y_1'' + py_1' + qy_1 = f_1(x)$ 与 $y_2'' + py_2' + qy_2 = f_2(x)$ 相

加,即得
$$(y_1+y_2)''+p(y_1+y_2)'+q(y_1+y_2)=f_1(x)+f_2(x).$$
所以定理的结论成立.

10.5.4 3种特殊形式的非齐次方程的解

下面介绍当 $f(x)$ 为 3 种特殊形式时特解的求法.

1. 多项式的情形 $f(x)=P_n(x)$

此时,二阶常系数非齐次线性方程为
$$y''+py'+qy=P_n(x),$$
其中 $P_n(x)$ 为一个 n 次多项式:
$$P_n(x)=a_0x^n+a_1x^{n-1}+\cdots+a_{n-1}x+a_n.$$

因为方程中 p,q 均为常数且多项式的导数仍为多项式,所以可以推测,方程 $y''+py'+qy=P_n(x)$ 的特解的形式为
$$y^*=x^kQ_n(x),$$
其中 $Q_n(x)$ 与 $P_n(x)$ 是同次多项式,$k\in\{0,1,2\}$. k 的取值原则是使得等式两边 x 的最高阶的幂次相同,具体做法如下:

(1) 当 $q\neq 0$ 时,取 $k=0$;

(2) 当 $q=0$,且 $p\neq 0$ 时,取 $k=1$;

(3) 当 $q=0$,且 $p=0$ 时,取 $k=2$.

将所设的特解代入原方程,使等式两边 x 同次幂的系数相等,从而确定 $Q_n(x)$ 的各项系数,便得到所求特解.

> **例 5** ▶ 求方程 $y''-2y'+y=x^2$ 的一个特解.
>
> **解** 因为 $f(x)=x^2$ 是 x 的二次式,且 y 的系数 $q=1\neq 0$,所以取 $k=0$. 设特解为
> $$y^*=Ax^2+Bx+C,$$
> 则 $(y^*)'=2Ax+B$,$(y^*)''=2A$,代入原方程,得
> $$Ax^2+(-4A+B)x+(2A-2B+C)=x^2,$$
> 使两端 x 同次幂的系数相等,即
> $$\begin{cases}A=1,\\-4A+B=0,\\2A-2B+C=0.\end{cases}$$
> 解得 $A=1,B=4,C=6$,故所求的特解为
> $$y^*=x^2+4x+6.$$
>
> **例 6** ▶ 求方程 $y''+y'=x^3-x+1$ 的一个特解.
>
> **解** 因为 $f(x)=x^3-x+1$ 是 x 的三次多项式,且 $q=0,p=1\neq 0$,所以取 $k=1$. 设方程的特解为
> $$y^*=x(Ax^3+Bx^2+Cx+D).$$
> 按例 5 的方法进行求导、代入、比较系数等环节(此处省略,请读者自己完成),最后求

得特解为
$$y^* = x\left(\frac{1}{4}x^3 - x^2 + \frac{5}{2}x - 4\right).$$

2. 指数函数的情形 $f(x) = Ae^{\alpha x}$

这时,二阶常系数非齐次线性方程为
$$y'' + py' + qy = Ae^{\alpha x},$$
其中 α, A 为常数. 因为方程中 p, q 均为常数,且指数函数的导数仍为指数函数,所以,可以推测 $y'' + py' + qy = Ae^{\alpha x}$ 的特解具有形式:
$$y^* = Bx^k e^{\alpha x},$$
其中 B 为待定常数,k 的取值由 α 是否为特征方程的根的情况而定,具体方法如下:

(1) 当 α 不是特征方程的根时,取 $k = 0$;

(2) 当 α 是特征方程的单根时,取 $k = 1$;

(3) 当 α 是特征方程的重根时,取 $k = 2$.

例 7 求方程 $y'' + y' + y = 2e^{2x}$ 的一个特解.

解 因为 $\alpha = 2$ 不是特征方程 $r^2 + r + 1 = 0$ 的根,取 $k = 0$,所以可设原方程的特解为 $y^* = Be^{2x}$,则 $(y^*)' = 2Be^{2x}$,$(y^*)'' = 4Be^{2x}$,代入原方程,得
$$7Be^{2x} = 2e^{2x}.$$
解得 $B = \frac{2}{7}$,故方程有一特解为
$$y^* = \frac{2}{7}e^{2x}.$$

例 8 求方程 $y'' + 2y' - 3y = e^x$ 的通解.

解 特征方程 $r^2 + 2r - 3 = 0$ 的根为 $r_1 = 1, r_2 = -3$.

因为 $\alpha = 1$ 是特征方程 $r^2 + 2r - 3 = 0$ 的单根,所以取 $k = 1$. 设特解为 $y^* = Bxe^x$,代入原方程后,解得 $B = \frac{1}{4}$,故方程的一个特解为 $y^* = \frac{1}{4}xe^x$. 所求的通解为
$$y = C_1 e^x + C_2 e^{-3x} + \frac{1}{4}xe^x.$$

3. $f(x) = e^{\alpha x}(A\cos\omega x + B\sin\omega x)$ 的情形

此时,二阶常系数非齐次线性方程为
$$y'' + py' + qy = e^{\alpha x}(A\cos\omega x + B\sin\omega x),$$
其中 α, ω, A, B 均为常数.

因为方程中 p, q 均为常数,且指数函数的导数仍为指数函数,正弦函数与余弦函数的导数仍是正弦函数与余弦函数,所以可推断原方程具有如下形式的特解:

$$y^* = x^k e^{\alpha x}(C\cos\omega x + D\sin\omega x),$$

其中 C,D 为待定常数,k 取值 0 或 1,具体方法如下:

(1) 当 $\alpha + i\omega$ 不是特征方程的根时,取 $k = 0$;

(2) 当 $\alpha + i\omega$ 是特征方程的根时,取 $k = 1$.

例 9 求方程 $y'' + y = \sin x$ 的通解.

解 因为 $f(x) = \sin x$ 为 $e^{\alpha x}(A\cos\omega x + B\sin\omega x)$ 型的函数,且 $\alpha = 0, \omega = 1, \alpha + i\omega = i$ 是特征方程 $r^2 + 1 = 0$ 的根,所以取 $k = 1$. 设特解为

$$y^* = x(C\cos x + D\sin x),$$
$$(y^*)' = C\cos x + D\sin x + x(D\cos x - C\sin x),$$
$$(y^*)'' = 2D\cos x - 2C\sin x - x(C\cos x + D\sin x),$$

代入原方程,得

$$2D\cos x - 2C\sin x = \sin x.$$

比较两端 $\sin x$ 与 $\cos x$ 的系数,得

$$C = -\frac{1}{2}, \quad D = 0.$$

故原方程的特解为

$$y^* = -\frac{1}{2}x\cos x.$$

而对应齐次方程 $y'' + y = 0$ 的通解为

$$Y = C_1\cos x + C_2\sin x.$$

于是原方程的通解为

$$y = y^* + Y = -\frac{1}{2}x\cos x + C_1\cos x + C_2\sin x.$$

例 10 求方程 $y'' + 4y = 3x + 2 + \sin x$ 的通解.

解 因为 $f(x) = 3x + 2 + \sin x$ 可以看成是 $f_1(x) = 3x + 2$ 与 $f_2(x) = \sin x$ 之和,所以分别考察方程 $y'' + 4y = 3x + 2$ 与方程 $y'' + 4y = \sin x$ 的特解.

容易求得方程 $y'' + 4y = 3x + 2$ 的一个特解为 $y_1^* = \frac{3}{4}x + \frac{1}{2}$.

按例 9 的方法可求得方程 $y'' + 4y = \sin x$ 的一个特解为 $y_2^* = \frac{1}{3}\sin x$. 于是原方程的一个特解为

$$y^* = y_1^* + y_2^* = \frac{3}{4}x + \frac{1}{2} + \frac{1}{3}\sin x.$$

又原方程所对应的齐次方程 $y'' + 4y = 0$ 的通解为

$$Y = C_1\cos 2x + C_2\sin 2x,$$

故原方程的通解为

$$y = y^* + Y = \frac{3}{4}x + \frac{1}{2} + \frac{1}{3}\sin x + C_1\cos 2x + C_2\sin 2x.$$

习题 10-5

1. 下列函数组在其定义区间上,哪些是线性无关的?

   (1) e^{x^2}, xe^{x^2};
   (2) e^{ax}, e^{bx} $(a \neq b)$;
   (3) $1 - \cos 2x, \sin^2 x$;
   (4) $\cos x, \sin x$.

2. 验证 $y_1 = x$ 与 $y_2 = e^x$ 是方程 $(x-1)y'' - xy' + y = 0$ 的线性无关解,并写出其通解.

3. 求下列微分方程的通解:

   (1) $y'' - 2y' - 3y = 0$;
   (2) $y'' - 2y' - 8y = 0$;
   (3) $y'' + 4y' + 4y = 0$;
   (4) $y'' - 6y' + 9y = 0$;
   (5) $y'' + 2y' + 5y = 0$;
   (6) $y'' + 16y = 0$;
   (7) $y'' + y = x + e^x$;
   (8) $y'' + y = 4\sin x$.

4. 求解下列初值问题:

   (1) $y'' + 2y' + y = 0, y\big|_{x=0} = 4, y'\big|_{x=0} = -2$;
   (2) $y'' - 2y' + y = 0, y(0) = y'(0) = 1$.

5. 求下列微分方程的一个特解:

   (1) $y'' - 2y' - 3y = 3x + 1$;
   (2) $y'' + 9y' = x - 4$;
   (3) $y'' - 2y' + y = e^x$;
   (4) $y'' + 9y = \cos x + 2x + 1$.

§10.6 差分方程的基本概念

迄今为止,我们所研究的变量基本上是属于连续变化的类型,而在经济管理的许多实际问题中,经济变量的数据大多按等间隔时间周期统计,例如,本章开头提到的银行中的定期存贷款按所设定的时间等间隔计息,国家财政预算按年制定等.通常称这类变量为**离散型变量**.对这类变量,可以得到在不同取值点上的各离散变量之间的关系,如递推关系等.描述各离散变量之间关系的数学模型称为**离散型模型**.求解这类模型就可以得到各离散型变量的运行规律.本节将介绍在经济学和管理科学中最常见的一种离散型数学模型——**差分方程**.

10.6.1 差分的概念与性质

一般地,在连续变化的时间范围内,变量 y 关于时间 t 的变化率是用 $\dfrac{dy}{dt}$ 来刻画的;但在某些场合,时间 t 是离散型变量,从而 y

也只能按规定的时间而相应地离散地变化,这时常取在规定的时间区间上的 差商 $\dfrac{\Delta y}{\Delta t}$ 来刻画变量 y 的变化率. 如果选择 $\Delta t = 1$,则
$$\Delta y = y(t+1) - y(t)$$
可以近似表示变量 y 的变化率.

定义 1 设函数 $y_t = y(t)$,当自变量 t 依次取遍非负整数时,相应的函数值可以排成一个数列
$$y(0), \ y(1), \ \cdots, \ y(t), \ y(t+1), \ \cdots,$$
即
$$y_0, \ y_1, \ \cdots, \ y_t, \ y_{t+1}, \ \cdots.$$
当自变量从 t 变到 $t+1$ 时,函数的改变量 $y_{t+1} - y_t$ 称为函数 y_t 在点 t 处的 差分,也称为函数 y_t 的 一阶差分,记为 Δy_t,即
$$\Delta y_t = y_{t+1} - y_t \text{ 或 } \Delta y(t) = y(t+1) - y(t) \ (t = 0, 1, 2, \cdots).$$
符号 Δ 称为 差分符号,也称为 差分算子.

例 1 ▶ 设 $y_t = C$ (C 为常数),求 Δy_t.

解 $\Delta y_t = y_{t+1} - y_t = C - C = 0.$

注 常数的差分为零,该结果与常数的导数为零相类似.

例 2 ▶ 设 $y_t = t^2$,求 Δy_t.

解 $\Delta y_t = y_{t+1} - y_t = (t+1)^2 - t^2 = 2t + 1.$

例 3 ▶ 已知阶乘函数 $t^{(n)} = t(t-1)(t-2)\cdots(t-n+1), t^{(0)} = 1$. 求 $\Delta t^{(n)}$.

解 设 $y_n = t^{(n)} = t(t-1)(t-2)\cdots(t-n+1)$,则
$$\begin{aligned}\Delta y_t &= (t+1)^{(n)} - t^{(n)} \\ &= (t+1)t(t-1)\cdots(t+1-n+1) - t(t-1)\cdots(t-n+2)(t-n+1) \\ &= [(t+1) - (t-n+1)]t(t-1)\cdots(t-n+2) = nt^{(n-1)}.\end{aligned}$$
该结果与幂函数的导数相类似.

例 4 ▶ 设 $y_t = a^t$ (其中 $a > 0$ 且 $a \neq 1$),求 Δy_t.

解 $\Delta y_t = y_{t+1} - y_t = a^{t+1} - a^t = a^t(a-1).$

注 指数函数的差分等于指数函数乘一个常数.

例 5 ▶ 设 $y_t = \sin t$,求 Δy_t.

解 $\Delta y_t = \sin(t+1) - \sin t = 2\cos\left(t + \dfrac{1}{2}\right)\sin\dfrac{1}{2}.$

由一阶差分的定义,可得到差分的基本运算性质:
(1) $\Delta(Cy_t) = C\Delta y_t$ (C 为常数);
(2) $\Delta(y_t \pm z_t) = \Delta y_t \pm \Delta z_t$;

(3) $\Delta(y_t \cdot z_t) = z_t \Delta y_t + y_{t+1} \Delta z_t$;

(4) $\Delta\left(\dfrac{y_t}{z_t}\right) = \dfrac{z_t \Delta y_t - y_t \Delta z_t}{z_{t+1} \cdot z_t}$ $(z_t \neq 0)$.

例 6 求 $y_t = t^2 \cdot 2^t$ 的差分.

解 1 由差分的定义,有
$$\Delta y_t = (t+1)^2 2^{t+1} - t^2 2^t = 2^t(t^2 + 4t + 2).$$

解 2 由差分的性质,有
$$\begin{aligned}\Delta y_t &= \Delta(t^2 \cdot 2^t) = 2^t \Delta(t^2) + (t+1)^2 \Delta(2^t) \\ &= 2^t(2t+1) + (t+1)^2 \cdot 2^t(2-1) \\ &= 2^t(t^2 + 4t + 2).\end{aligned}$$

由一阶差分可推广到二阶及以上的差分.

定义 2 当自变量从 t 变到 $t+1$ 时,一阶差分的差分称为<u>二阶差分</u>,记为 $\Delta^2 y_t$,即
$$\begin{aligned}\Delta^2 y_t &= \Delta(\Delta y_t) = \Delta y_{t+1} - \Delta y_t \\ &= (y_{t+2} - y_{t+1}) - (y_{t+1} - y_t) = y_{t+2} - 2y_{t+1} + y_t.\end{aligned}$$

类似地,可定义三阶差分,四阶差分……
$$\Delta^3 y_t = \Delta(\Delta^2 y_t), \quad \Delta^4 y_t = \Delta(\Delta^3 y_t), \quad \cdots.$$

一般地,函数 y_t 的 $n-1$ 阶差分的差分称为 <u>n 阶差分</u>,记为 $\Delta^n y_t$,即
$$\Delta^n y_t = \Delta^{n-1} y_{t+1} - \Delta^{n-1} y_t = \sum_{i=0}^{n}(-1)^i C_n^i y_{t+n-i}.$$

二阶及二阶以上的差分统称为<u>高阶差分</u>.

例 7 设 $y_t = t^2$,求 $\Delta^2 y_t, \Delta^3 y_t$.

解 从例 2 已经得到 $\Delta y_t = 2t+1$,于是
$$\Delta^2 y_t = \Delta(2t+1) = [2(t+1)+1] - (2t+1) = 2,$$
$$\Delta^3 y_t = \Delta(\Delta^2 y_t) = 2 - 2 = 0.$$

例 8 设 $y = t^2 + 2t$,求 $\Delta y_t, \Delta^2 y_t, \Delta^3 y_t$.

解 由一阶差分的定义,有
$$\Delta y_t = [(t+1)^2 + 2(t+1)] - (t^2 + 2t) = 2t + 3,$$
由二阶差分的定义及差分的性质,有
$$\Delta^2 y_t = \Delta(\Delta y_t) = \Delta(2t+3) = 2\Delta(t) + \Delta(3) = 2 \times 1 = 2,$$
由三阶差分的定义,有
$$\Delta^3 y_t = \Delta(\Delta^2 y_t) = \Delta(2) = 0.$$

注 若 $f(t)$ 为 n 次多项式,则 $\Delta^n f(t)$ 为常数,且 $\Delta^m f(t) = 0$ $(m > n)$.

> **例 9** 设 $y_t = a^t$(其中 $a > 0$ 且 $a \neq 1$),求 $\Delta^2 y_t, \Delta^3 y_t$.

解 从例 4 已经得到 $\Delta y_t = a^t(a-1)$,于是

$$\Delta^2 y_t = \Delta[a^t(a-1)] = a^{t+1}(a-1) - a^t(a-1)$$
$$= a^t(a-1)^2,$$
$$\Delta^3 y_t = a^{t+1}(a-1)^2 - a^t(a-1)^2 = a^t(a-1)^3.$$

由此可见

$$\Delta^n a^t = a^t(a-1)^n \quad (n \text{ 是正整数}).$$

10.6.2 差分方程的概念

定义 3 含有未知函数 y_t 的差分的方程称为**差分方程**. 差分方程的一般形式为

$$F(t, y_t, \Delta y_t, \Delta^2 y_t, \cdots, \Delta^n y_t) = 0,$$

其中 F 是 $t, y_t, \Delta y_t, \Delta^2 y_t, \cdots, \Delta^n y_t$ 的已知函数,且 $\Delta^n y_t$ 一定要在方程中出现.

由差分的定义及性质可知,任何阶的差分都可以表示为函数在不同时刻函数值的代数和. 因此,差分方程也可如下定义.

定义 3′ 含有两个或两个以上函数 $y_t, y_{t+1}, \cdots$ 的函数方程,称为**差分方程**. 其一般形式为

$$G(t, y_t, y_{t+1}, y_{t+2}, \cdots, y_{t+n}) = 0,$$

其中 G 是 $t, y_t, y_{t+1}, y_{t+2}, \cdots, y_{t+n}$ 的已知函数,且 $y_t, y_{t+1}, y_{t+2}, \cdots, y_{t+n}$ 中至少有两个一定要在方程中出现. 未知函数的最大下标与最小下标的差称为**差分方程的阶**.

注 不能以方程中差分的最高阶数作为方程的阶. 在经济模型等实际问题中,后一种定义的差分方程使用更为普通.

> **例 10** 将差分方程 $\Delta^3 y_t + \Delta^2 y_t = 0$ 表示成不含差分的形式.

解 因为

$$\Delta^2 y_t = y_{t+2} - 2y_{t+1} + y_t,$$
$$\Delta^3 y_t = y_{t+3} - 3y_{t+2} + 3y_{t+1} - y_t,$$

代入原方程,得

$$(y_{t+3} - 3y_{t+2} + 3y_{t+1} - y_t) + (y_{t+2} - 2y_{t+1} + y_t) = 0,$$

化简,得

$$y_{t+3} - 2y_{t+2} + y_{t+1} = 0.$$

因此,原方程可改写为

$$y_{t+3} - 2y_{t+2} + y_{t+1} = 0.$$

> **例 11** 指出下列等式哪一个是差分方程,若是,确定差分方程的阶:

(1) $y_{t+3} - y_{t-2} + y_{t-4} = 0;$

(2) $5y_{t+5} + 3y_{t+1} = 7$;

(3) $\Delta^3 y_t + \Delta^2 y_t = 0$;

(4) $-3\Delta y_t = 3y_t + a^t$.

解 (1) 是差分方程. 由于方程中未知函数下标的最大差为 7, 因此方程的阶为 7;

(2) 是差分方程. 由于方程中未知函数下标的最大差为 4, 因此方程的阶为 4;

(3) 由例 10 可知, 方程是差分方程. 由于未知函数下标的最大差为 2, 因此方程的阶为 2;

(4) 将原方程变形为 $-3(y_{t+1} - y_t) = 3y_t + a^t$, 即
$$-3y_{t+1} = a^t.$$
不符合定义 $3'$, 因此, 该等式不是差分方程.

定义 4 满足差分方程的函数称为**差分方程的解**. 如果差分方程的解中含有相互独立的任意常数的个数恰好等于方程的阶数, 则称这个解为该差分方程的**通解**.

我们往往要根据系统在初始时刻所处的状态, 对差分方程附加一定的条件, 这种附加条件称为**初始条件**, 满足初始条件的解称为**特解**.

例 12 验证 $y_t = C + 2t$ 是差分方程 $y_{t+1} - y_t = 2$ 的通解.

证 将 $y_t = C + 2t$ 代入差分方程的左边, 得
$$y_{t+1} - y_t = [C + 2(t+1)] - (C + 2t) = 2.$$
因此 $y_t = C + 2t$ 是差分方程 $y_{t+1} - y_t = 2$ 的解, 且该解含有一个任意常数, 而该差分方程的阶为 1, 故 $y_t = C + 2t$ 是差分方程 $y_{t+1} - y_t = 2$ 的通解.

习题 10-6

1. 求下列函数的一阶与二阶差分:
   (1) $y_t = 3t^2 - t^3$;
   (2) $y_t = e^{2t}$;
   (3) $y_t = \ln t$;
   (4) $y_t = t^2 \cdot 3^t$.

2. 将差分方程 $\Delta^2 y_t + 2\Delta y_t = 0$ 表示成不含差分的形式.

3. 指出下列等式哪一个是差分方程, 若是, 确定差分方程的阶:
   (1) $y_{t+5} - y_{t+2} + y_{t-1} = 0$;
   (2) $\Delta^2 y_t - 2y_t = t$;
   (3) $\Delta^3 y_t + y_t = 1$;
   (4) $2\Delta y_t = 3t - 2y_t$;
   (5) $\Delta^2 y_t = y_{t+2} - 2y_{t+1} + y_t$.

4. 验证 $y_t = C(-2)^t$ 是差分方程 $y_{t+1} + 2y_t = 0$ 的通解.

§10.7 一阶常系数线性差分方程及其应用

一阶常系数线性差分方程的一般形式为
$$y_{t+1} - ay_t = f(t), \qquad (10-12)$$
其中 a 为非零常数，$f(t)$ 为已知函数。如果 $f(t) \equiv 0$，则方程变为
$$y_{t+1} - ay_t = 0. \qquad (10-13)$$
方程(10-13)称为<u>一阶常系数齐次线性差分方程</u>。相应地，当 $f(t)$ 不恒为零时，方程(10-12)称为<u>一阶常系数非齐次线性差分方程</u>。

10.7.1 一阶常系数齐次线性差分方程的通解

对于一阶常系数齐次线性差分方程(10-13)，通常有两种求解方法。

1. 迭代法

将齐次差分方程(10-13)改写为
$$y_{t+1} = ay_t.$$
若 y_0 已知，则依次得出
$$y_1 = ay_0,$$
$$y_2 = ay_1 = a^2 y_0,$$
$$y_3 = ay_2 = a^3 y_0,$$
$$\cdots\cdots$$
$$y_t = a^t y_0.$$
令 $y_0 = C$ 为任意常数，则齐次方程(10-13)的通解为
$$y_t = Ca^t.$$

2. 特征根法

由于齐次方程 $y_{t+1} - ay_t = 0$ 等同于 $\Delta y_t + (1-a)y_t = 0$，可以看出 y_t 的形式一定为指数函数。于是，设 $y_t = \lambda^t (\lambda \neq 0)$，代入方程，得
$$\lambda^{t+1} - a\lambda^t = 0,$$
即
$$\lambda - a = 0, \qquad (10-14)$$
得 $\lambda = a$。因此 $y_t = a^t$ 是齐次方程(10-13)的一个解，从而
$$y_t = Ca^t$$
是齐次方程(10-13)的通解。称方程(10-14)为齐次差分方程

(10-13) 的**特征方程**,而称 $\lambda = a$ 为**特征根**(特征方程的根).

例 1 求差分方程 $y_{t+1} - 3y_t = 0$ 的通解.

解 特征方程为
$$\lambda - 3 = 0,$$
特征根为 $\lambda = 3$,于是原方程的通解为
$$y_t = C3^t.$$

例 2 求差分方程 $2y_{t+1} + y_t = 0$ 满足初始条件 $y_0 = 3$ 的解.

解 特征方程为
$$2\lambda + 1 = 0,$$
特征根为 $\lambda = -\dfrac{1}{2}$,于是原方程的通解为
$$y_t = C\left(-\dfrac{1}{2}\right)^t.$$
将初始条件 $y_0 = 3$ 代入,得出 $C = 3$,故所求解为
$$y_t = 3\left(-\dfrac{1}{2}\right)^t.$$

10.7.2 一阶常系数非齐次线性差分方程的通解

在 §10.3 中,我们知道一阶非齐次线性微分方程 $y' + P(x)y = Q(x)$ 的通解结构为

对应齐次方程的通解 + 一个特解.

类似地,可得如下一阶常系数非齐次线性差分方程的结构定理.

定理(结构定理) 若一阶常系数非齐次线性差分方程 (10-12) 的一个特解为 y_t^*,Y_t 为其所对应的齐次差分方程 (10-13) 的通解,则非齐次差分方程 (10-12) 的通解为
$$y_t = Y_t + y_t^*.$$

该结构定理表明,若要求非齐次差分方程的通解,则只要求出其对应齐次方程的通解,再找出非齐次方程的一个特解,然后相加即可.

如前所述,对应齐次方程的通解已经解决,因此非齐次差分方程 (10-12) 的解的结构为
$$y_t = Ca^t + y_t^*.$$
现讨论非齐次差分方程 (10-12) 的一个特解 y_t^* 的求法.当非齐次方程 $y_{t+1} - ay_t = f(t)$ 的右端是下列特殊形式的函数时,可采用待定系数法求出 y_t^*.

1. $f(t) = k$ 型 (k 为非零常数)

此时,方程变为
$$y_{t+1} - ay_t = k.$$

当 $a \neq 1$ 时,设 $y_t^* = A$(待定系数),代入方程,得 $A - aA = k$,从而 $A = \dfrac{k}{1-a}$,即 $y_t^* = \dfrac{k}{1-a}$.

当 $a = 1$ 时,设 $y_t^* = At$,代入方程,得 $A(t+1) - At = k$,从而 $A = k$,即 $y_t^* = kt$.

2. $f(t) = P_n(t)$ 型 ($P_n(t)$ 为 t 的 n 次多项式)

此时,方程变为
$$y_{t+1} - ay_t = P_n(t).$$
由 $\Delta y_t = y_{t+1} - y_t$,上式可改写为
$$\Delta y_t + (1-a)y_t = P_n(t).$$
设 y_t^* 为其特解,代入上式,得
$$\Delta y_t^* + (1-a)y_t^* = P_n(t).$$
因为 $P_n(t)$ 为多项式,所以 y_t^* 也应该为多项式. 显然,当 y_t^* 为 n 次多项式时,Δy_t^* 为 $n-1$ 次多项式. 以下分两种情况讨论:

(1) 当 $a \neq 1$ 时,则 y_t^* 必为 n 次多项式,于是可设
$$y_t^* = A_0 + A_1 t + \cdots + A_n t^n,$$
代入原方程确定常数;

(2) 当 $a = 1$ 时,有 $\Delta y_t^* = P_n(t)$,则 y_t^* 必为 $n+1$ 次多项式,于是可设
$$y_t^* = t(A_0 + A_1 t + \cdots + A_n t^n),$$
代入原方程确定常数.

例 3 求差分方程 $y_{t+1} - 3y_t = -4$ 的通解.

解 由于 $a = 3, k = -4$,令 $y_t^* = A$(待定系数),代入方程,得 $A - 3A = -4$,从而 $A = 2$,即 $y_t^* = 2$,故原方程的通解为
$$y_t = C3^t + 2.$$

例 4 求差分方程 $y_{t+1} - 2y_t = t^2$ 的通解.

解 设 $y_t^* = A_0 + A_1 t + A_2 t^2$ 为原方程的解,将 y_t^* 代入原方程并整理,可得
$$(-A_0 + A_1 + A_2) + (-A_1 + 2A_2)t - A_2 t^2 = t^2.$$
比较同次幂系数,得
$$A_0 = -3, \quad A_1 = -2, \quad A_2 = -1,$$
从而
$$y_t^* = -(3 + 2t + t^2).$$
故原方程的通解为
$$y_t = -(3 + 2t + t^2) + C2^t.$$

3. $f(t) = k \cdot b^t$ **型**（k,b **为非零常数且** $b \neq 1$）

试设 $y_t^* = Ab^t$，代入原方程，得
$$Ab^{t+1} - aAb^t = kb^t.$$

约去 b^t，得到 $A(b-a) = k$. 因此，当 $a \neq b$ 时，令 $y_t^* = Ab^t$，解得 $A = \dfrac{k}{b-a}$，从而 $y_t^* = \dfrac{k}{b-a}b^t$；当 $a = b$ 时，令 $y_t^* = Atb^t$，解得 $A = \dfrac{k}{b}$，从而 $y_t^* = ktb^{t-1}$.

例5 求差分方程 $y_{t+1} - 3y_t = 3 \cdot 2^t$ 在初始条件 $y_0 = 5$ 时的特解.

解 由 $a = 3, k = 3, b = 2$，可设原方程有一特解 $y_t^* = A \cdot 2^t$，解得
$$A = \frac{3}{2-3} = -3.$$

于是原方程的通解为
$$y_t = -3 \cdot 2^t + C3^t.$$

将 $y_0 = 5$ 代入上式，得 $C = 8$. 故所求原方程的特解为
$$y_t = -3 \cdot 2^t + 8 \cdot 3^t.$$

4. $f(t) = t^n \cdot b^t$ **型**（n **为正整数**，b **为非零常数且** $b \neq 1$）

从以上讨论易知：

当 $a \neq b$ 时，可设
$$y_t^* = (A_0 + A_1 t + \cdots + A_n t^n)b^t;$$

当 $a = b$ 时，可设
$$y_t^* = t(A_0 + A_1 t + \cdots + A_n t^n)b^t,$$

代入原方程确定常数.

例6 求差分方程 $y_{t+1} - 3y_t = t \cdot 2^t$ 的通解.

解 显然原方程对应的齐次方程的通解为 $y_t = C3^t$.

由 $a = 3, b = 2$，可设原方程有一特解 $y_t^* = (A_0 + A_1 t)2^t$，代入原方程，得
$$[A_0 + A_1(t+1)]2^{t+1} - 3(A_0 + A_1 t)2^t = t2^t,$$

即
$$-A_0 + 2A_1 - A_1 t = t.$$

解得
$$A_0 = -2, \quad A_1 = -1.$$

故原方程的通解为
$$y_t = -(2+t)2^t + C3^t.$$

注 若 $f(t)$ 是由形如以上特殊类型的函数组成的线性组合时，其特解也可由这几种相应的特解形式组合而成.

例 7 求差分方程 $y_{t+1} - y_t = 3^t + 2$ 的通解.

解 由 $a = 1$ 可知,对应的齐次方程的通解为 $y_t = C$.
设 $f_1(t) = 3^t, f_2(t) = 2$,则 $f(t) = f_1(t) + f_2(t)$.
对于 $f_1(t) = 3^t$,因 $a = 1 \neq 3$,故可令 $y_{t1}^* = A3^t$;对于 $f_2(t) = 2$,因 $a = 1$,故可令 $y_{t2}^* = Bt$. 因此原方程的特解可设为 $y_t^* = A3^t + Bt$,代入原方程,得

$$A \cdot 3^{t+1} + B(t+1) - A \cdot 3^t - Bt = 3^t + 2,$$

即

$$2A \cdot 3^t + B = 3^t + 2.$$

解得

$$A = \frac{1}{2}, \quad B = 2.$$

于是 $y_t^* = \frac{3^t}{2} + 2t$,故所求通解为

$$y_t = C + \frac{3^t}{2} + 2t.$$

10.7.3　差分方程在经济学中的应用

下面从几个常见的经济问题阐述差分方程的应用.

1. 存款与贷款模型

例 8 （**存款模型**）　设初始存款为 s_0（元）,年利率为 r,又 s_t 表示 t 年末的存款总额,则显然有下列差分方程

$$s_{t+1} = s_t + rs_t$$

成立,试求 t 年末的本利和.

解　将方程 $s_{t+1} = s_t + rs_t$ 改写为

$$s_{t+1} - (1+r)s_t = 0.$$

这是一个一阶常系数齐次线性差分方程,其特征方程为

$$\lambda - (1+r) = 0,$$

特征方程的根为 $\lambda = 1 + r$. 因此,该齐次差分方程的通解为

$$s_t = C(1+r)^t.$$

代入初始条件 s_0,得 $C = s_0$. 于是,所求 t 年末的本利和为

$$s_t = s_0(1+r)^t.$$

结果表明,初始本金 s_0 存入银行之后,年利率为 r,按年复利计息,t 年末的本利和为 $s_0(1+r)^t$.

例 9 （**贷款模型**）　某人购买一套新房,向银行申请 10 年期的贷款 20 万元,现约定贷款的月利率为 0.4%,试问此人需要每月还银行多少钱?

解　先对这类问题的一般情况进行分析. 设此人需要每月还银行 x 元,贷款总额为 y_0,月利率为 r,则

第 1 个月后还需偿还的贷款为
$$y_1 = y_0 - x + ry_0 = (1+r)y_0 - x;$$
第 2 个月后还需偿还的贷款为
$$y_2 = y_1 - x + ry_1 = (1+r)y_1 - x;$$
……

第 $t+1$ 个月后还需偿还的贷款为
$$y_{t+1} = (1+r)y_t - x,$$
即
$$y_{t+1} - (1+r)y_t = -x.$$

这是一个一阶常系数非齐次线性差分方程,其对应的齐次方程的特征根为 $\lambda = 1 + r \neq 1$,则可设差分方程有特解 $y_t^* = A$,代入,得到 $A = \dfrac{x}{r}$,于是有通解
$$y_t = C(1+r)^t + \frac{x}{r}.$$

代入初始条件 y_0,得 $C = y_0 - \dfrac{x}{r}$,于是非齐次差分方程的通解为
$$y_t = \left(y_0 - \frac{x}{r}\right)(1+r)^t + \frac{x}{r}.$$

现计划 n 年还清贷款,故 $y_{12n} = 0$,代入上式的通解,得
$$0 = \left(y_0 - \frac{x}{r}\right)(1+r)^{12n} + \frac{x}{r}.$$

从上面的等式解得
$$x = y_0 r \cdot \frac{(1+r)^{12n}}{(1+r)^{12n} - 1}.$$

将例 9 的数据代入:$y_0 = 200\,000$,$r = 0.004$,$n = 10$,可得到 $x = 2\,101.81$ 元,即此人需要每月还银行 $2\,101.81$ 元.

2. 价格变化模型

例 10 设某种商品在 t 时期的供给量 S_t 和需求量 Q_t 都是这一时期该产品的价格 P_t 的函数:
$$S_t = -a + bP_t, \quad Q_t = m - nP_t,$$
其中 a, b, m, n 均为正常数,根据实际情况知道,t 时期的价格 P_t 由 $t-1$ 时期的价格 P_{t-1} 与供给量及需求量之差 $S_{t-1} - Q_{t-1}$ 按关系
$$P_t = P_{t-1} - k(S_{t-1} - Q_{t-1})$$
确定(其中 k 为常数).求:

(1) 供需相等时的价格 P_e(即均衡价格);

(2) 商品的价格随时间的变化规律.

解 (1) 由 $S_t = Q_t$,即得均衡价格 $P_e = \dfrac{a+m}{b+n}$;

(2) 由已知关系式,得到

$$P_t = P_{t-1} - k(S_{t-1} - Q_{t-1})$$
$$= P_{t-1} - k[(-a+bP_{t-1}) - (m-nP_{t-1})],$$
即
$$P_t - (1-bk-nk)P_{t-1} = k(a+m).$$
上式是一个一阶常系数非齐次线性差分方程,其对应的齐次方程的通解为
$$P_t = C(1-bk-nk)^t.$$
设非齐次方程有特解 $P_t^* = A$,解得
$$A = \frac{k(a+m)}{1-(1-bk-nk)} = \frac{a+m}{b+n},$$
即非齐次方程的特解为
$$P_t^* = \frac{a+m}{b+n} = P_e,$$
故原方程的通解为
$$P_t = C(1-bk-nk)^t + \frac{a+m}{b+n}$$
$$= C(1-bk-nk)^t + P_e.$$
这就是商品的价格随时间的变化规律.

一般情况下,初始价格 P_0 为已知,则由 $P_0 = C + P_e$,可得
$$C = P_0 - P_e.$$
从而得到初始价格为 P_0 时,商品的价格随时间的变化规律为
$$P_t = (P_0 - P_e)(1-bk-nk)^t + P_e.$$
在有些实际问题中,往往是 t 时期的价格 P_t 决定下一时期的供给量,同时还决定本时期的需求量,下面的例子就是这样.

例 11 ▶ 在某产品的生产中,t 时期该产品的价格 P_t 不仅决定着本期该产品的需求量 Q_t,还决定着生产者在下一时期愿意提供给市场的产量 S_{t+1},即
$$Q_t = a - bP_t, \quad S_t = -m + nP_{t-1},$$
其中 a,b,m,n 均为正常数. 假定在每一个时期中,价格总是确定在市场售清的水平上,求价格随时间变动的规律.

解 由于在每一个时期中,价格总是确定在市场售清的水平上,即 $Q_t = S_t$,因此可得到
$$a - bP_t = -m + nP_{t-1}, \quad 即 \quad bP_t + nP_{t-1} = a + m.$$
故
$$P_t + \frac{n}{b}P_{t-1} = \frac{a+m}{b} \quad (常数\ a,b,m,n > 0).$$
这是一个一阶常系数非齐次线性差分方程,属于右端为常数的情形. 因为 $n > 0, b > 0$,所以 $-\frac{n}{b} < 0$,显然 $-\frac{n}{b} \neq 1$,从而方程的特解为 $P_t^* = \frac{a+m}{b+n}$,而对应齐次方程的通解为
$$P_t = C\left(-\frac{n}{b}\right)^t.$$
故方程的通解为

$$P_t = \frac{a+m}{b+n} + C\left(-\frac{n}{b}\right)^t.$$

当 $t=0$ 时，$P_t = P_0$（初始价格），代入，得

$$C = P_0 - \frac{a+m}{b+n},$$

即满足初始条件 $P_t = P_0 (t=0)$ 的特解为

$$P_t = \frac{a+m}{b+n} + \left(P_0 - \frac{a+m}{b+n}\right)\left(-\frac{n}{b}\right)^t.$$

这就是价格随时间变动的规律，这一结论也说明了市场价格趋向的种种形态．

现就 $-\dfrac{n}{b}$ 的不同情况加以分析：

(1) 若 $\left|-\dfrac{n}{b}\right| < 1$，则

$$\lim_{t \to +\infty} P_t = \frac{a+m}{b+n} = P_t^*,$$

这说明市场价格趋于平衡，且特解 $P_t^* = \dfrac{a+m}{b+n}$ 是一个平衡价格．

(2) 若 $\left|-\dfrac{n}{b}\right| > 1$，则

$$\lim_{t \to \infty} P_t = \infty,$$

这说明在此情况下，市场价格波动越来越大．

(3) 若 $\left|-\dfrac{n}{b}\right| = 1$，即 $-\dfrac{n}{b} = -1$，则

$$P_{2t} = P_0, \quad P_{2t+1} = 2P_t^* - P_0,$$

这说明市场价格呈周期变化状态．

3. 消费模型

例 12 设 C_t 为 t 时期的消费，y_t 为 t 时期的国民收入，I_t 为 t 时期的投资，根据消费理论，有关系式

$$\begin{cases} C_t = ay_t + m, \\ I_t = by_t + n, \\ y_t - y_{t-1} = k(y_{t-1} - C_{t-1} - I_{t-1}), \end{cases}$$

其中 a, b, m, n, k 均为常数，且 $0 < a, b, k < 1, 0 < a+b < 1, m \geq 0, n \geq 0$．若基期（即初始时期）的国民收入 y_0 为已知，试求 y_t 与 t 的函数关系式．

解 将已知关系式中的前两个等式代入第 3 个等式，整理得

$$y_t - [1 + k(1-a-b)]y_{t-1} = -k(m+n).$$

这是一个方程右端为常数的一阶常系数非齐次线性差分方程．易求得其通解为

$$y_t = C[1+k(1-a-b)]^t + \frac{m+n}{1-a-b}.$$

将初始条件 $y_t = y_0 (t=0)$ 代入上式的通解，可确定

$$C = y_0 - \frac{m+n}{1-a-b},$$

故所求函数关系式为

$$y_t = \left(y_0 - \frac{m+n}{1-a-b}\right)[1+k(1-a-b)]^t + \frac{m+n}{1-a-b}.$$

结果表明了在 t 时期的消费和投资已知的条件下,国民收入随时间变化的规律.

习题 10-7

1. 求下列一阶常系数齐次线性差分方程的通解:
   (1) $y_{t+1} - 2y_t = 0$;
   (2) $y_{t+1} + 3y_t = 0$;
   (3) $3y_{t+1} - 2y_t = 0$.

2. 求下列差分方程在给定初始条件下的特解:
   (1) $y_{t+1} - 3y_t = 0$,且 $y_0 = 3$;
   (2) $y_{t+1} + y_t = 0$,且 $y_0 = -2$.

3. 求下列一阶常系数非齐次线性差分方程的通解:
   (1) $y_{t+1} + 2y_t = 3$;
   (2) $y_{t+1} - y_t = -3$;
   (3) $y_{t+1} - 2y_t = 3t^2$;
   (4) $y_{t+1} - y_t = t+1$;
   (5) $y_{t+1} - \frac{1}{2}y_t = \left(\frac{5}{2}\right)^t$;
   (6) $y_{t+1} + 2y_t = t^2 + 4^t$.

4. 求下列差分方程在给定初始条件下的特解:
   (1) $y_{t+1} - y_t = 3 + 2t$,且 $y_0 = 5$;
   (2) $2y_{t+1} + y_t = 3 + t$,且 $y_0 = 1$;
   (3) $y_{t+1} - y_t = 2^t - 1$,且 $y_0 = 2$.

5. 某人向银行申请 1 年期的贷款 25 000 万元,约定月利率为 1‰,计划用 12 个月采用每月等额的方式还清债务,试问此人每月需付还银行多少钱?若记 y_t 为第 t 个月后还需偿还的债务,a 为每月的还款额,写出 y_t 所满足的差分方程及每月还款额的计算公式.

6. 设某产品在时期 t 的价格、供给量与需求量分别为 P_t, S_t 与 $Q_t(t=0,1,2,\cdots)$,并满足以下关系:
   (1) $S_t = 2P_t + 1$; (2) $Q_t = -4P_{t-1} + 5$; (3) $Q_t = S_t$.
   求证:由(1),(2),(3)可推出差分方程 $P_{t+1} + 2P_t = 2$.若已知 P_0,求上述差分方程的解.

7. 设 C_t 为 t 时期的消费,y_t 为 t 时期的国民收入,$I = 1$ 为投资(各期相同),设有关系式 $C_t = ay_{t-1} + b$,$y_t = C_t + 1$,其中 a,b 为正常数,且 $a < 1$.若基期(即初始时期)的国民收入 y_0 为已知,试求 C_t, y_t(即表示为 t 的函数关系式).

本章小结

一、基本概念与一阶微分方程

1. 基本概念.

(1) 微分方程:含有未知函数的导数(或微分)的方程.

(2) 微分方程的阶:微分方程中未知函数的导数的最高阶数.

(3) 微分方程的解:满足微分方程的函数.

(4) 微分方程的通解和特解:通解是含有独立的任意常数的个数与阶数相同的解,注意通解并非全部解；特解是不含任意常数的解.

(5) 初始条件与初值问题：用于确定通解中常数值的条件称为初始条件；求微分方程满足初始条件的解的问题称为初值问题.

2. 可分离变量方程.

(1) 方程形式：$\psi(y)\mathrm{d}y = \varphi(x)\mathrm{d}x$ 或 $y' = f(x)g(y)$.

(2) 求解步骤：

第一步，分离变量，$\dfrac{1}{g(y)}\mathrm{d}y = f(x)\mathrm{d}x$.

第二步，对上式两端分别积分，$\int \dfrac{1}{g(y)}\mathrm{d}y = \int f(x)\mathrm{d}x$.

第三步，讨论 $g(y) = 0$ 的情况，确定解和通解.

3. 可化为可分离变量方程的齐次方程 $\dfrac{\mathrm{d}y}{\mathrm{d}x} = f\left(\dfrac{y}{x}\right)$.

求解方法（变量代换）：令 $u = \dfrac{y}{x}$，则 $y = xu$，$\dfrac{\mathrm{d}y}{\mathrm{d}x} = u + x\dfrac{\mathrm{d}u}{\mathrm{d}x}$.

4. 一阶线性微分方程.

(1) 一阶齐次线性微分方程 $y' + P(x)y = 0$.

视为可分离变量的方程. 分离变量后得

$$\dfrac{\mathrm{d}y}{y} = -P(x)\mathrm{d}x.$$

(2) 一阶非齐次线性微分方程 $y' + P(x)y = Q(x)$ 的常数变易法：

将其对应齐次方程的通解 $y = C\mathrm{e}^{-\int P(x)\mathrm{d}x}$ 中的常数 C 换成函数 $C(x)$，代入，求出 $C(x)$.

(3) 一阶非齐次线性微分方程 $y' + P(x)y = Q(x)$ 的通解公式：

$$y = \mathrm{e}^{-\int P\mathrm{d}x}\left(\int Q\mathrm{e}^{\int P\mathrm{d}x}\mathrm{d}x + C\right).$$

5. 可化为一阶线性微分方程的伯努利方程 $\dfrac{\mathrm{d}y}{\mathrm{d}x} + P(x)y = Q(x)y^n$.

解法：令 $z = y^{1-n}$，可得

$$\dfrac{\mathrm{d}z}{\mathrm{d}x} + (1-n)P(x)z = (1-n)Q(x).$$

二、可降阶的高阶微分方程

1. 类型 Ⅰ $y^{(n)} = f(x)$.

解法：相继积分 n 次即可求出通解.

2. 类型 Ⅱ（不显含 y 的方程）$y'' = f(x, y')$.

解法：令 $y' = p$，则 $y'' = \dfrac{\mathrm{d}p}{\mathrm{d}x}$，将原方程化为关于 p 的一阶方程

$$p' = f(x, p).$$

3. 类型 Ⅲ（不显含 x 的方程）$y'' = f(y, y')$.

解法：做变换 $y' = p(y)$，则 $y'' = p\dfrac{\mathrm{d}p}{\mathrm{d}y}$，将原方程化为关于 p 的一阶方程

$$p\dfrac{\mathrm{d}p}{\mathrm{d}y} = f(y, p).$$

三、二阶常系数线性微分方程

1. 二阶常系数齐次线性微分方程 $y'' + py' + qy = 0$.

根据特征方程 $r^2 + pr + q = 0$ 的特征根的 3 种不同情形，得出方程 $y'' + py' + qy = 0$ 的通解，详见 10.5.2 节表 10-1.

2. 二阶常系数非齐次线性微分方程 $y'' + py' + qy = f(x)$.

通解结构为

$$y = Y + y^*,$$

其中 y^* 是方程的一个特解，Y 是方程对应的齐次方程的通解.

$f(x)$ 为 3 种特殊形式时，特解的求法如下：

(1) $f(x) = P_n(x)$ 的特解形式为

$$y^* = x^k Q_n(x),$$

其中 k 的取值原则是使得等式两边 x 的最高阶的幂次相同：① 当 $q \neq 0$ 时，取 $k = 0$；② 当 $q = 0$ 且 $p \neq 0$ 时，取 $k = 1$；③ 当 $q = 0$ 且 $p = 0$ 时，取 $k = 2$.

(2) $f(x) = A\mathrm{e}^{\alpha x}$ 的特解形式为

$$y^* = Bx^k \mathrm{e}^{\alpha x},$$

其中 B 为待定常数，k 的取值是当 α 不是特征方程的根、是特征方程的单根、是特征方程的重根时，分别取 $0, 1, 2$.

(3) $f(x) = \mathrm{e}^{\alpha x}(A\cos\omega x + B\sin\omega x)$ 的特解形式为

$$y^* = x^k \mathrm{e}^{\alpha x}(C\cos\omega x + D\sin\omega x),$$

其中 C, D 为待定常数，k 的取值是当 $\alpha + \mathrm{i}\omega$ 不是特征方程的根、是特征方程的根时，分别取 $0, 1$.

四、差分方程

1. 差分与差分方程的概念.

(1) 函数 $y_t = y(t)$ 的一阶差分：

$$\Delta y_t = y_{t+1} - y_t \text{ 或 } \Delta y(t) = y(t+1) - y(t) \quad (t = 0, 1, 2, \cdots).$$

(2) 二阶差分：$\Delta^2 y_t = \Delta(\Delta y_t) = \Delta y_{t+1} - \Delta y_t$.

(3) n 阶差分：$\Delta^n y_t = \Delta^{n-1} y_{t+1} - \Delta^{n-1} y_t = \sum_{i=0}^{n} (-1)^i C_n^i y_{t+n-i}$.

2. 差分的基本运算性质.

(1) $\Delta(Cy_t) = C\Delta y_t$（$C$ 为常数）；

(2) $\Delta(y_t \pm z_t) = \Delta y_t \pm \Delta z_t$；

(3) $\Delta(y_t \cdot z_t) = z_t \Delta y_t + y_{t+1} \Delta z_t$；

(4) $\Delta\left(\dfrac{y_t}{z_t}\right) = \dfrac{z_t \Delta y_t - y_t \Delta z_t}{z_{t+1} \cdot z_t} \quad (z_t \neq 0)$.

3. 差分方程的一般形式.

$$F(t, y_t, \Delta y_t, \Delta^2 y_t, \cdots, \Delta^n y_t) = 0 \text{ 或 } G(t, y_t, y_{t+1}, y_{t+2}, \cdots, y_{t+n}) = 0.$$

(1) 差分方程的阶是未知函数的最大下标与最小下标的差.

(2) 差分方程的解是满足差分方程的函数.

(3) 差分方程的通解是差分方程的解中所含独立的任意常数的个数恰好等于方程阶数的解.

(4) 差分方程的特解是差分方程的解中不含任意常数的解.

(5) 初始条件是确定通解中任意常数的条件.

4. 一阶常系数线性差分方程.

(1) 齐次方程 $y_{t+1} - ay_t = 0$(常数 $a \neq 0$)的通解为 $y_t = Ca^t$.

(2) 非齐次方程 $y_{t+1} - ay_t = f(t)$(常数 $a \neq 0$)的通解结构为 $y_t = Ca^t + y_t^*$,其中 y_t^* 是方程的一个特解.

$f(t)$ 是 4 种特殊形式的函数时,可采用待定系数法求出 y_t^*,详见 10.7.2 节.

5. 差分方程的简单应用.

(1) 存款与贷款模型;

(2) 价格变化模型;

(3) 消费模型.

复习题10

(A)

1. 通解为 $y = Ce^{-x} + x$ 的微分方程是_____.
2. 通解为 $y = C_1 e^x + C_2 e^{2x}$ 的微分方程是_____.
3. 微分方程 $x\mathrm{d}y - (x^2 e^{-x} + y)\mathrm{d}x = 0$ 的通解是_____.
4. 微分方程 $xy' + y = 0$ 满足初始条件 $y(1) = 1$ 的特解是_____.
5. 设非齐次线性微分方程 $y' + P(x)y = Q(x)$ 有两个不同的解 $y_1(x)$ 与 $y_2(x)$,C 是任意常数,则该方程的通解是_____.
   A. $C[y_1(x) + y_2(x)]$
   B. $C[y_1(x) - y_2(x)]$
   C. $y_1(x) + C[y_1(x) - y_2(x)]$
   D. $y_1(x) + C[y_1(x) + y_2(x)]$
6. 微分方程 $y'' + 4y = \sin 2x$ 的一个特解形式是_____.
   A. $C\cos 2x + D\sin 2x$
   B. $D\sin 2x$
   C. $x(C\cos 2x + D\sin 2x)$
   D. $x \cdot D\sin 2x$
7. 解下列一阶微分方程:
   (1) $(1 + y^2)\mathrm{d}x = xy(x+1)\mathrm{d}y$;
   (2) $x(y' + 1) + \sin(x + y) = 0$;
   (3) $\left(x + y\cos\dfrac{y}{x}\right)\mathrm{d}x = x\cos\dfrac{y}{x}\mathrm{d}y$;
   (4) $xy' + 2y = \sin x$;
   (5) $\tan y \mathrm{d}x = (\sin y - x)\mathrm{d}y$;
   (6) $(y - 2xy^2)\mathrm{d}x = x\mathrm{d}y$.
8. 解下列二阶微分方程:
   (1) $(1 + x)y'' + y' = \ln(1 + x)$;
   (2) $y'' + 3y' + 2y = 2x^2 + x + 1$;
   (3) $y'' + 2y' - 3y = 2e^x$;
   (4) $y'' + y = x + \cos x$.
9. 解下列差分方程:
   (1) $y_{t+1} + 4y_t = 2t^2 + t - 1$;
   (2) $y_{t+1} - y_t = t \cdot 2^t + 3$.

(B)

1. 设曲线 $y = f(x)$ 过点 $(0, -1)$,且其上任一点处的切线斜率为 $2x\ln(1 + x^2)$,则 $f(x) =$ _____.
2. 某企业每年的工资总额在比上一年增加 10% 的基础上,再追加奖金 3 百万元. 若以 y_t 表示第 t 年的工资总额(单位:百万元),则 y_t 满足的差分方程是_____.

3. 微分方程 $\dfrac{\mathrm{d}y}{\mathrm{d}x} = \dfrac{y}{x} - \dfrac{y^3}{2x^3}$ 满足初始条件 $y(1)=1$ 的特解是_____.

4. 差分方程 $2y_{t+1} + 10y_t = 5t$ 的通解是_____.

5. 设 3 个线性无关的函数 y_1, y_2, y_3 都是二阶非齐次线性微分方程 $y'' + Py' + Qy = f(x)$ 的解，C_1, C_2 是独立的任意常数，则该方程的通解是_____.
   A. $C_1 y_1 + C_2 y_2 + y_3$
   B. $C_1 y_1 + C_2 y_2 - (C_1 + C_2) y_3$
   C. $C_1 y_1 + C_2 y_2 - (1 - C_1 + C_2) y_3$
   D. $C_1 y_1 + C_2 y_2 + (1 - C_1 - C_2) y_3$

6. 设 $f(x) = g_1(x) \cdot g_2(x)$，其中 $g_1(x), g_2(x)$ 在 $(-\infty, +\infty)$ 内满足条件
$$g_1'(x) = g_2(x), \quad g_1(x) = g_2'(x),$$
且 $g_1(0) = 0, g_1(x) + g_2(x) = 2\mathrm{e}^x$. 求：
   (1) $f(x)$ 所满足的一阶微分方程；
   (2) $f(x)$ 的表达式.

7. 设连续函数 $f(x)$ 满足 $f(x) = 2x \int_0^1 f(tx)\mathrm{d}t + \mathrm{e}^{x^2}(1-x)$，且 $f(0)=1$，求 $f(x)$.

8. 在 xOy 坐标平面中，连续曲线 L 过点 $M(1,0)$，其上任意点 $P(x,y) (x \neq 0)$ 处的切线斜率与直线 OP 的斜率之差等于 ax（常数 $a > 0$）.
   (1) 求 L 的方程；
   (2) 当 L 与直线 $y = ax$ 所围成平面图形的面积为 4 时，确定 a 的值.

9. 验证函数
$$y = 1 + \dfrac{x^3}{3!} + \dfrac{x^6}{6!} + \dfrac{x^9}{9!} + \cdots + \dfrac{x^{3n}}{(3n)!} + \cdots \quad (-\infty < x < +\infty)$$
满足微分方程 $y'' + y' + y = \mathrm{e}^x$；利用所得结果求幂级数 $\sum_{n=0}^{\infty} \dfrac{x^{3n}}{(3n)!}$ 的和函数.

附录 I 参考答案

习题 7-1

1. V 卦限,y 轴,zOx 面,Ⅷ 卦限.
2. 坐标原点的对称点 $(1,-2,-3)$;
   x 轴的对称点 $(-1,-2,-3)$,y 轴的对称点 $(1,2,-3)$,z 轴的对称点 $(1,-2,3)$;
   xOy 面的对称点 $(-1,2,-3)$,yOz 面的对称点 $(1,2,3)$,zOx 面的对称点 $(-1,-2,3)$.
3. $M\left(0,0,\dfrac{14}{9}\right)$.
4. 略.
5. $\dfrac{x}{2}-\dfrac{y}{3}+\dfrac{z}{5}=1$.
6. $y-3z=0$.
7. $x+z-1=0$.
8. 球心在 $M_0(1,-2,0)$、半径为 $R=\sqrt{5}$ 的球面.
9. (1) 直线,平面;
   (2) 圆,圆柱面;
   (3) 椭圆,椭圆柱面;
   (4) 抛物线,抛物柱面.

习题 7-2

1. (1) x^2+y^2-xy;
   (2) x^2+2y^2.
2. (1) $\{(x,y)\mid x^2+y^2\neq 1\}$;
   (2) $\{(x,y)\mid |x|\leqslant 1,|y|\geqslant 1\}$;
   (3) $\{(x,y)\mid y<x\leqslant 1\}$;
   (4) $\{(x,y)\mid 2\leqslant x^2+y^2\leqslant 4,x>y^2\}$.
3. 略.
4. (1) 2; (2) 3; (3) 0; (4) $\dfrac{1}{4}$.
5. (1) 全平面连续;
   (2) 除原点外连续.
6. (1) 直线 $y=x$ 或 $y=-x$;
   (2) $x^2+y^2\geqslant 1$.

习题 7-3

1. (1) $z_x=3x^2+3y,z_y=3x+3y^2$;
   (2) $z_x=-\dfrac{\sin y^2}{x^2},z_y=\dfrac{2y\cos y^2}{x}$;
   (3) $z_x=\dfrac{1}{x-3y},z_y=-\dfrac{3}{x-3y}$;
   (4) $z_x=x^{-1}(yx^y+1),z_y=x^y\ln x+y^{-1}$;
   (5) $u_x=\dfrac{z}{y}x^{\frac{z}{y}-1},u_y=-\dfrac{z}{y^2}x^{\frac{z}{y}}\ln x,u_z=\dfrac{1}{y}x^{\frac{z}{y}}\ln x$;
   (6) $u_x=-2x\sin(x^2-y^2+\mathrm{e}^{-z}),u_y=2y\sin(x^2-y^2+\mathrm{e}^{-z}),u_z=\mathrm{e}^{-z}\sin(x^2-y^2+\mathrm{e}^{-z})$.
2. (1) $0,3$; (2) $\dfrac{1}{2}$; (3) $\dfrac{2}{5}$; (4) $\dfrac{1}{2},-\dfrac{1}{2},0$.
3. 略.
4. (1) $\dfrac{\partial^2 z}{\partial x^2}=24x+6y,\dfrac{\partial^2 z}{\partial y^2}=-6x,\dfrac{\partial^2 z}{\partial y\partial x}=6x-6y$;
   (2) $\dfrac{\partial^2 z}{\partial x^2}=\dfrac{x+2y}{(x+y)^2},\dfrac{\partial^2 z}{\partial y^2}=-\dfrac{x}{(x+y)^2},\dfrac{\partial^2 z}{\partial y\partial x}=\dfrac{y}{(x+y)^2}$.
5. $C_x=270,C_y=160$,如果 B 种标号水泥日产量不变而 A 种标号水泥的日产量增加1吨,则总成本大约增加270元;如果 A 种标号水泥日产量不变而 B 种标号水泥的日产量增加1吨,则总成本大约增加160元.

6. -0.1, 0.3.

习题 7-4

1. (1) $dz = (4y^3 + 10xy^6)dx + (12xy^2 + 30x^2y^5)dy$;

   (2) $dz = \dfrac{-x}{\sqrt{1-x^2-y^2}}dx + \dfrac{-y}{\sqrt{1-x^2-y^2}}dy$;

   (3) $du = \dfrac{1}{x-yz}dx + \dfrac{-z}{x-yz}dy + \dfrac{-y}{x-yz}dz$;

   (4) $du = dx + (\dfrac{1}{2}\cos\dfrac{y}{2} + ze^{yz})dy + ye^{yz}dz$.

2. $dz = dx + 3\ln 3 dy$.
3. 0.72, 0.7.
4. 1.08.
5. $17.6\pi \text{ cm}^3$.

习题 7-5

1. (1) $e^{3t^2+2\cos t}(6t - 2\sin t)$;   (2) $\dfrac{3-12x^2}{1+(3x-4x^3)^2}$;

   (3) $e^t(\cos t - \sin t) + \cos t$.

2. (1) $\dfrac{\partial z}{\partial x} = 3x^2 \sin y \cos y(\sin y - \cos y)$,

   $\dfrac{\partial z}{\partial y} = x^3(2\sin y \cos^2 y - \sin^3 y - \cos^3 y + 2\sin^2 y \cos y)$;

   (2) $\dfrac{\partial z}{\partial x} = 6x(4x+2y)(3x^2+y^2)^{4x+2y-1} + 4(3x^2+y^2)^{4x+2y}\ln(3x^2+y^2)$,

   $\dfrac{\partial z}{\partial y} = 2y(4x+2y)(3x^2+y^2)^{4x+2y-1} + 2(3x^2+y^2)^{4x+2y}\ln(3x^2+y^2)$;

   (3) $\dfrac{\partial u}{\partial x} = (1+6x\cos y)e^{x+2y+3z}$, $\dfrac{\partial u}{\partial y} = (2-3x^2\sin y)e^{x+2y+3z}$;

   (4) $\dfrac{\partial w}{\partial x} = f_1 + 2xyf_2 + y^2zf_3$, $\dfrac{\partial w}{\partial y} = x^2f_2 + 2xyzf_3$, $\dfrac{\partial w}{\partial z} = xy^2f_3$.

3. $\dfrac{dx}{1+x^2} + \dfrac{dy}{1+y^2}$.
4. $\dfrac{\partial z}{\partial x} = \dfrac{y\cos xy}{2-e^z}$, $\dfrac{\partial z}{\partial y} = \dfrac{x\cos xy}{2-e^z}$.

5. 略.

6. (1) $\dfrac{\partial^2 z}{\partial x^2} = \dfrac{-2x}{(1+x^2)^2}$, $\dfrac{\partial^2 z}{\partial x \partial y} = 0$, $\dfrac{\partial^2 z}{\partial y^2} = \dfrac{-2y}{(1+y^2)^2}$;

   (2) $\dfrac{\partial^2 z}{\partial x^2} = \dfrac{\ln y}{x^2}(\ln y - 1)y^{\ln x}$, $\dfrac{\partial^2 z}{\partial x \partial y} = \dfrac{1}{xy}(1 + \ln x \cdot \ln y)y^{\ln x}$, $\dfrac{\partial^2 z}{\partial y^2} = \dfrac{\ln x}{y^2}(\ln x - 1)y^{\ln x}$;

   (3) $\dfrac{\partial^2 z}{\partial x^2} = y^2 f_{11} + 4xy f_{12} + 4x^2 f_{22} + 2f_2$, $\dfrac{\partial^2 z}{\partial x \partial y} = xy f_{11} + 2(x^2-y^2)f_{12} - 4xy f_{22} + f_1$,

   $\dfrac{\partial^2 z}{\partial y^2} = x^2 f_{11} - 4xy f_{12} + 4y^2 f_{22} - 2f_2$.

7. (1) $\dfrac{\partial z}{\partial x} = \dfrac{x}{2-z}$, $\dfrac{\partial z}{\partial y} = \dfrac{y}{2-z}$;   (2) $\dfrac{\partial z}{\partial x} = \dfrac{yz}{z^2-xy}$, $\dfrac{\partial z}{\partial y} = \dfrac{xz}{z^2-xy}$.

*8. (1) $\dfrac{\partial u}{\partial x} = \dfrac{vy-ux}{x^2-y^2}$, $\dfrac{\partial v}{\partial x} = \dfrac{uy-vx}{x^2-y^2}$;

   (2) $\dfrac{\partial u}{\partial x} = \dfrac{x+3v^3}{xy-9u^2v^2}$, $\dfrac{\partial v}{\partial x} = -\dfrac{3u^2+yv}{xy-9u^2v^2}$, $\dfrac{\partial u}{\partial y} = -\dfrac{3v^2+xu}{xy-9u^2v^2}$, $\dfrac{\partial v}{\partial y} = \dfrac{y+3u^3}{xy-9u^2v^2}$.

习题 7-6

1. (1) 极小值 $f(6,5)=-90$； (2) 极大值 $f(1,1)=2$.
2. 最大值 $f(3,0)=9$，最小值 $f(0,0)=f(2,2)=0$.
3. $f(4,0)=-16$.
4. (1) 最大值 $z\left(\dfrac{1}{2},\dfrac{1}{2}\right)=\dfrac{1}{4}$；

   (2) 最小值 $z\left(-\dfrac{1}{3},\dfrac{2}{3},-\dfrac{2}{3}\right)=-3$，最大值 $z\left(\dfrac{1}{3},-\dfrac{2}{3},\dfrac{2}{3}\right)=3$.
5. 长、宽、高相等，均为 2 m.
6. $C(25,17)=9043$(元).
7. (1) $x=1.5, y=1$； (2) $x=0.75, y=1.25$.
*8. $\dfrac{c_0-k\ln M+\dfrac{1}{a}-k}{1-ak}$.

复习题 7

(A)

1. $x^3+3x^2+3x, \sqrt{y}+x-1$.
2. $1, 0$.
3. $\dfrac{x\mathrm{d}y-y\mathrm{d}x}{x^2+y^2}$.
4. D.
5. D.
6. D.
7. (1) 0； (2) 不存在.
8. $\dfrac{\partial z}{\partial x}=-\dfrac{y+z}{x+y}, \dfrac{\partial^2 z}{\partial x^2}=\dfrac{2(y+z)}{(x+y)^2}, \dfrac{\partial^2 z}{\partial x\partial y}=\dfrac{2z}{(x+y)^2}$.
9. 略.
10. 极小值 $f\left(0,\dfrac{1}{\mathrm{e}}\right)=-\dfrac{1}{\mathrm{e}}$.
11. $x=\dfrac{63}{2}, y=14$.
12. 磁盘 25 张，磁带 20 盒.

(B)

1. $-\mathrm{e}^{-x}+\mathrm{e}^{2y-x}+2x-4y$.
2. 1.
3. $\dfrac{1}{2}$.
4. $yf''(xy)+g'(x+y)+yg''(x+y)$.
5. C.
6. D.
7. $\left[f_x+f_z\dfrac{(1+x)\mathrm{e}^x}{(1+z)\mathrm{e}^z}\right]\mathrm{d}x+\left[f_y-f_z\dfrac{(1+y)\mathrm{e}^y}{(1+z)\mathrm{e}^z}\right]\mathrm{d}y$.
8. $f_x-\dfrac{y}{x}f_y+\left[1-\dfrac{(x-z)\mathrm{e}^x}{\sin(x-z)}\right]f_z$.
9. (1) $\mathrm{d}z=\dfrac{(-g'+2x)\mathrm{d}x+(-g'+2y)\mathrm{d}y}{g'+1}$； (2) $-\dfrac{2(1+2x)\cdot g''}{(g'+1)^3}$.
10. $u_{\max}(-2,-2,8)=72, u_{\min}(1,1,2)=6$.

习题 8-1

1. $\iint\limits_{D}\mu(x,y)\mathrm{d}\sigma$.
2. 3π.
3. π.
4. (1) $\iint\limits_{D}(x+y)^2\mathrm{d}\sigma>\iint\limits_{D}(x+y)^3\mathrm{d}\sigma$； (2) $\iint\limits_{D}\ln(x+y)\mathrm{d}\sigma>\iint\limits_{D}[\ln(x+y)]^2\mathrm{d}\sigma$.

习题 8-2

1. (1) 0;　　(2) $\dfrac{20}{3}$;　　(3) $\dfrac{13}{6}$;　　(4) 0;

   (5) 8;　　(6) $\dfrac{9}{64}$;　　(7) $-\dfrac{1}{2}(e^{-1}-1)$.

2. (1) $\int_0^1 dx \int_0^x f(x,y)dy + \int_1^2 dx \int_0^{2-x} f(x,y)dy = \int_0^1 dy \int_y^{2-y} f(x,y)dx$;

   (2) $\int_1^2 dx \int_{\frac{1}{x}}^x f(x,y)dy = \int_{\frac{1}{2}}^1 dy \int_{\frac{1}{y}}^2 f(x,y)dx + \int_1^2 dy \int_y^2 f(x,y)dx$;

   (3) $\int_{-1}^1 dx \int_{x^2}^1 f(x,y)dy = \int_0^1 dy \int_{-\sqrt{y}}^{\sqrt{y}} f(x,y)dx$.

3. (1) $\int_0^1 dx \int_x^1 f(x,y)dy$;　　　　(2) $\int_0^4 dx \int_{\frac{x}{2}}^{\sqrt{x}} f(x,y)dy$;

   (3) $\int_0^1 dy \int_{e^y}^e f(x,y)dx$;　　　　(4) $\int_0^2 dx \int_{\frac{x}{2}}^{3-x} f(x,y)dy$;

   (5) $\int_0^1 dy \int_{-\sqrt{y}}^{\sqrt{y}} f(x,y)dx$;　　　　(6) $\int_0^1 dx \int_x^{2x} f(x,y)dy + \int_1^2 dx \int_x^2 f(x,y)dy$.

4. $\dfrac{7}{2}$.　　　　5. $\dfrac{17}{6}$.

习题 8-3

1. (1) $\int_0^{2\pi} d\theta \int_0^a f(r\cos\theta, r\sin\theta)rdr$;　　(2) $\int_{-\frac{\pi}{2}}^{\frac{\pi}{2}} d\theta \int_0^{2\cos\theta} f(r\cos\theta, r\sin\theta)rdr$;

   (3) $\int_0^{2\pi} d\theta \int_1^2 f(r\cos\theta, r\sin\theta)rdr$;　　(4) $\int_0^{\frac{\pi}{2}} d\theta \int_0^{(\cos\theta+\sin\theta)^{-1}} f(r\cos\theta, r\sin\theta)rdr$.

2. (1) $\dfrac{1}{8}\pi a^4$;　　　　(2) $\dfrac{2}{45}(\sqrt{2}+1)$.

3. (1) $\pi(e-1)$;　　(2) $\dfrac{\pi}{4}(2\ln 2 - 1)$;　　(3) $\dfrac{3}{64}\pi^2$;

   (4) $\dfrac{3\pi}{2}$;　　(5) $\dfrac{1}{3}\pi R^3$.

4. $\dfrac{\pi}{6}$.

习题 8-4

1. $\dfrac{1}{2}$.　　　　2. π.

复习题 8

(A)

1. (1) $\int_{-1}^1 dx \int_{-2}^2 f(x,y)dy = \int_{-2}^2 dy \int_{-1}^1 f(x,y)dx$;

   (2) $\int_0^4 dx \int_x^{2\sqrt{x}} f(x,y)dy = \int_0^4 dy \int_{\frac{1}{4}y^2}^y f(x,y)dx$.

2. (1) $\int_0^1 dx \int_{x^2}^x f(x,y)dy$;　　(2) $\int_0^a dy \int_{a-\sqrt{a^2-y^2}}^{a+\sqrt{a^2-y^2}} f(x,y)dx$;　　(3) $\int_0^1 dy \int_y^{2-y} f(x,y)dx$.

3. (1) $\left(e-\dfrac{1}{e}\right)^2$; (2) $\dfrac{29}{15}$; (3) $-\dfrac{1}{2}$; (4) $\dfrac{2}{3}$; (5) $1-\dfrac{2}{\pi}$; (6) $4\pi R^2$.

4. $\dfrac{5}{144}$. 5. $\sqrt{\pi}$.

6. 8π. 7. (1) $\dfrac{e}{2}-1$; (2) $\dfrac{1}{2}e^2-\dfrac{1}{2}-e$.

(B)

1. (1) $\int_0^1 dy \int_y^{y^{\frac{1}{3}}} f(x,y)dx$;   (2) $\int_1^2 dx \int_{1-x}^0 f(x,y)dy$;

(3) $\int_0^2 dy \int_{-\sqrt{y}}^{\sqrt{y}} f(x,y)dx + \int_2^4 dy \int_{-\sqrt{4-y}}^{\sqrt{4-y}} f(x,y)dx$;

(4) $\int_0^1 dy \int_0^{y^2} f(x,y)dx + \int_1^2 dy \int_0^{\sqrt{2y-y^2}} f(x,y)dx$.

2. $\dfrac{1}{2}\ln 2$.   3. $\dfrac{1}{2}\left(\ln\dfrac{3}{2}+\sqrt{2}\arctan\sqrt{2}-\dfrac{\pi}{2}\right)$.

4. $\dfrac{1}{2}A^2$.   5. $\dfrac{2}{15}(4\sqrt{2}-1)$.

6. $\dfrac{1}{2}(e^4-1)$.

习题 9−1

1. (1) 发散; (2) 发散; (3) 发散; (4) 发散; (5) 发散; (6) 发散.

2. (1) 收敛, $s=\dfrac{3}{2}$;   (2) 收敛, $s=\dfrac{1}{4}$;   (3) 发散;   (4) 发散.

习题 9−2

1. (1) 收敛; (2) 收敛; (3) 当 $0<a\leqslant 1$ 时, 发散, 当 $a>1$ 时, 收敛;
(4) 收敛; (5) 发散; (6) 发散; (7) 收敛; (8) 收敛;
(9) 收敛; (10) 收敛; (11) 收敛; (12) 收敛.

习题 9−3

1. (1) 条件收敛; (2) 绝对收敛; (3) 绝对收敛; (4) 绝对收敛; (5) 绝对收敛;
(6) 当 x 为负整数时, 级数显然无意义, 当 x 不为负整数时, 条件收敛;
(7) 绝对收敛; (8) 条件收敛.

2. 略.

习题 9−4

1. (1) $(-1,1)$;   (2) $(-e,e)$;
(3) $[-2,2]$;   (4) $[-1,1]$;
(5) $[-4,0)$;   (6) $\left[\dfrac{1}{2},\dfrac{3}{2}\right)$.

2. (1) $-\ln(1+x)$ $(-1<x\leqslant 1)$;   (2) $\dfrac{1+x}{(1-x)^2}$ $(-1<x<1)$.

3. (1) $\dfrac{1}{\sqrt{2}}\ln(1+\sqrt{2})$;   (2) 8.

习题 9-5

1. (1) $1+\sum_{n=1}^{\infty}(-1)^n \frac{x^{2n}}{2(2n)!}$ $(-\infty<x<+\infty)$;

   (2) $\sum_{n=0}^{\infty}(-1)^n \frac{1}{(2n+1)!}\left(\frac{x}{2}\right)^{2n+1}$ $(-\infty<x<+\infty)$;

   (3) $\sum_{n=0}^{\infty}(-1)^n \frac{1}{n!}x^{2n+1}$ $(-\infty<x+\infty)$;

   (4) $\sum_{n=0}^{\infty}x^{2n}$ $(-1<x<1)$;

   (5) $\sum_{n=0}^{\infty}\frac{x^{2n+1}}{(2n+1)!}$ $(-\infty<x<+\infty)$.

   (6) $x+\sum_{n=1}^{\infty}\frac{2(2n)!}{(n!)^2(2n+1)}\left(\frac{x}{2}\right)^{2n+1}$ $(-1\leqslant x\leqslant 1)$.

2. (1) $\sum_{n=0}^{\infty}\frac{(x-1)^n}{2^{n+1}}$ $(-1<x<3)$;

   (2) $\frac{1}{2}\sum_{n=0}^{\infty}(-1)^n\left[\frac{1}{(2n)!}\left(x-\frac{\pi}{3}\right)^{2n}+\frac{\sqrt{3}}{(2n+1)!}\left(x-\frac{\pi}{3}\right)^{2n+1}\right]$ $(-\infty<x<+\infty)$;

   (3) $\sum_{n=0}^{\infty}(-1)^n\left(\frac{1}{2^{n+2}}-\frac{1}{2^{2n+3}}\right)(x-1)^n$ $(-1<x<3)$;

   (4) $\sum_{n=0}^{\infty}\frac{(-1)^n(n+1)}{3^{n+2}}(x-3)^n$ $(0<x<6)$.

习题 9-6

1. (1) 2.992 6; (2) 1.098 6; (3) 0.156 43.
2. 0.946 1.   3. 6 300 万元.

复习题 9

(A)

1. (1) 发散;   (2) 发散;   (3) 收敛;   (4) 收敛.
2. 略.
3. (1) 条件收敛; (2) 绝对收敛; (3) 发散; (4) 绝对收敛.
4. (1) $\{0\}$;   (2) $(-\infty,+\infty)$;   (3) $\left[-\frac{1}{5},\frac{1}{5}\right)$;

   (4) $[-5,-3)$;   (5) $\left(\frac{9}{10},\frac{11}{10}\right)$;   (6) $[2,4]$.

5. (1) $(-1,1), \frac{1+x}{(1-x)^3}$;   (2) $(-1,1), \frac{x}{(1-x)^2}$;

   (3) $(-2,2), \frac{4}{2-x}$;   (4) $[-1,1], (1-x)\ln(1-x)+x$.

6. (1) $\sum_{n=0}^{\infty}\frac{\ln^n 3}{n!}x^n$ $(-\infty<x<+\infty)$;

   (2) $\sum_{n=0}^{\infty}(-1)^n x^{2n+2}$ $(-1<x<1)$;

   (3) $\sum_{n=1}^{\infty}\frac{(-1)^{n-1}2^n-1}{n}x^n$ $\left(-\frac{1}{2}<x\leqslant\frac{1}{2}\right)$;

   (4) $\sum_{n=0}^{\infty}\left(1-\frac{1}{2^{n+1}}\right)x^n$ $(-1<x<1)$;

(5) $\sum_{n=0}^{\infty} \frac{(-1)^n x^{2n+1}}{(2n+1)(2n+1)!}$ $(-\infty < x < +\infty)$;

(6) $\sum_{n=0}^{\infty} \frac{x^{2n+1}}{(2n+1)n!}$ $(-\infty < x < +\infty)$.

7. (1) $\sum_{n=0}^{\infty} \frac{e}{n!}(x-1)^n$ $(-\infty < x < +\infty)$;

(2) $\frac{1}{2} \sum_{n=0}^{\infty} \frac{(-1)^n}{2^n}(x-2)^n$ $(0 < x < 4)$.

(B)

1. 收敛. 2. 不一定.

3. 略. 4. $\frac{1}{3}, \left(\frac{1}{3}, 1\right]$.

5. $f(x) = \frac{\pi}{4} + \sum_{n=0}^{\infty} \frac{(-1)^n}{(2n+1)} x^{2n+1}$ $(-1 < x < 1)$.

6. (1) $\frac{5}{8} - \frac{3}{4}\ln 2$; (2) $-\frac{32}{125}$. 7. 8. 略.

习题 10-1

1. (1) 三阶; (2) 二阶; (3) 一阶; (4) 一阶.
2. (1) 是; (2) 否; (3) 是; (4) 是.
3. 略. 4. $x = 2\cos kt$.

习题 10-2

1. (1) $\frac{1}{3}(y+1)^3 + \frac{1}{4}x^4 = C$; (2) $2^x + 2^{-y} = C$;

(3) $\sin y = C\sin x$; (4) $y^2 - 1 = C(x-1)^2$;

(5) $\ln|y| = \frac{y}{x} + C$; (6) $x^2 - 2xy - y^2 = C$;

(7) $e^{-\frac{y}{x}} = Cy$; (8) $y = \frac{x}{2} + C - \frac{1}{4}\sin(2x+4y)$.

2. (1) $-\frac{1}{2y^2} = -\cos x + \frac{1}{2}$; (2) $\arctan y = \frac{1}{2}\left(1 - \frac{1}{1+x^2}\right)$;

(3) $\sin\frac{y}{x} = \frac{1}{2}x$; (4) $(y-x)^2 = y(y-2x)^3$.

3. $xy = 2$. 4. $T = 20 + 80e^{-kt}$.

习题 10-3

1. (1) $y = e^{\cos x}(x + C)$; (2) $y = e^{\frac{x}{2}}(e^{\frac{x}{2}} + C)$;

(3) $y = \frac{e^x}{x}(e^x + C)$; (4) $x = Cy^2 e^{\frac{1}{y}} + y^2$;

(5) $x = e^y(C - y)$; (6) $y^2 = C(x-1) + 3(x-1)^2$.

2. (1) $y = x^2 e^{\frac{1}{x}}$; (2) $y = \frac{1}{x}(-\cos x + \pi - 1)$;

(3) $x = -y^2 + 3y$; (4) $y^{-4} = \frac{1}{4} - x + \frac{3}{4}e^{-4x}$.

3. (1) $(x-y)^2 + 2x = C$; (2) 通解 $y = x^4\left(\frac{x}{2} + C\right)^2$ (提示：令 $z = \sqrt{y}$).

4. 方程 $y' = 2x + y$,曲线 $y = 2(e^x - x - 1)$.

习题 10-4

1. (1) $y = -\sin x - \dfrac{x^3}{3} + C_1 x + C_2$; (2) $y = \dfrac{1}{8}e^{2x} + \sin x + C_1 x^2 + C_2 x + C_3$;

   (3) $y = C_1 x^3 + C_2$; (4) $y = x^2 + C_1 \ln|x| + C_2$;

   (5) $e^{-2y} = C_1 x + C_2$; (6) $C_1 y^2 = (C_1 x + C_2)^2 + 1$.

2. (1) 通解 $y = -\sin x + \dfrac{1}{2}x^4 + C_1 x^2 + C_2 x + C_3$,

   特解 $y = -\sin x + \dfrac{1}{2}x^4 + \dfrac{1}{2}x^2 + 2x - 1$;

   (2) $y = \ln x + \dfrac{1}{2}\ln^2 x$;

   (3) $y = e^x$.

3. $(x - C_1)^2 + (y - C_2)^2 = R^2 \left(R = \dfrac{1}{K}\right)$.

习题 10-5

1. (1),(2),(4) 是线性无关的. 2. $y = C_1 x + C_2 e^x$.

3. (1) $y = C_1 e^{-x} + C_2 e^{3x}$; (2) $y = C_1 e^{-2x} + C_2 e^{4x}$;

   (3) $y = (C_1 + C_2 x) e^{-2x}$; (4) $y = (C_1 + C_2 x) e^{3x}$;

   (5) $y = e^{-x}(C_1 \cos 2x + C_2 \sin 2x)$; (6) $y = C_1 \cos 4x + C_2 \sin 4x$.

   (7) $y = C_1 \cos x + C_2 \sin x + x + \dfrac{1}{2} e^x$; (8) $y = C_1 \cos x + C_2 \sin x - 2x\cos x$.

4. (1) $y = (4 + 2x)e^{-x}$; (2) $y = e^x$.

5. (1) $-x + \dfrac{1}{3}$; (2) $x\left(\dfrac{1}{18}x - \dfrac{37}{81}\right)$;

   (3) $\dfrac{1}{2}x^2 e^x$; (4) $\dfrac{2}{9}x + \dfrac{1}{9} + \dfrac{1}{8}\cos x$.

习题 10-6

1. (1) $\Delta y_t = 2 + 3t - 3t^2$, $\Delta^2 y_t = -6t$; (2) $\Delta y_t = e^{2t}(e^2 - 1)$, $\Delta^2 y_t = e^{2t}(e^2 - 1)^2$;

   (3) $\Delta y_t = \ln\left(1 + \dfrac{1}{t}\right)$, $\Delta^2 y_t = \ln \dfrac{t(t+2)}{(t+1)^2}$;

   (4) $\Delta y_t = 3^t(2t^2 + 6t + 3)$, $\Delta^2 y_t = 3^t(4t^2 + 24t + 30)$.

2. $y_{t+2} - y_t = 0$.

3. (1) 6 阶; (2) 2 阶; (3) 2 阶; (4) 不是; (5) 不是.

4. 略.

习题 10-7

1. (1) $y_t = C 2^t$; (2) $y_t = C(-3)^t$;

   (3) $y_t = C \left(\dfrac{2}{3}\right)^t$.

2. (1) $y_t = 3^{t+1}$; (2) $y_t = 2 \cdot (-1)^{t+1}$.

3. (1) $y_t = C(-2)^t + 1$; (2) $y_t = C - 3t$;

   (3) $y_t = C 2^t - 9 - 6t - 3t^2$; (4) $y_t = C + \dfrac{1}{2}t^2 + \dfrac{1}{2}t$;

(5) $y_t = C\left(\dfrac{1}{2}\right)^t + \dfrac{1}{2}\left(\dfrac{5}{2}\right)^t$; (6) $y_t = C(-2)^t - \dfrac{1}{27} - \dfrac{2}{9}t + \dfrac{1}{3}t^2 + \dfrac{1}{6} \cdot 4^t$.

4. (1) $y_t = 5 + 2t + t^2$; (2) $y_t = \dfrac{2}{9} \cdot \left(-\dfrac{1}{2}\right)^t + \dfrac{1}{3}t + \dfrac{7}{9}$;

   (3) $y_t = 2^t - t + 1$.

5. $a = 2\,221.22, y_{t+1} = (1+1\%)y_t - a, a = 250 \cdot \dfrac{(1+1\%)^{12}}{(1+1\%)^{12}-1}$.

6. $P_t = \dfrac{2}{3} + \left(P_0 - \dfrac{2}{3}\right)(-2)^t$.

7. $C_t = \left(y_0 - \dfrac{1+b}{1-a}\right)a^t + \dfrac{a+b}{1-a}, y_t = \left(y_0 - \dfrac{1+b}{1-a}\right)a^t + \dfrac{1+b}{1-a}$.

复习题 10

(A)

1. $y' = x - y + 1$. 2. $y'' - 3y' + 2 = 0$.

3. $y = -x\mathrm{e}^{-x} + Cx$. 4. $y = \dfrac{1}{x}$.

5. C. 6. C.

7. (1) $C(1+y^2) = \left(\dfrac{x}{x+1}\right)^2$; (2) $\dfrac{1-\cos(x+y)}{\sin(x+y)} = \dfrac{C}{x}$;

   (3) $\sin\dfrac{y}{x} - \ln x = C$; (4) $y = \dfrac{1}{x^2}(\sin x - x\cos x + C)$;

   (5) $x = \dfrac{1}{\sin y}\left(\dfrac{1}{2}\sin^2 y + C\right)$; (6) $x^2 y - x = Cy$(提示：令 $z = y^{-1}$).

8. (1) $y = (x+C_1)\ln(1+x) - 2x + C_2$; (2) $y = C_1\mathrm{e}^{-x} + C_2\mathrm{e}^{-2x} + x^2 - \dfrac{5}{2}x + \dfrac{13}{4}$;

   (3) $y = C_1\mathrm{e}^{-3x} + C_2\mathrm{e}^x + \dfrac{1}{2}x\mathrm{e}^x$; (4) $y = C_1\cos x + C_2\sin x + x + \dfrac{1}{2}x\sin x$.

9. (1) $y_t = -\dfrac{36}{125} + \dfrac{1}{25}t + \dfrac{2}{5}t^2 + C(-4)^t$;

   (2) $y_t = C + (-2+t)2^t + 3t$.

(B)

1. $(1+x^2)\ln(1+x^2) - x^2 - 1$. 2. $y_t - 1.1y_{t-1} = 3$.

3. $y = \pm\dfrac{|x|}{\sqrt{\ln|x|+1}}$. 4. $y_t = C(-5)^t - \dfrac{5}{72} + \dfrac{5}{12}t$.

5. D.

6. (1) $f'(x) + 2f(x) = 4\mathrm{e}^{2x}$; (2) $f(x) = \mathrm{e}^{2x} - \mathrm{e}^{-2x}$.

7. $y' - 2y = \mathrm{e}^{x^2}(-2x^2 + 2x - 1)$, $f(x) = \mathrm{e}^{2x} - x\mathrm{e}^{x^2}$.

8. (1) $y = ax^2 - ax$; (2) 3.

9. $\dfrac{2}{3}\mathrm{e}^{-\frac{x}{2}}\cos\dfrac{\sqrt{3}}{2}x + \dfrac{1}{3}\mathrm{e}^x$.

附录 Ⅱ 数学实验与数学模型简介

随着计算机技术的发展,数学已经不是只靠笔和纸的年代,目前许多诸如 Mathematica,Matlab 及专门的统计软件 SPSS,SAS 等数学软件的应用,使得数学变得更加"鲜活". 数学软件与所学数学知识的结合,将从过去的"学"数学,过渡到"做"数学,这就是数学实验的含义. 数学实验的目的是为了从问题出发,借助计算机,通过设计和动手,体验解决问题的过程,从实验中去学习、探索和发现数学规律. 本附录将介绍数学软件 Mathematica 中有关运算的实现方法,并利用 Mathematica 解决应用问题及数学模型.

§1 Mathematica 简介

Mathematica 软件有多种版本,这里介绍的是 Mathematica 5.0.

一、启动、退出

Mathematica 是美国 Wolfram 研究公司开发的一种数学分析型软件,以符号计算见长,具有高精度的数值计算功能和强大的图形功能.

假设在 Windows 环境下已安装好 Mathematica 5.0,启动 Windows 后,在"开始"菜单的"程序"中单击 Mathematica 5,就启动了 Mathematica 5.0,在屏幕上显示如图附 Ⅱ-1 所示的 Notebook 窗口,系统暂时取名 Untitled—1,直到用户保存时重新命名为止.

图附 Ⅱ-1

输入 1+1,然后按下【Shift+Enter】组合键,这时系统开始计算并输出计算结果,并给输入和输出附上 次序标识:In[1]和 Out[1],注意 In[1]和 Out[1]是运行(按下【Shift+Enter】)后才出现的;再输入第二个表达式,要求系统将一个二项式 x^5+y^5 展开,按【Shift+Enter】输出计算结果后,系统分别将其标识为 In[2]和 Out[2],如图附Ⅱ-2 所示.

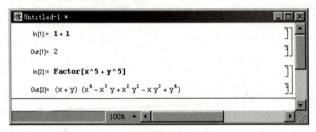

图附Ⅱ-2

在 Mathematica 的 Notebook 界面下,可以用这种交互方式完成各种运算,例如,函数作图、求极限、求导数和积分、解方程等,也可以用它编写像 C 那样的结构化程序. 在 Mathematica 系统中定义了许多功能强大的函数,我们称之为 内建函数(built-infunction),直接调用这些函数可以取到事半功倍的效果. 这些函数分为两类,第一类是数学意义上的函数,如绝对值函数 Abs[x]、正弦函数 Sin[x]、余弦函数 Cos[x]、以 e 为底的对数函数 Log[x]、以 a 为底的对数函数 Log[a,x]等;第二类是命令意义上的函数,如作函数图形的函数 Plot[f[x]、{x,xmin,xmax}]、解方程函数 Solve[eqn,x]、求导函数 D[f[x],x]等.

注 (1) Mathematica 严格区分大小写. 一般地,内建函数的首写字母必须大写,有时一个函数名是由几个单词构成,则每个单词的首写字母也必须大写,如求局部极小值函数 FindMinimum[f[x],{x,x0}]等.

(2) 在 Mathematica 中,函数名和自变量之间的分隔符是用方括号"[ ]",而不是一般数学书上用的圆括号"( )",初学者很容易混淆.

如果输入了不合语法规则的表达式,系统会显示出错信息,并且不给出计算结果,例如,要画正弦函数在区间[-10,10]上的图形,输入
$$\text{plot}[\text{Sin}[x],\{x,-10,10\}],$$
则系统提示:

可能有拼写错误,新符号"plot"很像已经存在的符号"Plot"…

实际上,系统作图命令"Plot"第一个字母必须大写. 一般地,系统内建函数首写字母都要大写. 再输入 Plot[Sin[x],{x,-10,10},系统又提示缺少右方括号,并且将不配对的括号用紫色显示,如图附Ⅱ-3 所示.

图附Ⅱ-3

一个表达式只有准确无误,方能得出正确结果.学会看系统提示的出错信息,能有助于较快地找出错误,提高工作效率.完成各种计算后,点击"文件"(File)"退出"(Exit),如果文件未存盘,系统则提示用户存盘,文件名以".nb"作为后缀,称为 Notebook 文件.以后想使用本次保存的结果时,可以通过"文件""打开"(Open)菜单读入,也可以直接双击它,系统自动调用 Mathematica 将它打开.

二、式、变量和函数

Mathematica 提供了多种输入数学表达式的方法.除了用键盘输入外,还可以使用工具栏或者快捷方式键入运算符或数学表达式.

1. 数学表达式二维格式的输入

Mathematic 提供了两种格式的数学表达式.形如 $x/(2+3x)+y*(3x-t)$ 的称为一维格式;形如 $\frac{x}{2+3x}+\frac{y}{3x-t}$ 的称为二维格式.

既可以使用快捷方式输入二维格式,也可用基本输入工具栏输入二维格式.下面列出了用快捷方式输入二维格式的方法:

数学运算	数学表达式	按键
分式	$\frac{x}{2}$	x【Ctrl】/2
n 次方	x^n	x【Ctrl】^n
开 2 次方	$\sqrt{x}$	【Ctrl】2x
下标	x_2	x【Ctrl】_2

例如,输入数学表达式 $\frac{(x+1)^4}{\sqrt{2x+y}}$,可以按如下顺序输入按键:

(,x,+,1,),【Ctrl】^,4,→,【Ctrl】/,【Ctrl】2,2,x,+,y

另外,也可从"文件"菜单中激活"控制面板"(Palettes)"BasicInput"工具栏输入,使用工具栏可输入更复杂的数学表达式,如图附Ⅱ-4 所示.

图附Ⅱ-4

图附Ⅱ-5

Mathematica 还提供了用来输入各种特殊符号的工具栏. 基本输入工具栏包含了常用的特殊字符,如图附Ⅱ-4所示,只要单击这些字符按钮即可输入. 若要输入其他的特殊字符或运算符号,必须先从"文件"菜单中激活"控制面板""CompleteCharacters"工具栏,如图附Ⅱ-5所示,再单击符号输入.

2. 变量

Mathematica 中可以用表达式自定义变量. 变量名用字母开头的字母数字串表示,但名中不能有空格或标点符号. 如

$$ad \quad x1 \quad x2 \quad vecs \quad vals \quad aa$$

都是合法的变量名.

> **例 1** 键入:p=x^2+3x-4,则得到: $-4+3x+x^2$;再键入:p/. x—>a,则得到: $-4+3a+a^2$,表示将表达式中的变量 x 用 a 代替.
>
> 键入:ff=Sin[Pix]+2/3Sqrt[y^3],则定义了一个名为 ff 的函数: $\frac{2\sqrt{y^3}}{3}+\text{Sin}[\pi x]$;
>
> 再键入:ff/.{x=1/2,y=4},则得到表达式 ff 在 $x=\frac{1}{2}$, $y=4$ 时的值: $\frac{19}{3}$.

给一个变量赋值后,在以后的操作中这个变量将一直取此赋过的值,若要取消这个变量已赋过的值,例如变量 ff 的值,则键入"ff=."即可.

3. 函数

在 Mathematica 中还可以自定义函数. 例如,要定义一个名为 f 的一个自变量的函数 $f(x)=x^2+2x$,可键入:

$$f[x\_]:=x^2+2x,$$

这时就定义了函数 $f(x)=x^2+2x$. 以后就可以调用这个函数,例如,键入:

$$y=f[2]-1,$$

则得到 7.

再如,键入:

$$g1[x\_,y\_]:=3x^2+\text{Sqrt}[y^2+1],$$

则定义了名为 g1 的二元函数 $g1(x,y)=3x^2+\sqrt{y^2+1}$.

注 定义函数使用的符号是":=". 它的左边是函数名和自变量名,自变量名要放在方括号内,不能用其他形式的括号. 自变量名后面要紧跟一个下划线"_". 定义符的右边是函数定义的表达式.

对于分段函数,可以用带条件的指令来定义. 常用的几个表示条件的基本指令有:

If[test,then,else],表示如果 test 正确,则按 then 计算,否则按 else 计算;

Which[$test_1$,$value_1$,$test_2$,…],表示依次检验 $test_k$,哪一个成立,则按对应的 $value_k$ 赋值.

例如,

$$f[x\_]:=\text{If}[x<0,0,\text{Exp}[-x]]$$

利用了指令 If 定义了分段函数

$$f(x)=\begin{cases} 0, & 若 x<0, \\ e^{-x}, & 若 x\geqslant 0; \end{cases}$$

指令

$$h[x\_]:=\text{Which}[x<0,x\verb|^|2,x>5,x\verb|^|3,\text{True},0]$$

定义了分段函数

$$h(x)=\begin{cases} x^2, & 若 x<0, \\ x^3, & 若 x>5, \\ 0, & 其他. \end{cases}$$

§2 主 要 指 令

一、基本画图指令

利用 Mathematica 可以进行二维作图与三维作图，下面介绍 4 种基本指令.

1. Plot[f,{x,xmin,xmax}]

该指令表示 f 是 x 的函数，画出 f 在区间[xmin,xmax]上的图形.

例 2 ▶ 键入：

$$\text{Plot}[\text{Sin}[x],\{x,0,2\text{Pi}\}]$$

则绘出图附Ⅱ-6.

键入：

$$f[x\_]:=\text{If}[x<0,0,\text{Exp}[-x]]$$
$$\text{Plot}[f[x],\{x,-2,5\}]$$

则绘出图附Ⅱ-7.

图附Ⅱ-6 图附Ⅱ-7

在 Plot 指令中有许多选项，常用选项的内容及其默认值如表 1 所示.

表 1

名称	默认值	说明
Axes	True	是否要坐标轴
AxesLabel	None	是否在坐标轴上标记
AxesOrigin	Automatic	指明坐标原点的位置
DisplayFunction	\$ DisplayFunction	如何显示图形，Identity 表示不显示图形
PlotRange	Automatic	图形中所包含的坐标的范围，All 表示要画出所有的点，用花括号{a,b}指出范围
PlotPoints	25	指出画出函数图形至少需要的点的个数

例 3 键入：
Plot[Tan[x],{x,－2Pi,2Pi},PlotRange－>{－5,5},AxesLabel－>{"x","Tan[x]"}]
则绘出图附Ⅱ-8.

图附Ⅱ-8

这就画出了函数 $\tan x$ 在区间 $(-2\pi, 2\pi)$ 内的图形，并指定了作图的范围、标记坐标轴．

2. **Plot**[{f_1,f_2,…},{x,xmin,xmax}]

该指令可以将几个函数的图形画在一起．

例 4 键入：
Plot[{Sin[x],Sin[2x],Sin[3x]},{x,0,2Pi}]
将 $\sin x, \sin 2x$ 与 $\sin 3x$ 的图形画在一张图上，如图附Ⅱ-9 所示．

图附Ⅱ-9

3. **ParametricPlot**[{x(t),y(t)},{t,tmin,tmax}]

该指令可画出参数方程的图形．

例 5 指令：
$$\text{ParametricPlot}[\{2\text{Cos}[t]\verb|^|3,2\text{Sin}[t]\verb|^|3\},\{t,0,2\text{Pi}\}]$$
画出了星形线 $\begin{cases} x=2\cos^3 t, \\ y=2\sin^3 t \end{cases} (0<t<2\pi)$ 的图形，如图附Ⅱ-10所示.

图附Ⅱ-10

4. Plot3D，ParametricPlot3D

该指令可以进行三维作图.

例 6 指令：
$$\text{Plot3D}[1/4(-x\verb|^|2+y\verb|^|2),\{x,-4,4\},\{y,-4,4\},$$
$$\text{AxesLabel}\to\{"x","y","z"\},\text{PlotPoints}\to 30]$$

画出了如图附Ⅱ-11所示的马鞍面：$z=-\dfrac{x^2}{4}+\dfrac{y^2}{4}$.

指令：
$$\text{ParametricPlot3D}[\{u*\text{Sin}[t],u*\text{Cos}[t],u\verb|^|2\},\{u,0,2\},\{t,0,2\text{Pi}\}]$$

画出了如图附Ⅱ-12所示的椭圆抛物面：$z=x^2+y^2$.

图附Ⅱ-11

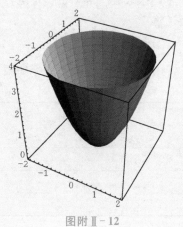
图附Ⅱ-12

二、一元函数微积分基本运算指令

1. 求极限

常用的求极限指令如表2所示.

表 2

名 称	说 明
Limit[f[n],n—>Infinity]	数列的极限
Limit[f[x],x—>+Infinity]	$x \to +\infty$ 时函数的极限
Limit[f[x],x—>-Infinity]	$x \to -\infty$ 时函数的极限
Limit[f[x],x—>x0]	$x \to x_0$ 时函数的极限
Limit[f[x],x—>x0,Direction—>1]	$x \to x_0$ 时函数的极限的左极限
Limit[f[x],x—>x0,Direction—>-1]	$x \to x_0$ 时函数的极限的右极限

例7 求极限.

In[ ]:=Limit[(1+1/n)^n,n—>Infinity]　　　（*求数列极限 $\lim\limits_{n \to \infty}\left(1+\dfrac{1}{n}\right)^n$ *）

Out[ ]:=e

In[ ]:=Limit[1/(1-x)-3/(1-x^3),x—>1]

　　　　　　　　　　　　　　（*求函数极限 $\lim\limits_{x \to 1}\left(\dfrac{1}{1-x}-\dfrac{3}{1-x^3}\right)$ *）

Out[ ]:=-1

In[ ]:=Limit[Abs[x]/x,x—>0,Direction—>-1]

　　　　　　　　　　　　　　（*求函数的右极限 $\lim\limits_{x \to 0^+}\dfrac{|x|}{x}$ *）

Out[ ]:=1

注 标识 In[ ] 和 Out[ ] 是运行指令后自动生成的,并带有次序号;(**)内是关于该指令的说明.

2. 求导数与微分

常用的求导数与微分指令如表 3 所示.

表 3

名 称	说 明
D[f,x]	求函数 f 关于 x 的导数
D[f[x],{x,n}]	求函数的 n 阶导数
D[f[x,y[x]],x]	求隐函数的导数
Dt[f[x]]	求函数的微分

例8 求导数与微分.

In[ ]:=D[(3*x+1)^10,x]　　　　　（*求函数 $y=(3x+1)^{10}$ 的导数*）

Out[ ]:=30*(1+3x)^9

In[ ]:=D[(x^2+1)*ArcTan[x],{x,2}]

　　　　　　　　　　　　　（*求函数 $y=(1+x^2)\arctan x$ 的二阶导数*）

Out[]:=$\frac{2x}{1+x^2}$+2ArcTan[x]

In[]:=Dt[x^2*Exp[−x]]　　　　　　　　(*求函数 $y=x^2 e^{-x}$ 的微分*)

Out[]:=2e^{-x}xDt[x]−e^{-x}x^{2}Dt[x]

例 9 ▶ 求由方程 $xy+e^{-x}-e^y=0$ 所确定的隐函数 y 的导数 $\frac{dy}{dx}$.

In[]:=dif=D[x*y[x]+Exp[−x]−Exp[y[x]],x]

(*方程左边对 x 求导,并记为 dif*)

Out[]:=−e^{-x}+y[x]−e$^{y[x]}$y′[x]+xy′[x]

In[]:=Solve[dif==0,y′[x]]　　　　　(*从方程 dif=0 中解出 y'*)

Out[]:={{y′[x]→$\frac{e^{-x}(-1+e^x y[x])}{e^{y[x]}-x}$}}

例 10 ▶ 求抽象函数 $y=f(e^{-x})$ 的导数 $\frac{dy}{dx}$ 与二阶导数 $\frac{d^2 y}{dx^2}$.

In[]:=D[f[Exp[−x]],x]

Out[]:=−e^{-x}f′[e^{-x}]

In[]:=D[f[Exp[−x]],{x,2}]

Out[]:=e^{-x}f′[e^{-x}]+e^{-2x}f″[e^{-x}]

3. 求积分

指令 Integrate[f,x]表示求不定积分 $\int f(x)dx$,它给出 $f(x)$ 的一个原函数;

指令 Integrate[f,{x,xmin,xmax}]表示求定积分 $\int_a^b f(x)dx$.

例 11 ▶ 求积分.

In[]:=Integrate[x^2/(1+x^2),x]　　　　(*求不定积分 $\int \frac{x^2}{1+x^2}dx$ *)

Out[]:=x−ArcTan[x]

In[]:=Simplify[D[%,x]]　　　　　　　(*用微分验证运算结果*)

Out[]:=$\frac{x^2}{1+x^2}$

In[]:=Integrate[x*Cos[x],{x,0,Pi}]　　　(*求定积分 $\int_0^\pi x\cos x dx$ *)

Out[]:=−2

In[]:=Integrate[1/(1+x^2),{x,−Infinity,+Infinity}]

(*计算反常积分 $\int_{-\infty}^{+\infty} \frac{dx}{1+x^2}$ *)

Out[]:=π

In[]:=Integrate[Exp[x],{x,0,+Infinity}]　(*计算反常积分 $\int_0^{+\infty} e^x dx$ *)

Integrate::idiv:

Integral of e^x does not converge on {0,∞}

提示信息表明：反常积分 $\int_0^{+\infty} e^x dx$ 发散.

三、多元函数微积分基本运算指令

1. 求偏导数与全微分

常用求偏导数与全微分的指令如表 4 所示.

表 4

名　称	说　明
D[f,x]	求偏导数 $\dfrac{\partial f}{\partial x}$
D[f,{x,n}]	求 n 阶偏导数 $\dfrac{\partial^n f}{\partial x^n}$
D[f,x1,x2,…,xn]	求 n 阶混合偏导数 $\dfrac{\partial^n f}{\partial x_1 \partial x_2 \cdots \partial x_n}$
Dt[f]	求全微分 df

例 12 ▶ 设 $z = e^{-x}\cos 2y$，求一阶偏导数、二阶偏导数与全微分.

In[ ]:=D[Exp[-x]*Cos[2*y],x]   （*求 $\dfrac{\partial z}{\partial x}$ *）
Out[ ]:=-e^{-x}Cos[2y]

In[ ]:=D[Exp[-x]*Cos[2*y],y]   （*求 $\dfrac{\partial z}{\partial y}$ *）
Out[ ]:=-2e^{-x}Sin[2y]

In[ ]:=D[Exp[-x]*Cos[2*y],{x,2}]   （*求 $\dfrac{\partial^2 z}{\partial x^2}$ *）
Out[ ]:=e^{-x}Cos[2y]

In[ ]:=D[Exp[-x]*Cos[2*y],{y,2}]   （*求 $\dfrac{\partial^2 z}{\partial y^2}$ *）
Out[ ]:=-4e^{-x}Cos[2y]

In[ ]:=D[Exp[-x]*Cos[2*y],x,y]   （*求 $\dfrac{\partial^2 z}{\partial x \partial y}$ *）
Out[ ]:=2e^{-x}Sin[2y]

In[ ]:=Dt[Exp[-x]*Cos[2*y]]   （*求全微分 dz *）
Out[ ]:=-e^{-x}Cos[2y]Dt[x]-2e^{-x}Sin[2y]Dt[y]

2. 二重积分的计算

指令 Integrate[f,{x,a,b},{y,c,d}] 表示求二重积分 $\int_a^b dx \int_c^d f dy$.

例 13 ▶ 计算二重积分.

$\text{In}[\,]:=\text{Integrate}[x\char`^2+y\char`^2,\{x,0,1\},\{y,0,1\}]$ $(*\ 求 \int_0^1 dx \int_0^1 (x^2+y^2)dy\ *)$

$\text{Out}[\,]:=\dfrac{2}{3}$

$\text{In}[\,]:=\text{Integrate}[\text{Exp}[-y\char`^2],\{x,0,1\},\{y,x,1\}]$ $(*\ 求 \int_0^1 dx \int_x^1 e^{-y^2}dy\ *)$

$\text{Out}[\,]:=\dfrac{-1+e}{2e}$

$\text{In}[\,]:=\text{Integrate}[r*(2-r\char`^2),\{\theta,0,2\text{Pi}\},\{r,0,1\}]$

$(*\ 求 \int_0^{2\pi} d\theta \int_0^1 (2-r^2)r\,dr\ *)$

$\text{Out}[\,]:=\dfrac{3\pi}{2}$

$\text{In}[\,]:=\text{Integrate}[\text{Exp}[-x\char`^2-y\char`^2],\{x,0,+\text{Infinity}\},\{y,0,+\text{Infinity}\}]$

$(*\ 求 \int_0^{+\infty} dx \int_0^{+\infty} e^{-x^2-y^2}dy\ *)$

$\text{Out}[\,]:=\dfrac{\pi}{4}$

四、级数与微分方程的基本指令

1. 常数项级数

指令：

$$\text{Sum}[f[n],\{n,n1,\text{Infinity}\}]$$

可用于求级数的和，并且能判断级数的敛散性.

例 14 考察下列级数.

$\text{In}[\,]:=\text{Sum}[1/n\char`^2,\{n,1,\text{Infinity}\}]$ $(*\ 求级数 \sum\limits_{n=1}^{\infty}\dfrac{1}{n^2}\ 的和\ *)$

$\text{Out}[\,]:=\dfrac{\pi^2}{6}$

$\text{In}[\,]:=\text{Sum}[1/n,\{n,1,\text{Infinity}\}]$ $(*\ 考察调和级数 \sum\limits_{n=1}^{\infty}\dfrac{1}{n}\ 的敛散性\ *)$

Sum::div:Sum does not converge.

$\text{Out}[\,]:=\sum\limits_{n=1}^{\infty}\dfrac{1}{n}$

提示信息表明：级数 $\sum\limits_{n=1}^{\infty}\dfrac{1}{n}$ 发散.

2. 幂级数的运算

指令：

$$\text{Series}[f,\{x,x0,n\}]$$

可用于函数展开成幂级数.

指令:
$$\text{Sum}[f[x],\{n,n1,\text{Infinity}\}]$$

可用于幂级数的求和.

例 15 考察下列幂级数的运算.

In[ ]:=Series[Exp[x],{x,0,5}]　　　　　　　　(*将函数 e^x 展开成幂级数*)

Out[ ]:=$1+x+\dfrac{x^2}{2}+\dfrac{x^3}{6}+\dfrac{x^4}{24}+\dfrac{x^5}{120}+o[x^6]$

In[ ]:=D[%,x]　　　　　　　　(*对所展开的上式幂级数逐项求导*)

Out[ ]:=$1+x+\dfrac{x^2}{2}+\dfrac{x^3}{6}+\dfrac{x^4}{24}+o[x^5]$

In[ ]:=Integrate[%,x]　　　　　　　　(*逐项积分*)

Out[ ]:=$x+\dfrac{x^2}{2}+\dfrac{x^3}{6}+\dfrac{x^4}{24}+\dfrac{x^5}{120}+o[x^6]$

In[ ]:=Sum[x^n/n!,{n,0,Infinity}]　　　　　　　　(*对幂级数 $\sum\limits_{n=0}^{\infty}\dfrac{x^n}{n!}$ 求和*)

Out[ ]:=e^x

3. 解微分方程

指令:
$$\text{DSolve}[方程,y[x],x]$$

可求解关于 $y(x)$ 的微分方程.

指令:
$$\text{DSolve}[\{方程,初始条件\},y[x],x]$$

可求解关于 $y(x)$ 的微分方程满足初始条件的特解.

例 16 解下列微分方程.

In[ ]:=DSolve[x*y'[x]+y[x]==Cos[x],y[x],x]

　　　　　　　　(*求 $xy'+y=\cos x$ 的通解*)

Out[ ]:=$\{\{y[x]\to\dfrac{C[1]}{x}+\dfrac{\text{Sin}[x]}{x}\}\}$

In[ ]:=DSlove[{x*y'[x]+y[x]==Cos[x],y[Pi]==1},y[x],x]

　　　　　　　　(*求方程满足初始条件 $y(\pi)=1$ 的特解*)

Out[ ]:=$\{\{y[x]\to\dfrac{\pi+\text{Sin}[x]}{x}\}\}$

In[ ]:=DSolve[y''[x]+4*y[x]==3*x+2,y[x],x]

　　　　　　　　(*求方程 $y''+4y=3x+2$ 的通解*)

Out[ ]:=$\{\{y[x]\to\dfrac{1}{4}(2+3x)+C[1]\text{Cos}[2x]+C[2]\text{Sin}[2x]\}\}$

§3 应用与数学模型示例

一、微积分的应用

1. 一元函数的极值问题

例 17 研究函数 $y=x^3-x^2-x+2$ 的单调性、凹凸性、极值与拐点,并求函数在区间 $\left[-\frac{1}{2},2\right]$ 上的最大值与最小值.

解 (1) 求驻点.

In[]:=f[x_]:=x^3−x^2−x+2;Solve[f'[x]==0]

Out[]:={{x→$-\frac{1}{3}$},{x→1}}

即得驻点 $x_1=-\frac{1}{3}, x_2=1$.

(2) 求极值并判断单调性.

先画驻点附近的图形.

In[]:=g1=Plot[f[x],{x,−2,2},AxesLabel→{"x","y"}]

(* 画函数图形,并标记坐标轴 *)

g2=Graphics[{Dashing[{0.02,0.02}],Line[{{−1/3,3},{−1/3,0}}],
　　Line[{{1,0},{1,2}}]}]　　　　　　　　　　(* 画两驻点的竖虚线 *)

Show[g1,g2]　　　　　　　　　　　　　(* 将 g1,g2 两个图放在一起 *)

则得到图附Ⅱ-13.

由图附Ⅱ-13可知,函数在 $\left(-\infty,-\frac{1}{3}\right)$ 内单调增加,在 $\left[-\frac{1}{3},1\right]$ 上单调减少,在 $[1,+\infty)$ 上单调增加,则 $x_1=-\frac{1}{3}, x_2=1$ 均为极值点,于是

In[]:=f[−1/3]

Out[]:=$\frac{59}{27}$　　　　　　　　　　　　　　　　　　　　(* 极大值 *)

In[]:=f[1]

Out[]:=1　　　　　　　　　　　　　　　　　　　　　(* 极小值 *)

图附Ⅱ-13

(3) 凹凸性与拐点.

In[]:=Slove[f″[x]==0]　　　　　　　　　　　(* 求二阶导数为 0 的点 *)

Out[]:={{x→$\frac{1}{3}$}}

In[]:=g3=Graphics[{Dashing[{0.02,0.02}],Line[{{1/3,3},{1/3,0}}]}]
Show[g1,g3]　　　　　　　　　　　　　　　　　　　　（*画图*）

图附Ⅱ-14

则得到图附Ⅱ-14.

因此，$\left(-\infty,\frac{1}{3}\right)$ 是凸区间，$\left(\frac{1}{3},+\infty\right)$ 是凹区间，于是由下面的指令可得到曲线的拐点.

In[]:=N[{x,f[x]}]/. x→1/3
Out[]:={0.333333,1.59259}　　　　　　　　　　（*拐点*）

（4）求函数在区间 $\left[-\frac{1}{2},2\right]$ 上的最大值与最小值.

In[]:=Print[f[-1/2],",",f[-1/3],",",f[1],",",f[2]]
　　　　　　　　　　　　　　　　　（*输出驻点与区间端点处的函数值*）
Out[]:=$\frac{17}{8},\frac{59}{27},1,4$

故函数在 $\left[-\frac{1}{2},2\right]$ 上的最大值为 $f(2)=4$，最小值为 $f(1)=1$.

2. 应用定积分求面积

例18 计算抛物线 $y^2=2x$ 与直线 $y=x-4$ 所围成的平面图形的面积.

解 （1）画函数图形，并求交点以确定积分上下限.

In[]:=Plot[{Sqrt[2x],-Sqrt[2x],x-4},{x,0,9},AxesLabel→{"x","y"}]
则得到图附Ⅱ-15.

In[]:=Solve[{y^2-2x==0,y==x-4},{x,y}]　　（*求两条曲线的交点*）
Out[]:={{x→2,y→-2},{x→8,y→4}}

从而得到 y 的积分下限为 -2，上限为 4.

（2）求积分，得到所求的面积.

In[]:=Integrate[y+4-y^2/2,{y,-2,4}]
Out[]:=18

故所求面积为 18.

图附Ⅱ-15

3. 二元函数的极值

例19 求函数 $f(x,y)=x^2+y^2-12x+16y+1$ 在圆域 $D:x^2+y^2\leqslant 25$ 上的最大值与最小值.

解 （1）考察函数在圆域 $:x^2+y^2<25$ 内的最值.

```
In[]:=f[x_,y_]:=x^2+y^2-12x+16y+1;
     t=Solve[{D[f[x,y]==0,x],D[f[x,y]==0,y]},{x,y}]    (*求驻点*)
Out[]:={{x→6,y→-8}}
In[]:=x^2+y^2-25/.t[[1]]                              (*考察驻点是否在圆域内*)
Out[]:=75
```
可见该驻点不在圆域内,故在圆域内函数无极值.

(2) 考察函数在圆周:$x^2+y^2=25$ 上的最值.

应用拉格朗日乘数法,求函数 $f(x,y)$ 在约束条件:$x^2+y^2=25$ 下的条件极值.

```
In[]:=F[x_,y_,λ_]:=f[x,y]+λ(x^2+y^2-25);
     s=Solve[{D[F[x,y,λ]==0,x],D[F[x,y,λ]==0,y],
             D[F[x,y,λ]==0,λ]},{x,y,λ}]
Out[]:={{λ→-3,x→-3,y→4},{λ→1,x→3,y→-4}}
In[]:=f[x,y]/.s[[1]]
Out[]:=126
In[]:=f[x,y]/.s[[2]]
Out[]:=-74
```
因此,函数在 $x=-3,y=4$ 处有最大值 126,在 $x=3,y=-4$ 处有最小值 -74.

二、广告费用及其效应的数学模型

1. 背景

对于生产经营者而言,为了尽快回收成本并获得高利润,通常将广告作为促销的重要手段. 投入一定的广告费后,产品的销量将随之增加,其销售增长量可用销售增长因子表示,例如,投入广告费 2 万元之后,销售增长因子为 1.5,即表示销售量是原来预期销量的 1.5 倍.

当商品在市场上趋于饱和时,销售速度将趋于一个极限值,这时,无论广告如何投入,销售速度都将减慢. 因此,对于某种商品而言,如何确定其广告费用是生产经营者需要谋划决策的.

2. 问题

某精品经销公司计划以每件 2 元的价格购进一批纪念章. 一般地,随着纪念章售价的提高,预期销售量将减少,根据测算,售价与销量的关系如表 5 所示.

表 5

售价(元)	2.0	2.5	3.0	3.5	4.0	4.5	5.0	5.5	6.0
销量(万件)	4.1	3.8	3.4	3.2	2.9	2.8	2.5	2.2	2.0

为了尽快回收资金并获利,该公司将投入一定费用做广告. 根据调研,广告费与销售增长因子的关系如表 6 所示.

表 6

广告费(万元)	0	1	2	3	4	5	6	7
销售增长因子	1.0	1.4	1.7	1.85	1.95	2.0	1.95	1.8

根据以上预测的数据,请制定决策方案:该公司应采取怎样的营销策略,才能使预期利润最大?

3. 符号说明及问题分析

需要考虑的因素包括:

x:售价(元), $\qquad$ y:预期销售量(件),
z:广告费(元), $\qquad$ k:销售因子,
s:实际销售量(件), $\qquad$ L:获得的利润(元).

由于

利润=销售收入-成本-广告费,

因此,问题转化为将利润 L 表示为产品售价 x 和广告费用 z 的函数,即求出 $L=L(x,z)$ 的表达式,然后按二元函数求极值的方法求出 $L(x,z)$ 的极值点及最大值.

4. 建立模型并求解

(1) 数据基本分析.

由表 5 可知,预期销售量 y 随着售价 x 的增加而下降;由表 6 可知,销售增长因子 k 在开始时随着广告费 z 的增加而增加,在广告费等于 50 000 元时达到最大值,之后在广告费增加时反而有所回落.下面用 Mathematica 画出散点图,能比较直观地反映表 5 和表 6 中的关系.

In[ ]:=

$\qquad$ d1={{2.0,41000},{2.5,38000},{3.0,34000},{3.5,32000},{4.0,29000},
$\qquad\qquad$ {4.5,28000},{5.0,25000},{5.5,22000},{6.0,20000}};
$\qquad$ f1=ListPlot[d1,PlotStyle→{PointSize[0.02]},PlotRange→{{1,7},{20000,
$\qquad\qquad$ 45000}}];
$\qquad$ d2={{0.0,1.0},{10000,1.4},{20000,1.7},{30000,1.85},{40000,1.95},
$\qquad\qquad$ {50000,2.0},{60000,1.95},{70000,1.8}};
$\qquad$ f2=ListPlot[d2,PlotStyle→{PointSize[0.02]}]

运行之后,可得图附Ⅱ-16 和图附Ⅱ-17.

图附Ⅱ-16 $\qquad\qquad\qquad\qquad\qquad$ 图附Ⅱ-17

(2) 确定关系式.

从图附Ⅱ-16 知道,销售量 y 与售价 x 的关系近似于一条直线;从图附Ⅱ-17 知道,销售增长因子 k 与广告费 z 的关系近似于一条二次曲线.因此,可令

$$y=a+bx,$$
$$k=c+dz+ez^2,$$

其中系数 a,b,c,d,e 是待定常系数.

利用 Mathematica 计算系数 a,b,c,d,e.

```
In[ ]:=f3=Fit[d1,{1,x},x];
     f4=Plot[f3,{x,1,7}];
     Show[f1,f4];
     f5=Fit[d2,{1,x,x^2},x];
     f6=Plot[f5,{x,0,70000}];
     Show[f2,f6]
```
运行后,显示
Out[ ]:=50422.2−5133.33x
Out[ ]:=1.01875+0.0000409226x−4.25595×10^{−10}x^2

并分别显示拟合曲线,如图附Ⅱ-18和图附Ⅱ-19所示.

图附Ⅱ-18

图附Ⅱ-19

即求得关系式,且知道:

$a=50\,422.2$, $b=-5\,133.33$,

$c=1.018\,75$, $d=4.092\,26\times 10^{-5}$, $e=-4.255\,95\times 10^{-10}$.

(3) 模型建立并求解.

由于投入广告费之后,实际销售量 s 等于预期销量 y 乘以销售增长因子 k,即 $s=ky$,故所获得的利润为

$$L=xs-2s-z=kxy-2ky-z$$
$$=(c+dz+ez^2)(a+bx)(x-2)-z.$$

因此,模型求解即为求函数

$$L(x,z)=(c+dz+ez^2)(a+bx)(x-2)-z$$

在约束条件:$x>0, z>0$ 下的最大值.

应用 Mathematica 求出极值点及最大值.

```
In[ ]:=Clear[a,b,c,d,e,t];
     a=50422.2;b=-5133.33;
     c=1.01875;d=4.09226*10^(-5);e=-4.25595*10^(-10);
     f[x_,z_]:=(c+d*z+e*z^2)*(a+b*x)*(x-2)-z;
     t=Solve[{D[f[x,z]==0,x],D[f[x,z]==0,z]},{x,z}]
Out[ ]:={{x→-7.72474×10^6,z→-20516.8},
     {x→-65.3777,z→116671},
     {x→5.6184,z→33116.6},
     {x→65.3777,z→116671},
     {x→7.72475×10^6,z→-20516.8}}            (*共有 4 个驻点*)
In[ ]:=Print[f[5.62,33117],",",f[65.38,116671]]
```

              （*输出符合约束条件的驻点函数值*）
  Out[ ]:=115825,−116300

  至此，模型求解已经解决，所采取的营销策略是：投入广告费用 33 117 元，每件精品的售价定为 5.62 元，可使所获利润最大，其最大利润为 115 825 元.

  此时销售增长因子及实际销售量可用 Mathematica 得出：
  In[ ]:=g[z_]:=c+d*z+e*z^2;
     g[33117]
  Out[ ]:=1.90722   （*销售增长因子*）
  In[ ]:=g2[x_]:=a+b*x;
     y=g2[5.62];
     k*y
  Out[ ]:=41144.2   （*实际销售量*）

历年考研真题

图书在版编目(CIP)数据

高等数学：经管类. 下/林伟初，郭安学主编. —北京：北京大学出版社，2018.7
ISBN 978-7-301-29549-6

Ⅰ. ①高… Ⅱ. ①林… ②郭… Ⅲ. ①高等数学—高等学校—教材 Ⅳ. ①O13

中国版本图书馆 CIP 数据核字(2018)第 098739 号

书　　　名	高等数学(经管类)下 GAODENG SHUXUE
著作责任者	林伟初　郭安学　主编
责 任 编 辑	潘丽娜
标 准 书 号	ISBN 978-7-301-29549-6
出 版 发 行	北京大学出版社
地　　　址	北京市海淀区成府路 205 号　100871
网　　　址	http://www.pup.cn
电 子 信 箱	zpup@pup.cn
新 浪 微 博	@北京大学出版社
电　　　话	邮购部 62752015　发行部 62750672　编辑部 62752021
印 刷 者	湖南省众鑫印务有限公司
经 销 者	新华书店
	787 毫米×1092 毫米　16 开本　12.25 印张　300 千字 2018 年 7 月第 1 版　2023 年 6 月第 9 次印刷
定　　　价	42.00 元

未经许可，不得以任何方式复制或抄袭本书之部分或全部内容。
版权所有，侵权必究
举报电话：010-62752024　电子信箱：fd@pup.pku.edu.cn
图书如有印装质量问题，请与出版部联系，电话：010-62756370